“十二五”职业教育国家规划教材　经全国职业教育教材审定委员会审定

“十二五”江苏省高等学校重点教材（编号：2013-1-042）

程序设计基础教程（C语言与数据结构）

（第三版）

主　编　许秀林　董杨琴

编　写　阳俐君　沈建涛　王琼瑶

　　　　黄晓亚　刘建峰

主　审　曹洪其

中国电力出版社

CHINA ELECTRIC POWER PRESS

内 容 提 要

本书是一本C语言程序设计和数据结构相结合的计算机专业基础课程。本书按照任务驱动方式组织教学内容，简化教学难点，突出编程能力的培养，同时以项目为章节组织教学内容。全书分为程序设计语言篇、数据结构基础篇和数据结构提高篇共3篇。每一章都安排了若干个任务，每个任务又分为预备知识、任务实现、任务拓展三部分。在每一章的最后安排了实训项目。

本书重点突出，结构严谨，语言通俗易懂，讲解详细。可作为高职高专计算机相关专业课程的教材，还可供相关科技人员及自学者参考。

图书在版编目（CIP）数据

程序设计基础教程：C语言与数据结构 / 许秀林，董杨琴主编. —3版. —北京：中国电力出版社，2014.12（2021.1 重印）
“十二五”职业教育国家规划教材
ISBN 978-7-5123-6574-2

Ⅰ. ①程… Ⅱ. ①许… ②董… Ⅲ. ①C 语言－程序设计－高等职业教育－教材②数据结构－高等职业教育－教材 Ⅳ. ①TP312②TP311.12

中国版本图书馆CIP数据核字（2014）第234584号

中国电力出版社出版、发行
（北京市东城区北京站西街19号 100005 http://www.cepp.sgcc.com.cn）
三河市航远印刷有限公司印刷
各地新华书店经售
*
2010年8月第一版
2014年12月第三版 2021年1月北京第八次印刷
787毫米×1092毫米 16开本 17.25印张 413千字
定价 **35.00** 元

前 言

《程序设计基础教程（C 语言与数据结构）》及其配套教材是最早把 C 语言程序设计与数据结构合二为一的教材之一。由于受到读者的欢迎，我们很快推出了第二版。第二版秉承了第一版的特色，按照任务驱动方式组织教学内容，简化教学难点，突出编程能力的培养，同时以项目为章节组织教学内容，将理论教学与实训教学融为一体，将知识学习和能力培养融为一体。因教学内容和组织形式有较大创新，第二版教材被列入"普通高等教育'十一五'国家级规划教材"。出版后依然得到了读者的认同和厚爱，但也有部分读者对两版教材提出了很好的意见和建议，在综合读者意见之后，我们决定推出第三版，力求最大限度地满足读者的要求。

在第三版中，我们恢复了第一版的组织架构，全书分为程序设计语言篇、数据结构基础篇和数据结构提高篇共 3 篇。但有部分内容进行了调整，相对于第一版，数组由第 2 篇调整到第 1 篇，栈和队列由第 3 篇调整到第 2 篇。与前两版相比，第三版弱化了项目化教学，强化了任务驱动。每一章都安排了若干任务，每个任务又分为预备知识、任务实现和任务拓展三部分。预备知识是介绍实现任务所需要了解和掌握的知识，任务实现包括分析、流程图、源程序、运行结果及思考。任务拓展则在原有任务的基础上改进程序，实现新功能，通常要求读者自行完成。在每一章的最后，安排了实训项目。为了便于分类教学，对于学习基础和学习能力一般的读者，建议完成 A 类项目，对于学习能力较强的读者，建议完成 B 类项目。每一篇的最后一章为总结与提高，首先归纳了全篇所涉及的知识点，然后安排了 1～2 个综合实训项目，它们全部来自于第二版的教学项目。

本书的教学课时安排建议与第二版相同。为了考虑部分读者要参加计算机应用基础二级考试的要求，在配套教材中，以知识为主线安排习题和试卷，并收集了全国和江苏省计算机二级考试 C 语言、国家程序员考试及"蓝桥杯"全国大学生软件人才设计与创业大赛相关试卷供读者参考。与第二版相比，本书增加了作者自主开发的《C 语言流程图绘制系统》安装说明书和使用说明书，该软件作为本书数字教学资源，免费提供给读者，帮助初学者提高学习效果。

第三版绪论由许秀林编写，第 1、2、3、7 章由阳俐君编写，第 4、5、6、10 章由沈建涛编写，第 8、9、11 章由王琼瑶编写，第 12 章由刘建峰编写，第 15 章由黄晓亚编写，第 13、14、16、17 章由董杨琴编写，全书由许秀林提出编写大纲和任务设计，许秀林、董杨琴统稿。

再次感谢广大读者朋友对本书再版的大力支持。

编 者
2014 年 12 月

第一版前言

● 编写本书的目的

C 语言程序设计与数据结构是计算机专业的两门专业基础课程，前者着重介绍 C 语言的主要语法及编程的基本知识，后者则主要介绍数据的逻辑结构及相关算法。从教学内容看，这两门课程联系紧密，C 语言程序设计的大部分内容是讲解 C 语言的基础知识，而数据结构必须以一种程序设计语言为工具介绍数据结构的知识，目前多数教材以 C 语言（或类 C 语言）作为数据结构算法设计工具。由于这两门课程内容交叉较多，多数高校在实际教学过程中由两个不同的教师讲授，可能出现教学内容的重复或脱节，影响学生的学习效果。

为了弥补这一缺失，本书将这两门课程的内容进行了有机整合，并根据高职高专培养应用能力为主的要求，调整了这两门课程的教学目的：C 语言不着重讲语法，而是介绍 C 语言的编程知识和编程规范，数据结构不着重讲数据结构知识，而是介绍应用数据结构知识实现任务的编程。因此，本书不求知识体系的完整性，力求培养读者的基础编程能力。这也是本书追求的唯一宗旨。

随着计算机软件业工程化程度的不断提高，软件开发的过程已进一步细化，划分为若干阶段。编程能力也随之分解为五种能力：调试程序的能力、阅读程序的能力、按流程图写程序的能力、设计流程图的能力、分析问题的能力。根据高职高专学生的基本素质和今后就业岗位的特点，本书着重前三种编程能力的培养，要求学生学完本书以后基本具备阅读程序的能力、按流程图写程序的能力、调试程序的能力。同时为培养和提高程序设计能力、分析问题能力奠定基础。

● 教学内容安排

本书由 3 篇组成，第 1 篇是程序设计语言篇，主要介绍 C 语言的简单数据类型、三种程序模块内部结构（顺序、条件、循环）和程序模块结构（函数）；第 2 篇为数据结构基础篇，主要介绍数组、结构体、线性表（顺序存储）及相关操作、指针、线性表（链式存储）及相关操作，在这两篇中，还相继介绍了线性表元素的排序与查找；第 3 篇是数据结构提高篇，主要介绍了特殊线性表——栈和队列、非线性表——树和图的存储结构及相关操作。

本书在编排内容时，采用了任务驱动方式，即在每篇（章）首先提出一个任务，并列出解决任务的相关知识点。然后分别介绍各知识点，最后在每篇（章）后给出一个完整的解决方案，包括任务内容、任务分析、任务流程图、任务源程序、任务程序结构等。一些经典数据结构中有的，但未包含在本书任务中的知识点，请读者参考相关资料。

另外，书中的大部分程序例题都按问题分析、流程图、源程序、程序输入/输出等步骤编写，并对读者提出了如下要求：

（1）读源程序，给出一组输入数据，写出程序（手工）运行过程和结果；

（2）将源程序输入计算机，并调试程序，写出程序（计算机）运行结果；

（3）给源程序加上注释；

（4）根据流程图编写源程序，并上机调试；

（5）根据问题分析要点，编写程序流程图；

（6）试针对问题写出分析要点。

这些要求与五种编程能力相对应，读者可根据自己的具体情况，按照由易到难的原则选择完成。在数据结构提高篇中，任务分析和编程均有一定的难度，教师可根据学生的学习情况选讲。

本书每章配有一定数量的习题，同时我们还编写与本书相配套的《程序设计基础教程（C语言与数据结构）实验指导与习题集》，包括实验项目、综合练习试卷及所有任务的源程序，供教师在教学过程中选用。

● 教学时数安排

本书教学课时可以分为两种模式来安排，第一种模式主要介绍第1篇和第2篇，以讲C语言程序设计为主，同时简要介绍数据结构的基本概念，建议理论学时为50～70，实践学时为30～40。第二种模式是讲解全书的内容，建议理论学时为80～100，实践学时为50～70。

● 致谢

南通职业大学计算机应用技术专业是江苏省高校特色专业建设点，本课程又是计算机专业教学改革的重点课程之一。因此本教材是计算机专业全体老师的教学研究成果，并得到了我校领导和教务处的大力支持，在此表示衷心的感谢。本书的绪论、第3篇由许秀林编写，第1篇由黄伟、王琼瑶编写，第2篇第4、5章由王琼瑶编写，第2篇第6、7章由董杨琴编写，全书由许秀林提出编写大纲，许秀林、董杨琴统稿。由于编写时间仓促，书中不足之处恳请读者批评指正，也可以与作者联系，E-mail:Xuxiulin@sina.com。

作　者

2005年4月

第二版前言

《程序设计基础教程（C 语言与数据结构）》及其配套教材《程序设计基础教程（C 语言与数据结构）实验指导与习题集》自 2005 年出版后，因以任务驱动方式组织教学内容，简化教学难点，突出编程能力的培养，深得读者的欢迎。为了强化高职特色，应中国电力出版社和读者的要求，我们对本书内容重新规划，撰写了第二版教材编写大纲，经专家组评审，列入国家普通高等教育"十一五"规划教材。

在第二版中，我们严格按照项目导入、任务驱动的方式，以项目为章节组织教学内容。第 1 章是基于简易成绩管理系统程序设计，第 2 章和第 3 章是基于高级成绩管理系统程序设计，第 4 章是基于停车场管理系统程序设计，第 5 章是基于公交路线管理系统程序设计。每章内容又分为 3～4 个任务，每个任务包括初步知识、任务实现、知识拓展、实训等四个内容。教材设计将理论教学与实训教学融为一体，将知识学习和能力培养融为一体，教学过程需采用理实一体化教学方式，切实做到"做中学，学中做"。

本书教学课时仍可以分为两种模式来安排，第一种模式主要介绍第 1 篇、第 2 篇和第 3 篇，以 C 语言程序设计为主，同时简要介绍数据结构的基本概念，建议理实一体化 80～100 学时。第二种模式是讲解全书的内容，建议理实一体化 140～160 学时。另外，可根据实际需要，安排习题和理论知识强化 30～50 学时。

为了考虑部分读者计算机应用基础二级考试的要求，我们在配套教材中，注重知识体系的完整性，以知识为主线安排习题和试卷，并收集了全国和江苏省计算机二级考试 C 语言的相关试卷供读者参考。

第二版绪论和第 1 篇由许秀林编写，第 2 篇、第 3 篇、第 5 篇由董杨琴编写，第 4 篇由刘建峰、许秀林编写，全书由许秀林提出编写大纲，许秀林、董杨琴统稿，黄伟、王琼瑶参加了部分文字整理工作。

对关心本教材再版的同志、广大读者表示感谢，希望能继续得到你们的关心和支持。

作　者
2009 年 6 月

目　录

第1篇　程序设计语言篇

第 2 篇　数据结构基础篇

第 3 篇　数据结构提高篇

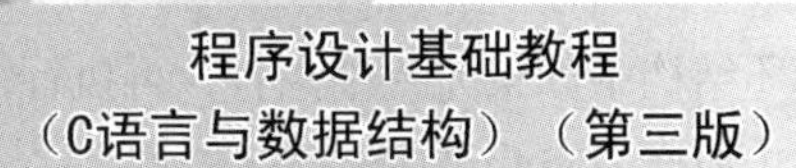

绪　　论

预备知识

一个完整的计算机系统由硬件系统和软件系统组成，计算机硬件系统由中央处理器（CPU）、存储器（主存储器和辅助存储器）、输入输出设备等部分组成。计算机软件系统由系统软件和应用软件组成，其中系统软件中包含操作系统、程序编辑和编译等系统软件。

1. 指令

计算机通过指令的自动执行来实现各种功能。计算机的指令用二进制代码（由0和1组成的代码）表示，它由操作码和操作数两部分组成，操作码指定了操作行为的类型，比如加、减、比较、跳转等操作；操作数是操作的对象。

二进制代码是计算机唯一能执行的代码，也称为机器语言。但由于记忆困难，于是产生了汇编语言。汇编语言是用英语单词（或单词缩写）来标记操作码和操作数，帮助程序员记忆的一种语言。用来标记的单词也称为助记符，指令形式如下：

```
MOV  AX, 01H
ADD  AX, 10H
```

汇编语言和机器语言统称为低级语言。由于汇编语言必须汇编成机器语言后计算机才能执行，因此而得名。

为了进一步提高编写指令程序的效率，人们用英语语句结构来标记计算机指令，以便编写较为复杂的计算机程序。由于英语语句较为丰富，只能用形式化的英语语句标记指令，指令形式如下：

```
if  a>b  then
        print  a;
else
        print  b;
```

由于采用了不完全相同的语句及规则来标记，于是产生了不同的语言系统，如Pascal语言、Basic语言、C语言等。这类语言内涵较为丰富，一条语句一般对应机器语言多条指令，必须翻译成机器指令后计算机才能执行，这个过程称为解释或编译。相对于机器语言，C语言等称为高级语言。

2. 程序

程序是计算机完成一个任务编制的指令集。在程序中，根据指令语句执行的次序，程序有顺序结构、条件结构（也称为分支结构）和循环结构3种基本结构。顺序结构是指令语句按照语句顺序执行；分支结构是按照条件判断结构选择执行部分语句，即条件判断为真执行一个分支，条件判断为假执行另一个分支，如果存在多个分支，则称为多分支结构；循环结构是按循环次数或条件反复执行某一段语句，反复执行的语句称为循环体，循环结构中如果先判断条件，再执行循环体，则称为 while 循环，如果先执行循环体，再判断条件，则称为 until 循环。

一个程序由多个过程或函数组成，过程或函数之间存在调用和被调用的关系。相对于调用的过程或函数，被调用的过程或函数称为子程序。主程序和子程序之间，通过过程名或函数名来调用，数据是通过参数来传递的，主程序的参数称为实在参数，子程序的参数称为形式参数。每个子程序尽量做到单入口、单出口，尽量不用全局变量。一个完整的程序只有唯一的系统入口主程序，在 C 语言中是 main 函数，它是所有函数的主函数。

高级语言程序必须首先编辑成一个文本文件，然后进行编译、链接（与其他程序库链接），翻译成二进制文件后再运行。任何一门高级语言都有支持程序编辑、编译、链接、运行、调试为一体的软件，称为该语言的集成编译环境。编译后的程序必须在操作系统环境中运行。操作系统是计算机硬件资源和软件资源的管理系统，是用户与计算机的接口，常见的操作系统有 DOS 系统、Windows 系统、UNIX 系统、Linux 系统。目前，在个人电脑中使用最多的是 Windows 系统。

结构化程序设计文本的格式要求内层循环相对于外层循环要有缩进，形成锯齿结构。程序的主要语句要有注解，程序段要求有文字说明，包括程序名、作者、编制日期、程序功能、程序主要数据变量等。

3. 算法

算法是解决问题的一种方法或过程，它是计算机解决既定问题的一种描述，是程序的灵魂。从某种程度上说，程序设计就是算法的设计。一个算法必须具有 5 个基本特性：

（1）输入：一个算法有 n（$n \geqslant 0$）个初始数据的输入。

（2）输出：一个算法必有一个或多个输出信息，并且输入信息与输出信息存在某种对应关系。

（3）有穷性：一个算法必须在有限步骤操作之后结束。

（4）确定性：一个相同的算法在不同环境中输入相同的数据，应该有相同的输出。

（5）可行性：一个算法的指令必须能在现有的计算机环境中正确执行，并且在可预计接受的时间内正常结束。

从计算的角度看，算法是数据的加工和计算的方法；从事务处理的角度看，算法是事务处理流程。算法设计必须要首先分析问题，提出解决问题的思路，然后再根据思路设计算法，将思路进一步明确和细化，并用形式化的工具来描述。

【例】 写出求方程 $ax^2+bx+c=0$ 根的算法步骤。

（1）输入 a，b，c；

（2）计算 $\delta=b^2-4ac$；

（3）如果 $\delta<0$，输出 x 无解，否则转（4）；

（4）计算 $x1=(-b+\text{sqrt}(\delta))/2a$ /*sqrt( )为开方函数*/；

（5）计算 $x2=(-b-\text{sqrt}(\delta))/2a$；

（6）输出 $x1$ 和 $x2$。

4. 流程图

一个算法有多种不同的等价描述，常用的有流程图和自然语言两种描述方式。由于流程图较为直观，因而是算法描述的主要工具。流程图有传统流程图、盒图、问题分析图等种类。

下面就程序的 3 种基本结构分别介绍 3 种流程图图例。

（1）传统流程图（FC），如图 0-1 所示。

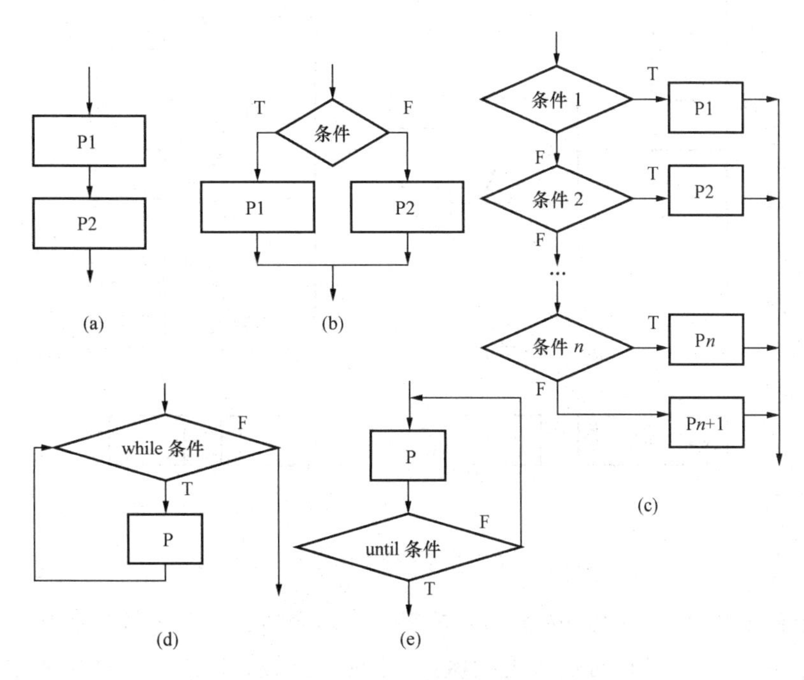

图 0-1　传统流程图图例

传统流程图比较直观、形式化，易于理解。但由于设计人员可以任意移动箭头，而且每种程序结构是由多个图形组成的，不能强制设计人员用结构化程序设计（SP）方法进行设计，因此传统流程图不宜用于结构化程序的设计和维护。

（2）盒图（NS），如图 0-2 所示。

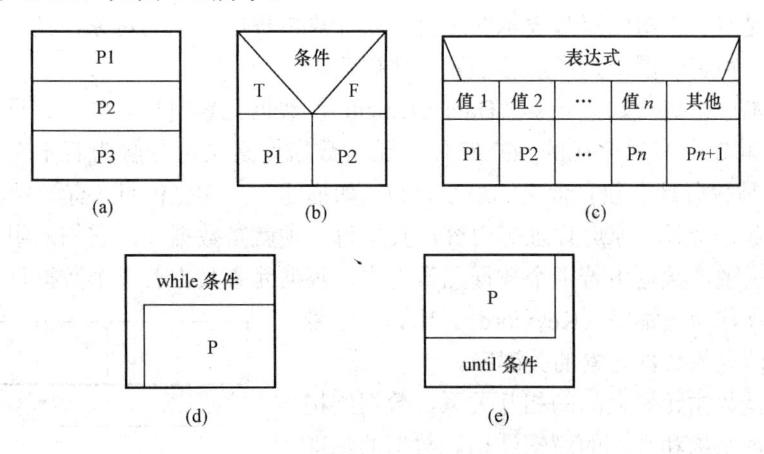

图 0-2　盒图图例

与传统流程图相比，盒图有许多优点：第一，它强制设计人员按结构化程序设计方法来描述其设计方案，因为盒图只提供了几种标准结构的符号。第二，盒图形象、直观，具有良好的可见度。第三，盒图易学易用。但盒图手工修改比较麻烦，特别不易进行循环层次的拓展，这也是部分设计人员不用它的主要原因。

（3）问题分析图（PAD），如图 0-3 所示。

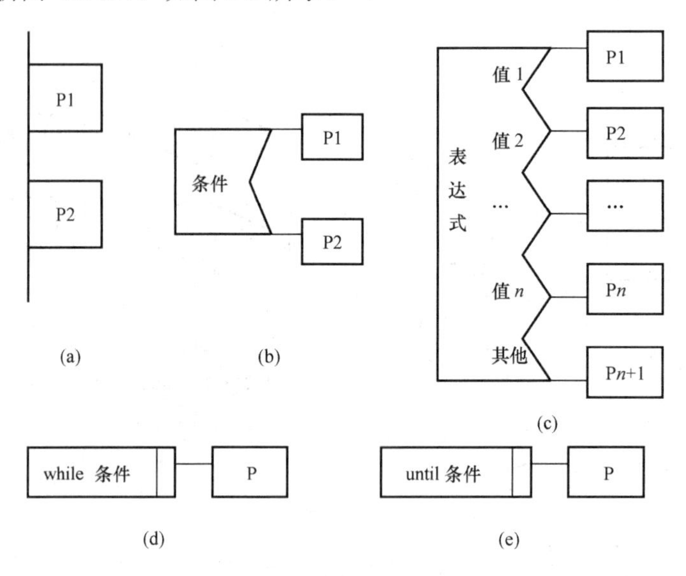

图 0-3 问题分析图图例

与传统流程图和盒图相比，PAD 图有着逻辑结构清晰、图形标准化的特点，而且图形易于修改和扩展，更为重要的是通过机械地“走树”可以从 PAD 直接产生程序，这一过程可用计算机自动实现。鉴于以上优点，本书的程序流程图均采用 PAD 图。

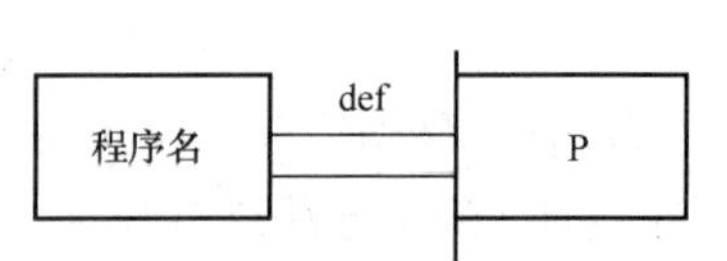

图 0-4 PAD 图程序定义图例

另外 PAD 图还有程序定义的图例，如图 0-4 所示。

5. 数据结构

数据（Data）是自然界中事物属性的数量描述。在计算机科学中，数据是对客观事物符号表示的集合，是计算机程序加工的对象，其含义极为广泛，如数字、文字、声音、图像、图形等都属于数据范畴。

数据的基本单位称为数据元素（Data Element），数据元素也称为结点、顶点、记录，它描述的是现实世界中客观存在的独立实体。通常数据元素又可分解为若干个数据项（Data Item），数据项是数据具有独立含义的最小单位。如描述一个学生信息，有学号、姓名、性别、出生年月、专业、特长、家庭住址等内容。其中每一项就是数据项，它们的组合就是一个数据元素。也就是说，数据由若干个数据元素组成，数据元素又由若干个数据项组成，识别数据元素的数据项称为关键字（Keyword）。比如，学号就是描述学生信息的数据元素的关键字。

数据结构是数据元素之间的相互关系。数据结构分为数据的物理结构和数据的逻辑结构。数据的物理结构是数据在存储器中的位置关系。数据的逻辑结构是根据运算规则来描述的数据间的相互关系。数据的物理结构与逻辑结构可能是一致的，也可以是不同的。如图 0-5 所示数据的物理结构是 abc，逻辑结构是 cab。

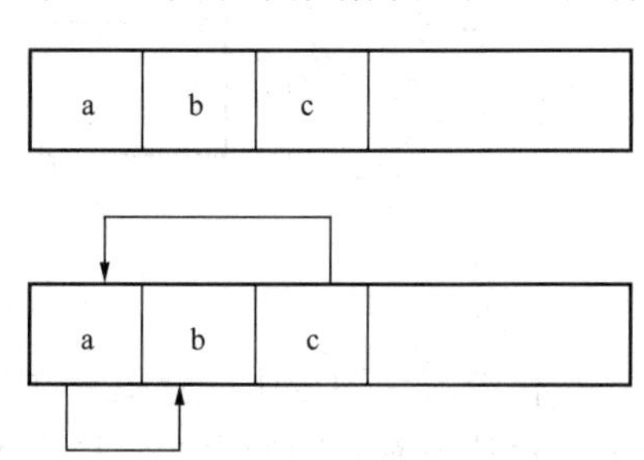

图 0-5 数据的物理结构和逻辑结构示意图

在计算机科学中，数据结构主要研究数据的逻辑结构。

数据的逻辑结构有下列 4 种基本类型：

（1）集合结构：结构中元素只有属于或不属于一个集合，元素之间没有顺序关系，如图 0-6（a）所示。

（2）线性结构：结构中元素除起点和终点以外，每个元素都只有一个前驱结点和一个后继结点，排列起来是一条线，因而称为线性结构，如图 0-6（b）所示。

（3）非线性结构（树状结构）：结构中元素除起点以外，每个元素都只有一个前驱结点，但可能有 0 个或多个后继结点，排列起来像一棵倒长的树，因而称为树状结构，如图 0-6（c）所示。

（4）非线性结构（网状结构）：结构中每个元素都可能有 0 个或多个前趋结点，也可以有 0 个或多个后继结点，排列起来像一个蜘蛛网，因而称为网状结构。由于网状结构是最复杂的数据结构，能够表示图中元素的各种关系，所以也称为图，如图 0-6（d）所示。

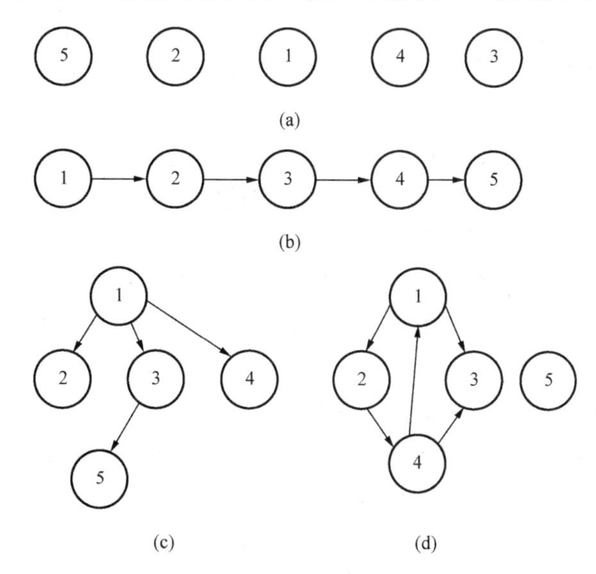

图 0-6　数据的逻辑结构

（a）集合结构；（b）线性结构；（c）树状结构；（d）网状结构

数据结构通过顺序、链接、索引、散列 4 种存储方式存储在存储器中。

（1）顺序存储方式：该方法将逻辑上相邻的结点存储在物理位置相邻的存储单元中，即数据的物理结构和逻辑结构一致。

（2）链接存储方式：该方法通过指针链接可将逻辑上相邻的结点存储在任意物理位置的存储单元中，即数据的物理结构和逻辑结构不一定一致。

（3）索引存储方式：该方法是在存储结点信息的同时新建一个索引表，按关键字大小顺序存储关键字和结点的物理存储地址。

（4）散列存储方式：这是一种依据结点的关键字直接计算结点物理地址的一种方法。

本书中主要介绍线性结构、树状结构、网状结构的顺序存储方式和链接存储方式。

6. 数据处理

算法是对数据的加工和处理，数据处理就是对数据进行计算、统计、插入、删除、合并、拆分、排序（分类）、查找、输入、输出等操作。计算又分算术运算和逻辑运算，算术运算包括加、减、乘、除及混合运算，逻辑运算分为与、或、非、比较等运算。统计是对一组数据求和、平均值、方差等方面的运算，插入、删除属于数据及其结构的修改。合并、拆分、排序（分类）是对数据结构的重新组织，目的是为了有效地存储和查找数据。

总之，数据加工和处理是为了能解决某个问题、实现某个功能或从中获取有用的信息。

学习方法

与中学阶段学习方式有所不同，大学阶段的学习以自学为主。为了便于自学，本书对于知识点，力求在讲解之前介绍预备知识或回顾所学的知识，讲解过程中有提示和说明，讲解后有问题与思考，使读者在学习过程中主动学习，而不是被动地接受。因此，在学习本课程时，要注意以下几点：

第一，努力培养学习兴趣，学习兴趣是最好的老师。因此，在学习过程要由易到难，循序渐进。比如，不会编写程序，先读程序，上机调试一段正确的程序；有了一定基础时，再按流程图编写程序，上机调试一段不一定正确的程序；若还有能力，自己分析问题，自己设计流程图。

第二，注意自学和老师讲解相结合。在听课之前要预习，听完课之后按照教材和老师的要求完成作业。对于知识难点，反复思考。如学习确实存在困难，可向老师请教，或同学之间相互讨论。

第三，本课程虽然是计算机专业基础课，却是培养编程基础能力的主干课程，因此学生在读程序或写程序之后，一定要上机调试，直到计算机显示正确结果为止。上机实验是本课程非常重要的学习环节。

第四，通过本课程的学习，一定要养成良好的编程习惯。程序设计一定要从分析问题开始，然后画流程图、写程序、调程序。切忌一下笔就写程序代码，甚至在计算机上直接写代码。这样写的程序不规范，不易阅读和修改。编写的程序要有相应的各种文档，程序要有注解和说明，这将为今后学习软件开发技术奠定良好的基础。

第1篇

程序设计语言篇

第1章　整型数据及其运算

【知识点】

（1）C语言整型数据类型。

（2）C语言常量、变量、运算符和表达式。

（3）C语言输入输出函数。

（4）if语句、while语句、for语句。

（5）一维数组的定义。

【能力点】

（1）调试程序的能力。

（2）阅读和编写简单程序的能力。

（3）流程图的绘制能力。

应用任务 1.1

编写一个简单的C语言程序，在屏幕上显示一行信息："This is my first C program!"。

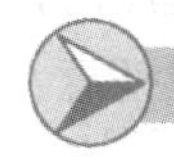

预备知识

1. C语言程序运行环境

在程序的编写技术中，可以采用的语言有多种，C语言属于高级语言中的一种，它又分成若干个不同的版本，在这门课程的教学中使用的是Visual C++ 6.0，它提供集成环境，使我们能完成源程序的输入、修改、保存、编译、链接、程序执行的完整过程。下面简单介绍Visual C++ 6.0的使用。

(1) 进入C++工作环境。双击Windows桌面上的Visual C++ 6.0图标或单击Windows桌面上的"开始"按钮，在"程序"中选择Visual C++ 6.0运行即可。

(2)创建一个新的工程文件(Project file)。启动Visual C++ 6.0编译系统后，出现Microsoft Developer Studio窗口，该窗口菜单栏有9个菜单项。

1) 单击File菜单，在其下拉菜单中选择New，屏幕上出现一个New对话框，在该对话框中选择Projects标签，出现Project对话框。

2) 选择工程类型为Win32 Console Application，这时，在右边的Platforms选框中就会出现Win 32。

3) 输入工程名字。在Project name选框中输入所指定的工程文件名字，如1st。

4) 输入路径名。在Location选框中，输入将要创建的工程文件的保存路径。例如，要将工程文件放在 E 盘下已建立好的子目录 E:\sw1\001 中，则该文件的选取路径为 E:\sw1\001\1st。单击 OK 按钮，便建立该工程文件。

（3）建立源文件。再次选择 File 菜单中的 New 选项，在 4 个标签中选择 File 标签，在其对话框选项中选择 C++ Source File，并勾选右边的 Add Project 选项，激活其下面的选项，然后在 File 框内输入源文件名（如 1st），单击 OK 按钮，出现编辑屏幕，即可编写程序。

（4）编译链接和运行源程序。程序编好后要进行编译链接和运行，步骤如下：

1）选择 Build 菜单，单击下拉菜单中的 Compile 1st.cpp，这时系统开始对当前的源程序进行编译，在编译过程中，将所发现的错误显示在屏幕下方的 Build 窗口中。根据错误提示，修改程序后再重新编译，如还有错误，再继续修改、编译，直到没有错误为止。

2）编译无误后进行链接，这时选择 Build 菜单中的 Build 1st.exe 选项。同样，对出现的错误要进行更改，直到编译链接无误为止。这时，在 Build 窗口中会显示如下信息：1st.obj- 0 error（s），0 warning（s），说明编译链接成功，并生成以源文件名为名字的可执行文件（1st.exe）。

3）运行程序，选择 Build 菜单中的 Execute 1st.exe 选项。这时，会出现一个 MS-DOS 窗口，输出结果显示在该窗口中。

4）运行结束后，可以回到 File 菜单，单击 Close Workspace 选项，关闭当前的文件窗口。若要编辑新的源程序，可以再次打开 File 菜单，重新建立工程文件，步骤如上所述，也可以单击 File 菜单中的 Open Workspace 选项，打开一个已经存在的源文件。

2. C 语言程序的基本结构

下面让我们比较系统地认识 C 语言程序的基本结构：

（1）C 语言程序由函数构成，函数中包含若干语句，函数是 C 程序的基本单位，使用的函数可以是系统库函数（如 printf），也可以是用户自定义的函数。

（2）在 C 语言程序中可以有多个函数，但必须有且仅有一个 main 函数；在执行程序时，总是从 main 函数开始执行，main 函数结束，程序也就结束；main 函数所在的位置可以任意。其他函数只能被 main 函数的语句直接或间接调用。

（3）C 程序中字母的大小写所表示的含义是有区别的，习惯使用小写字母。

（4）在程序的任何位置都可以加注释做说明，书写方法有 2 种：一种是使用“/*”表示注释的开始，“*/”表示注释的结束；另一种是使用“//”，即将注释的内容放在“//”的后面即可。前者在 Turbo C 和 Visucal C++环境中都适用，而后者只适用于 Visucal C++环境。注释的内容在程序中仅起说明作用，并不影响程序的执行过程。

（5）在程序中如要调用系统函数或调用其他源程序文件的函数，或进行常量定义等操作，必须要进行预编译处理。例中#include "stdio.h"就是一条文件包含命令。

3. printf 函数的简单用法

程序有了输入和输出功能，用户才可以与之交流。输入是程序从外界获得数据（数据是信息的载体），输出是程序将执行的结果报告给用户。C 语言本身没有提供输入/输出（Input/Output，I/O）语句，所有的 I/O 功能通过调用 C 语言的标准输入/输出函数来完成。为了使用方便，已将使用标准输入/输出函数所必须的信息归类到一个名为 stdio.h 的头文件中，使用 I/O 标准函数的程序，只须在程序前面用编译预处理的包含命令将 stdio.h 头文件包含进来即可（#include "stdio.h"）。

printf 函数主要用于按照指定的格式通过标准输出设备（如显示器）输出数据，该函数的简单用法如下：

```
printf(字符串);
```

在 C 语言中，用一对双引号括起来的一串字符称为字符串。

任务实现

1. 分析

一个 C 语言程序由一个或多个函数组成，每个可执行的程序有且必须有一个称为“主函数”的 main 函数，程序的执行按照 main 函数中语句的次序逐句执行。

下面通过一个在屏幕上显示一行信息的程序来掌握 printf 函数的简单使用和 C 语言程序的编写方法。

2. 流程图

其流程图如图 1-1 所示。

图 1-1　应用任务 1.1 流程图

3. 源程序

```
#include <stdio.h>
void main()
{
   printf("This is my first C program!");/*这是我的第一个 C 语言程序!*/
}
```

4. 运行结果

运行结果如图 1-2 所示。

```
This is my first C program!Press any key to continue
```

图 1-2　应用任务 1.1 的运行结果

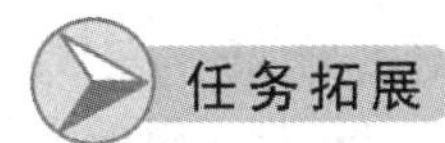

任务拓展

编写程序完成在屏幕上显示多行信息的功能，使输出结果如图 1-3 所示。

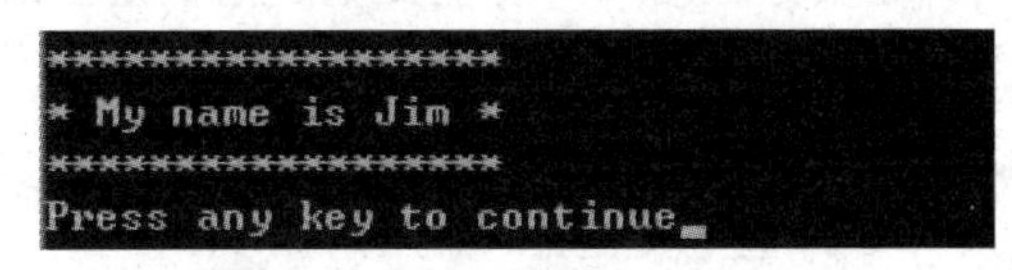

图 1-3　任务拓展的运行结果

实现提示：在 C 语言中，“\n”表示换行字符，是转义字符表示法。转义字符表示法以反斜杠（\）开头，后面跟上相关的字符来表示特殊的字符。在用 printf 函数输出字符串时，可将“\n”加在字符串的头部或尾部，实现换行功能。

应 用 任 务 1.2

从键盘输入你的年龄，并在屏幕上显示出来，回答“你多大了？”的问题。

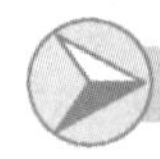

预备知识

1. 整型常量

在C语言中，经常会用到整型常量，C语言整型常量有3种表示方法：十进制整型、八进制整型和十六进制整型。其表示形式见表1-1。

表1-1 整型常量的表示形式

进制	表示方法	样例
十进制整型	以数字1、2、…、9中的一个数开头	123
八进制整型	以数字0开头	0123
十六进制整型	以0x或0X开头	0x123

注意，不同进制的整型数，表面上看数字是一样的，但所代表的真正数值是不同的。例如：

123是十进制整型数；

0123是八进制整型数，其代表的十进制数为83；

0x123是十六进制整型数，其代表的十进制数为291。

2. 整型变量及其定义

在C语言中，要求对所有用到的变量做强制定义，也就是“先定义，后使用”。变量定义的一般格式：

类型说明符　变量名表；

其中，类型说明符指定变量的数据类型。

整型变量的基本类型符为int。可根据数值的范围将整型变量定义为基本整型（以int表示）、短整型（以short int表示，或以short表示）和长整型（以long int表示，或以long表示）。

int型变量在内存中所占的字节数随系统而异。在16位操作系统中，它占据2B；在32位操作系统中，它占据4B。因此，它不能表示数学中的所有整数，如2B的int型变量的表示范围为[–32 768，32 767]。在实际应用中，有些变量的值都是正的（如学号、年龄等）。为了充分利用变量的表示范围，可以将变量定义为无符号类型。对上面三类都可以加上修饰符unsigned，以指定是无符号数。如果加上修饰符signed，则指定是有符号数。如果默认，则隐含为有符号数。因此，一共有6种整型变量。

（1）有符号基本整型：[signed]　int。

（2）无符号基本整型：unsigned　int。

（3）有符号短整型：[signed]　short　[int]。

（4）无符号短整型：unsigned　short　[int]。

（5）有符号长整型：[signed]　long　[int]。

（6）无符号长整型：unsigned　long　[int]。

ANSI C 标准没有具体规定以上各类数据所占内存字节数，只要求 long 型数据长度不短于 int 型，short 型不长于 int 型。具体如何实现，由各计算机系统自行决定。表 1-2 列出的是 ANSI C 标准定义的整数类型和有关数据。

表 1-2　ANSI 标准定义的整数类型

类型	存储空间	取值范围
[signed] int	2B	-2^{15}～$2^{15}-1$，即−32 768～+32 767
unsigned int	2B	0～$2^{16}-1$，即 0～65 535
[signed] short [int]	2B	-2^{15}～$2^{15}-1$
unsigned short [int]	2B	0～$2^{16}-1$
[signed] long [int]	4B	-2^{31}～$2^{31}-1$
unsigned long [int]	4B	0～$2^{32}-1$

3. 格式输入函数 scanf 的简单用法

scanf 函数主要用于从标准输入设备（如键盘）按照指定的格式读取数据，并给指定的变量赋值。该函数基本上能完成各种类型数据的输入。

格式：scanf(格式控制字符串,输入变量地址列表);

功能：按格式控制字符串指定的格式从标准输入设备读取数据给指定的变量。

说明：

（1）格式控制字符串：标识本次输入过程中读取数据的个数和类型，具体见表 1-3。

表 1-3　整型格式字符的使用

格式字符	说　明
d，i	用来输入有符号的十进制整数
u	用来输入无符号的十进制整数
o	用来输入无符号的八进制整数
x，X	用来输入无符号的十六进制整数

（2）输入变量地址列表：是由逗号分隔的一个或多个接收数据的变量的地址构成的地址列表，在编程时应使地址列表中所含变量的类型和个数与格式字符串相一致。

例如，要输入一个整型变量 age 的值，可以使用下面的语句：

```
int age;                  /*  定义 age 为整型变量  */
 scanf("%d",&age);        /*  输入整型数给变量 age */
```

其中，%d 是格式说明符，用来说明当前需要一个十进制整型数据，&为取地址运算符，放在变量名 age 前表示该变量存储空间在内存中的地址，简称变量地址。

在使用键盘输入数据时，可以使用 Enter 键结束当前项的输入。

4. 格式输出函数 printf

printf 函数主要用于按照指定的格式通过标准输出设备（如显示器）输出数据。

格式：printf(格式控制字符串,输出项表);

功能：按格式控制字符串指定的格式将输出项表中的内容输出到输出设备。

说明：格式控制字符串是由双引号括起的字符串，其中格式控制串由%和格式字符组成，将要输出的数据转换为指定的格式。在输出时由输出项表中相应的输出项代替。整型数据格式字符的使用方法参见表 1-4。

表 1-4　整型数据格式字符的使用

格式字符	说　明
d，i	以带符号的十进制形式输出整数（正数不输出符号）
u	以无符号十进制形式输出整数
o	以八进制无符号形式输出整数（不输出前导符 0）
x，X	以十六进制无符号形式输出整数（不输出前导符 0x）

任务实现

1. 分析

（1）年龄是一个整型数据，所以需要定义一个整型变量 age。

（2）任务需要从键盘给变量 age 赋予一个整型值，需要使用 C 语言提供的标准输入函数 scanf。

2. 流程图

其流程图如图 1-4 所示。

main
定义整型变量age
屏幕输出“你多大了？”
从键盘给变量age赋值
屏幕输出年龄信息

图 1-4　应用任务 1.2 流程图

3. 源程序

```
#include <stdio.h>
void main()
{
    int age;                        //定义整型变量 age
    printf("你多大了?\n");           //屏幕输出“你多大了?”
    scanf("%d",&age);               //从键盘给变量 age 赋值
    printf("我%d 岁。\n",age);       //屏幕输出年龄信息
}
```

4. 运行结果

运行结果如图 1-5 所示。

任务拓展

从键盘输入一个十进制整数，将这个数以十六进制形式输出。参考图 1-6 的运行结果。

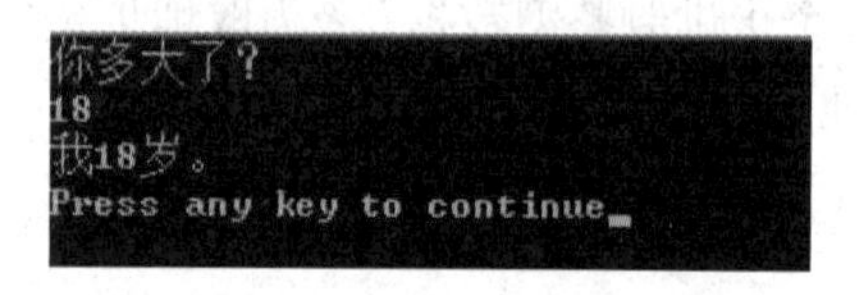

图 1-5　应用任务 1.2 的运行结果

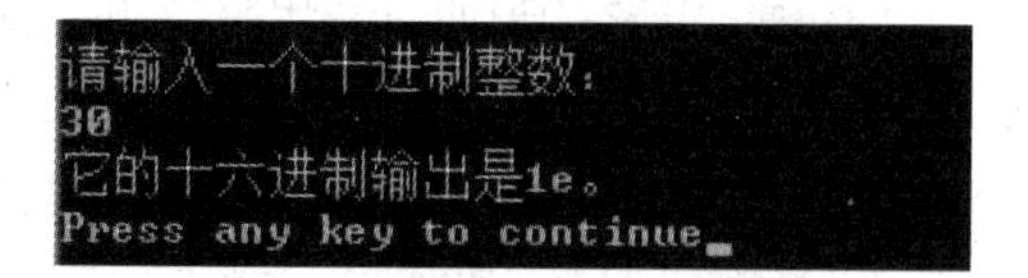

图 1-6　任务拓展的运行结果

应用任务 1.3

输入两个整数，求两个数的积、和、商、差。

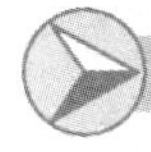

预备知识

1. 整型数的算术运算符及其表达式

算术运算是我们最熟悉的运算，参加运算的数据是数值型的。C 语言中的算术运算符比较多，超过了数学概念中的算术运算，其运算符及其运算规则见表 1-5（表中箭头指示优先级的方向是由高到低）。

表 1-5　　算术运算符的使用

运算符	运算方法	运算结果	优先级	结合性	说明
++	a++或++a	a 的值增 1	相同	自右至左	a++（a—）：称为后置运算符，表达式的值为 a 原来的值，但 a 的值增加（减少）1。 ++a（—a）：称为前置运算符，先增加（减少）a 的值，并将新值作为表达式的值
—	a—或—a	a 的值减 1			
*	a*b	计算 a、b 的积	相同	自左至右	
/	a/b	计算 a、b 的商			
%	a%b	计算 a 对 b 的余数			a、b 只能是整数
+	a+b	计算 a、b 的和	相同		
–	a–b	计算 a、b 的差			

说明：

（1）除法运算符“/”：当两侧操作数都是整数时，运算结果也为整数。例如，6/4 的结果是 1。

（2）求余运算符“%”：要求两侧操作数都是整数。

（3）自增运算符“++”和自减运算符“—”：既可以作为前缀运算符，例如++x 和—x，也可以作为后缀运算符，例如 x++和 x —，但结果有时会不同。

由算术运算符或圆括号将运算对象连接起来的，符合 C 语法规则的式子称为算术表达式。例如，表达式（x+y）*3+20 是一个合法的算术表达式。在对表达式进行求值时，先按照运算符的优先级由高到低执行运算，如果一个运算数两侧的优先级别相同，则按照结合性来计算。

2. 赋值运算符及其表达式

通过上面的学习，我们可以通过各种运算符对数据进行运算，从而得到表达式的值。如果我们希望将表达式的值保存到相应的变量中，则可以使用赋值运算符来实现赋值运算，从而构造赋值表达式。C 语言中，赋值运算符有多种，其运算规则见表 1-6。

表 1-6　　赋值运算符的使用

运算符	运算方法	运算结果	优先级	结合性	说明
=	a=b	将 b 的值存在变量 a 中	相同	自右至左	a 必须为变量，b 为表达式
+=	a+=b	将 a+b 的值存在变量 a 中			
-=	a-=b	将 a-b 的值存在变量 a 中			
*=	a*=b	将 a*b 的值存在变量 a 中			
/=	a/ =b	将 a/b 的值存在变量 a 中			
%=	a%=b	将 a%b 的值存在变量 a 中			

由赋值运算符将一个变量和一个表达式连接起来的式子称为赋值表达式，其一般格式为

<变量><赋值运算符><表达式>

例如，“a=b+3”就是一个赋值表达式。

对赋值表达式求解的过程：先计算赋值运算符右侧表达式的值，然后将计算结果赋给左侧的变量。赋值表达式的值就是被赋值变量的值。

3．格式输入函数 scanf 多变量输入用法

例如，要输入两个十进制整数变量的值，则可以使用下面的语句：

```
int  var_i,var_j;
scanf("%d%d",&var_i,&var_j);   /* 输入 2 个变量的值 */
```

在使用键盘输入数据时，每个输入项输入结束时可以使用 Enter 或 Tab 键结束当前项的输入并开始输入下一项。例如，在运行 scanf（"%d%d"，&var_i，&var_j）；语句时，可以在键盘上输入以下的字符序列：235<space>789 <Enter>或 235<Enter>789 <Enter>，则 var_i 的值为字符 235，var_j 的值为 789。

在实际编程中，如果在格式字符串中含有除格式字符以外的非格式字符，则在键盘输入时必须在输入完相关变量的值以后输入该非格式字符。例如：

```
scanf ("%d, %d", &var_i, &var_j);
```

则在键盘输入时应该输入以下字符序列：235，789 <Enter>（由于格式串中有逗号，输入的两个数值必须用逗号分隔）。var_i 的值为 235，var_j 的值为 789。如果不输入非格式字符，则不能准确输入数据。

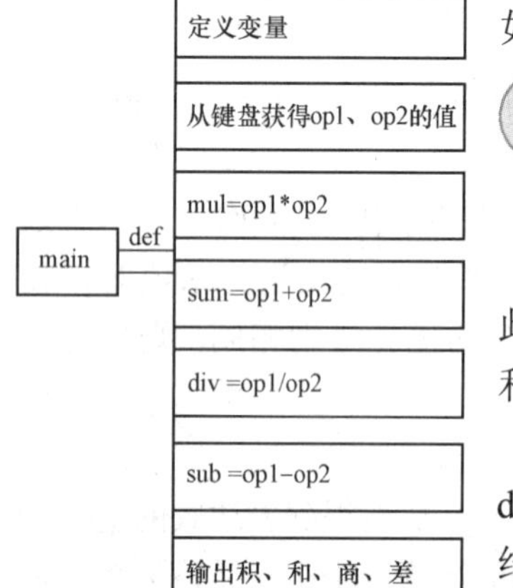

图 1-7　应用任务 1.3 流程图

任务实现

1．分析

（1）需要定义 2 个整型变量 op1、op2 用来存放两个操作数，此外还需要 4 个整型变量 mul、sum、div、sub 分别用来记录积、和、商、差。

（2）任务需要从键盘给变量 op1、op2 赋值，用 mul、sum、div、sub 记录两个操作数的乘法、加法、除法和减法的算术运算结果并输出到屏幕。

2．流程图

其流程图如图 1-7 所示。

3. 源程序

```
#include <stdio.h>
void main()
{
    int op1,op2;                                   //定义 2 个整型变量,存放两个操作数
    int mul,sum,div,sub;                           //用来存放运算结果积、和、商、差
    printf("请输入两个整型数(以逗号,分隔):");
    scanf("%d,%d",&op1,&op2);                      //从键盘给 op1、op2 赋值
    //进行算术运算,并将结果赋值给 mul、sum,div、sub
    mul=op1*op2;
    sum=op1+op2;
    div=op1/op2;
    sub=op1-op2;
    //输出运算结果
    printf("\n%d 乘%d 等于%d",op1,op2,mul);
    printf("\n%d 加%d 等于%d",op1,op2,sum);
    printf("\n%d 除%d 等于%d",op1,op2,div);
    printf("\n%d 减%d 等于%d\n",op1,op2,sub);
}
```

4. 运行结果

运行结果如图 1-8 所示。

图 1-8　应用任务 1.3 的运行结果

任务拓展

从键盘输入一个长方体的长、宽、高（不保留小数位，单位为米），求该长方体的体积。运行结果请参考图 1-9。

图 1-9　任务拓展的运行结果

应 用 任 务 1.4

输入 10 个整数，求最大值、最小值、总和。

预备知识

1. 循环语句——while 语句、do-while 语句

循环结构是结构化程序设计的一种重要结构，主要用来处理需要重复执行的语句，是结构化程序设计三种基本结构之一，被重复执行的语句块称为循环体，循环控制语句利用条件来判断是否重复执行循环体，根据循环条件判断的位置不同，循环结构可以分为当型循环和直到型循环。

（1）当型循环。当型循环结构先进行条件判断，如条件为真，则执行循环体，否则循环

语句就结束；执行完循环体以后再进行条件判断，以决定是否执行循环体。其 PAD 图如图 1-10（a）所示。

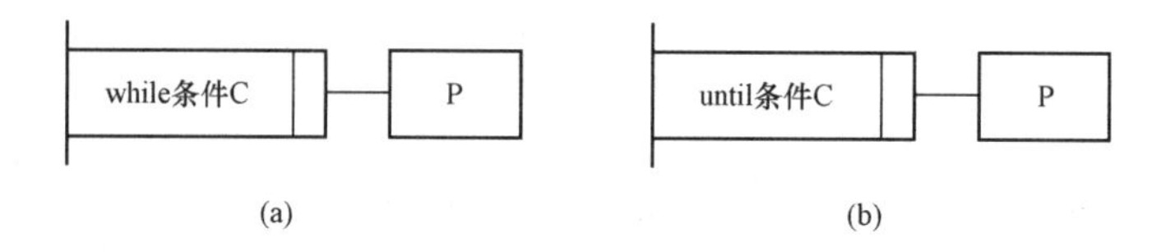

图 1-10 循环结构的流程图

（a）当型循环的流程图；（b）直到型循环的流程图

用 C 语言中的 while 语句可以实现当型循环，其语句格式为

```
while （循环条件表达式 C）
    循环体部分（语句 P）;
```

说明：

1）循环体部分如果包含一个以上的语句，应以复合语句形式出现。

2）在循环体中应有使循环趋于结束的语句存在。

（2）直到型循环。直到型循环结构先执行循环体一次，然后再进行条件判断，以决定是否继续进行循环，如果条件为真，则循环结束，否则，继续执行循环体。其 PAD 图如图 1-10（b）所示。用 C 语言中的 do-while 语句可以实现直到型循环，其语句格式为

```
do
{
    循环体部分（语句 P）;
} while （循环条件表达式 C）;
```

注 意

本语句和一般意义上的直到型循环有一定的区别，即在图 1-10（b）中，循环的终止表示为“until 条件 C”，其意义为循环一直执行，直到 C 为“真”时循环才结束，循环的条件是 C 为假。而在 do-while 语句中，循环继续执行的条件是 C 为真，如 C 为假，则循环结束，有别于普通的“直到型循环”。

2. 分支语句——if 语句

条件结构也称为分支结构，是指在程序的执行过程中，根据不同的条件选择执行不同的分支程序，根据分支的数目可以将条件结构分成单分支、双分支、多分支 3 种结构。

（1）单分支结构。单分支结构的流程图如图 1-11（a）所示，其含义是：如果条件 C 为“真”，则执行语句 P，否则执行后续语句。用 C 语言中的 if 语句可以实现单分支结构，其语句格式为

```
if (C)
    P;
```

如果 P 是由多个语句构成的语句块，则可以使用“{}”将语句块括起构成复合语句。在复合语句中可以包含任何其他的语句，如果再包含 if 语句，则构成 if 的嵌套。

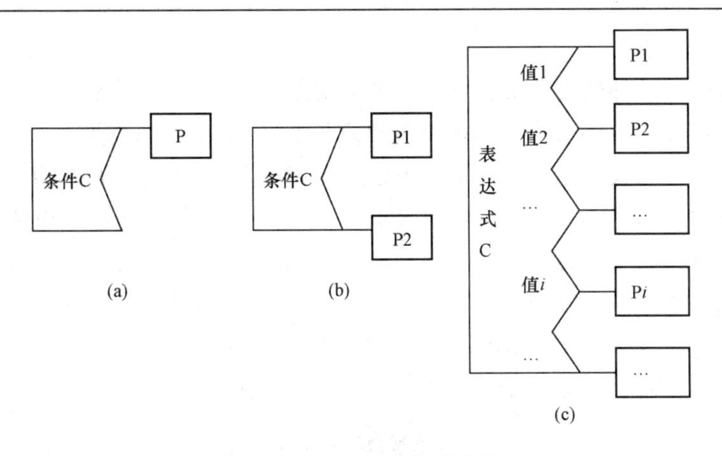

图 1-11 条件结构的流程图

（a）单分支；（b）双分支；（c）多分支

（2）双分支结构。双分支结构的流程图如图 1-11（b）所示，其含义是：如果条件 C 为“真”，则执行语句 P1，否则执行语句 P2。用 C 语言中的 if～else 语句可以实现双分支结构，其语句格式为

```
if (C)
   P1;
else
   P2;
```

当出现 if 语句的嵌套时，就会出现多个 if 和 else。在 C 的编译环境中，系统总是将 else 与它上面的、最近的、未配对的 if 配对。

（3）多分支结构。多分支结构的流程图如图 1-11（c）所示，其含义是：如果条件 C1 为“真”（即表达式 C 的值等于值 1，下同），则执行语句 P1；如果条件 C2 为“真”，则执行语句 P2；…；如果条件 C*i* 为“真”，则执行语句 P*i*。多分支结构可以连续用多个单分支 if 语句实现，也可以用双分支 if 语句的嵌套来实现。其语句格式为

```
if (C1)
   P1;
if (C2)
   P2;
…
if (Ci)
   Pi;
…
```

或

```
if (C1)
   P1;
else if (C2)
   P2;
…
else if (Ci)
   Pi;
…
```

3. 条件的表示

在条件结构中，条件的表示非常重要。在C语言中，条件均通过表达式来表示，这种表达式称为条件表达式。条件表达式的值只有“真”和“假”两种取值。

各种合法的表达式大多能成为C程序中的条件表达式，在刚开始学习时可能较难接受，但你会慢慢熟悉的。这里首先介绍最简单的条件表达式——关系表达式和逻辑表达式。

（1）关系运算符及其表达式。关系运算相当于数学中的不等式，用来对数据进行比较，以确定相互之间的关系。关系表达式的运算结果只有“真”和“假”两种取值。如果运算结果为“真”，则关系表达式的值就用1表示，否则就用0表示。

关系运算的运算符及运算规则见表1-7（表中箭头指示优先级的方向是由高到低）。

表1-7 关系运算符的使用

运算符	运算方法	运算结果	优先级		结合性	说明
<	a<b	a小于b则为1	相同	↓	自左至右	参加运算数据a、b应为可比类型数据
<=	a<=b	a小于或等于b则为1				
>	a>b	a大于b则为1				
>=	a>=b	a大于或等于b则为1				
==	a==b	a等于b则为1	相同			
!=	a!=b	a不等于b则为1				

优先级是指在参加运算时运算的先后次序，优先级高的先参加运算。结合性是指运算符与运算数据的结合方向，结合性一般分为“自左至右”和“自右至左”两种。

例如$x\in[0, +\infty)$可以表示为“x>=0”；$x\neq 5$可以表示为“x!=5”。

（2）逻辑运算符及其表达式。逻辑运算是计算机中的一种基本运算，参加运算的数据是表示逻辑值的“真”和“假”，运算结果也是逻辑值，常用于表达比较复杂的条件。逻辑运算的类型有多种，但任何复杂的逻辑运算均由三种基本逻辑运算组合而成，其运算符和运算规则见表1-8（表中箭头指示优先级的方向是由高到低）。

表1-8 逻辑运算符的使用

运算符	运算方法	运算结果	优先级	结合性	说明
!	!a	取a的反	↓	自右至左	参加运算数据a、b可为任何类型的数据
&&	a&&b	a和b均为真则为1，否则为0		自左至右	
||	a||b	a和b均为假则为0，否则为1			

在C语言中，逻辑值的表示有约定俗成的规则：参加逻辑运算的数据只要不是0，就视为逻辑“真”，0视为逻辑假，即“非0即真”；逻辑运算的结果用1表示逻辑“真”，用0表示逻辑“假”。例如，表达式“!356”的值为0，表达式“345||0”的值为1，表达式“345&&0”的值为0。

有了关系运算符和逻辑运算符，可以将$x\in[0, 5)\cup(5, 10]$表示为“(x>=0&&x<5)||(x>5&&x<=10)”。

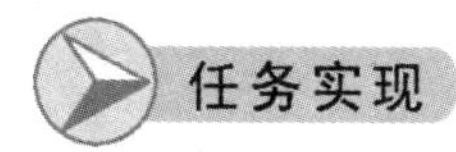

任务实现

1. 分析

需要确定输入数据的个数，并通过循环语句在循环体中累加求和，并使 max 和 min 总是记录已输入数据的最大值和最小值。

2. 流程图

其流程图如图 1-12 所示。

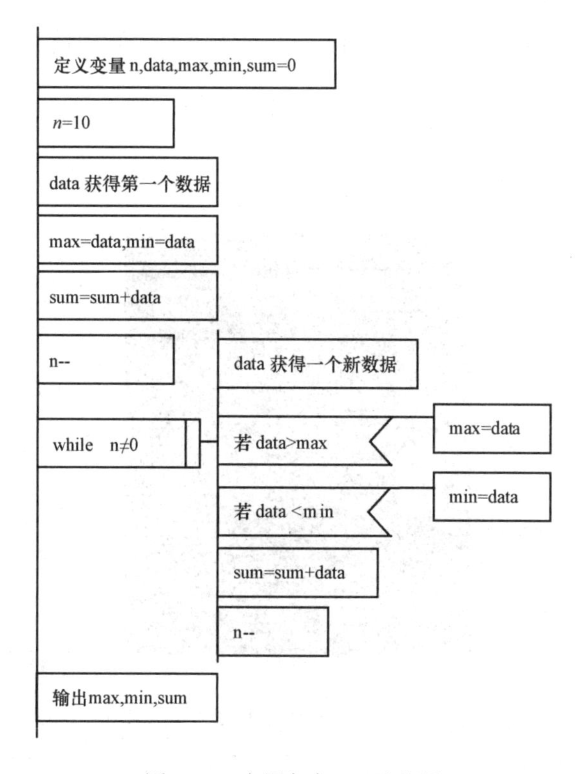

图 1-12　应用任务 1.4 流程图

3. 源程序

```
#include <stdio.h>
void main()
{
        int n,data,max,min,sum=0;
        n=10;
        scanf("%d",&data);
        max=data;
        min=data;
        n--;
        sum=sum+data;
        while(n!=0)
        {
```

```
            printf("请输入一个整数:");
            scanf("%d",&data);
            if(data>max)
                max=data;
            if(data<min)
                 min=data;
            sum=sum+data;
            n--;
           }
        printf("\nmax=%d\nmin=%d\nsum=%d\n",max,min,sum);
    }
```

4. 运行结果

运行结果如图 1-13 所示。

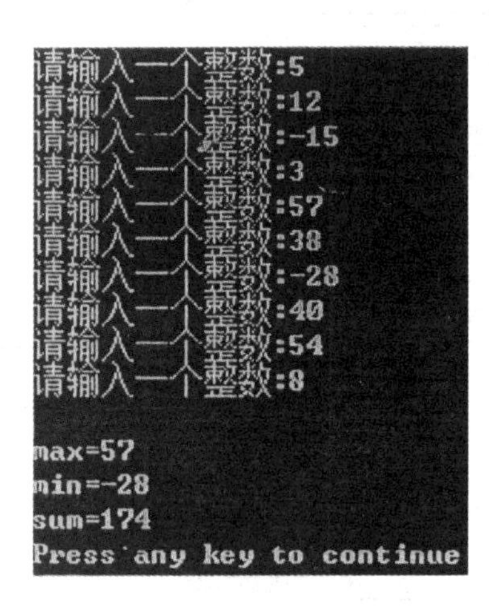

图 1-13　应用任务 1.4 的运行结果

任务拓展

对任务 1.4 做如下修改：(1) 输入 *n* 个整数，求最大值、最小值、总和，并且要求用户输入数据个数 $n \leqslant 0$ 时，能使程序再次提供机会重新输入，直到输入的 $n>0$ 为止；(2) 用 do-while 改写程序中的 while 循环；运行结果请参考图 1-14。

```
请输入数据个数(>0):0
数据个数输入错误! 请输入数据个数(>0):-2
数据个数输入错误! 请输入数据个数(>0):3
请输入一个整数:3
请输入一个整数:5
请输入一个整数:2

max=5
min=2
sum=10
Press any key to continue
```

图 1-14　任务拓展的运行结果

应 用 任 务 1.5

输入 10 个整数，存入数组中，并逆序输出。

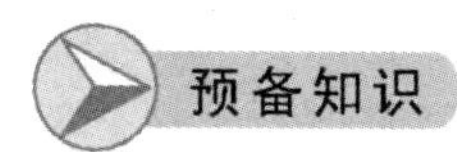

1. 符号常量定义

在 C 语言中，可对常量进行命名，即用符号代替常量。该符号称为符号常量。符号常量通常由预处理命令#define 来定义，而且一般用大写字母表示，以便与其他标识符相区别。符号常量要先定义后使用，定义的一般格式为

```
#define  符号常量名  常量
```

例如：

```
#define  MAXLEN   10   /* 定义最大长度为 10*/
```

符号常量一旦定义，就可在程序中代替常量使用。使用符号常量时，应注意以下几点：

（1）以#define 开头，末尾不加结束符。

（2）一个#define 命令只能定义一个符号常量。

（3）符号常量名习惯上用大写字母表示。

（4）编译系统对程序中出现的符号常量名用定义中的常量做简单替换。

使用符号常量有以下优点：

（1）通过符号常量名可以清晰地看出常量所代表的物理意义。

（2）使用符号常量可以有效地避免多次书写同一个常量，减少出错几率。

（3）当需要对常量进行修改时，只需在其定义的地方做修改即可，不必做多处改变，这样可以避免修改不完全或遗漏等偶然的错误。

2. 循环语句—for 语句

for 语句是 C 语言的特色，也是一种当型循环语句，其一般形式的语句格式为

```
for(表达式 1; 表达式 2; 表达式 3)
    语句 P;
for 语句可以与 while 语句互相通用,其等价的 while 语句为
表达式 1;
while(表达式 2)
{
    语句 P;
    表达式 3;
}
```

尽管如此，如果循环变量能够规则变化，使用 for 语句更简洁，因此 for 语句在编程过程中用得很多，最常用的形式为

```
for(循环变量赋初值; 循环条件; 循环变量增值)
    语句 P;
```

3. 一维数组的定义及引用

在实际问题中，常遇到大批量而有规律排列的数据的处理问题。例如，对一个班的学生

成绩进行统计；一组数由小到大排序等。用普通变量名命名每一个可变数据很麻烦，容易出错，而且处理起来不科学。引入数组后，我们就可以用一个统一的名字，然后在方括号内以顺序号0、1、2、3、…来区别不同的数据，这样处理大批量数据就方便多了。而且这个顺序号还可以进行计算，对循环结构尤为合适。

（1）数组的概念。数组是有序数据的集合，数组中的每一个元素都属于同一个数据类型。用一个统一的数组名和下标来唯一地确定数组中的元素。引用数组元素变量所需的下标个数由数组的维数决定，数组有一维数组、二维数组或多维数组之分。

（2）数组的定义、初始化和引用。数组要占用内存空间，只有在声明了数组元素的类型和个数之后编译器才能为该数组分配合适的内存，这种声明就是数组的定义。

一维数组定义的一般形式为

```
类型标识符　数组名[整型常量表达式];
```

例如：

```
int data[10];    //定义了一个长度为10的一维整型数组
```

其中，类型标识符指数组元素的类型；数组名是个标识符，用来标明一个数组；整型常量表达式表示该数组的大小。

使用数组时应注意以下几点：

1）数组中元素下标从0开始。

2）数组名（如data）表示该数组中第一个元素（如data [0]）的地址，即data和& data[0]同值。数组名是地址常量。经过定义的数组，编译后会分配到一段连续的内存单元，其首地址即数组名（如data）。

3）数组定义后，编译时无越界保护。

4）数组定义中的常量表达式可以包含常量和符号常量，但不能包含变量。

5）同类型数组可一起定义，用逗号隔开。

可以在定义数组时对数组元素全部初始化。

例如：

```
int data[6]={2, 4, 6, 8, 10, 12};//定义并全部初始化了一个长度为6的一维整型数组
```

则data数组各个元素的初始化情况如图1-15所示。

也可以在定义数组时对数组部分初始化。

例如：

```
int data[6]={2,4,6,8};          //定义并部分初始化了一个长度为6的一维整型数组
```

则data数组各元素的初始化情况如图1-16所示，未被初始化的数组元素的值为0。

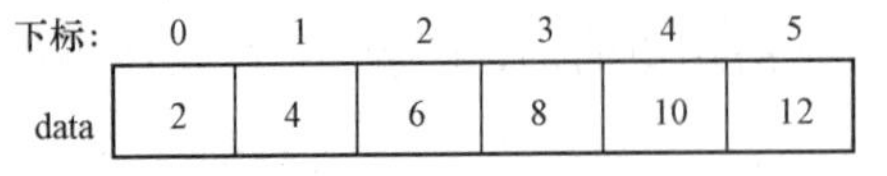

图1-15　定义并全部初始化数组

下标：	0	1	2	3	4	5
data	2	4	6	8	0	0

图1-16　定义并部分初始化数组

数组定义好以后，就可以引用它的元素了。C语言规定只能逐个引用数组元素而不能一次引用整个数组。数组名表示整个数组，下标表示某个数组元素在数组中的位置，所以可以采用“数组名+下标”的方式来引用数组元素。例如，一维数组元素引用的一

般格式为

数组名[下标]

其中，下标可以用常量表示，也可以用变量表示，但要求是整型表达式，并且其取值范围为0≤整型表达式≤元素个数–1。

可以看出，数组定义和数组元素的引用在形式上有些相似，但这两者具有完全不同的含义。数组定义方括号中的数据表示数组的长度，即规定了可取下标的最大值；而数组元素引用方括号中的下标是该元素在数组中的位置标识。前者只能是常量，后者可以是常量、变量或表达式。

任务实现

1. 分析

需要定义一个整型数组来存放多个数据，对一维数据的处理（读/写）需要配合使用循环和数组下标访问法。

2. 流程图

其流程图如图 1-17 所示。

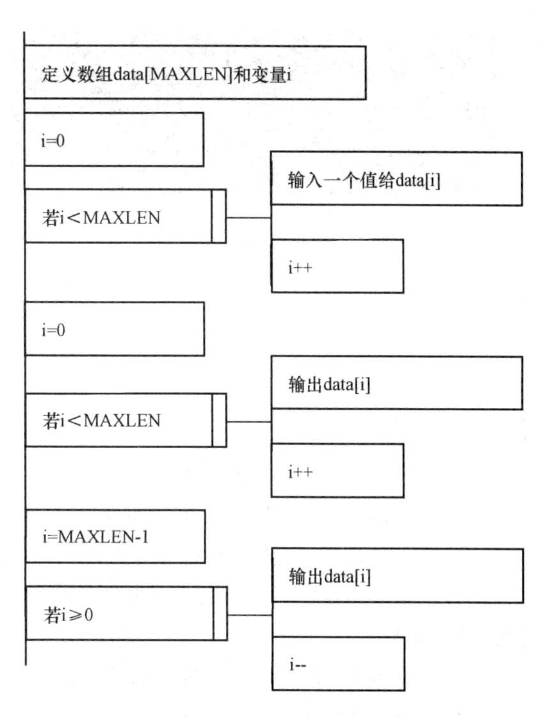

图 1-17　应用任务 1.5 流程图

3. 源程序

```
#include <stdio.h>
#define MAXLEN 10
void main()
{
      int data[MAXLEN],i;
      //对数组进行输入
      printf("请输入%d 个整数:\n",MAXLEN);
      for(i=0;i<MAXLEN;i++)
         scanf("%d",&data[i]);
      printf("正序输出:\n");
      for(i=0;i<MAXLEN;i++)
         printf(" %d",data[i]);
      printf("\n 逆序输出:\n");
      for(i=MAXLEN-1;i>=0;i--)
         printf(" %d",data[i]);
      printf("\n");
}
```

4. 运行结果

运行结果如图 1-18 所示。

任务拓展

通过数组初始化赋值，存入 10 个整数。另从键盘输入一个整数，输出该整数在数组中出现的次数。运行结果参考图 1-19 所示。

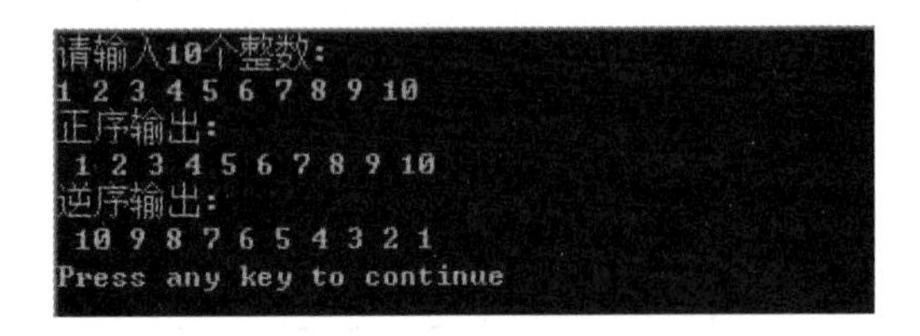

图 1-18　应用任务 1.5 的运行结果

图 1-19　任务拓展的运行结果

实　　训

【实训目的】

（1）掌握 C 语言整型数据变量的定义。

（2）掌握 C 语言整型变量运算和表达式的应用。

（3）C 语言输入输出函数 scanf()和 printf()的简单使用。

（4）掌握 if 语句、while 语句的使用方法。

【实训要求】

（1）根据题目要求绘制程序流程图。

（2）编写源程序。

（3）上机调试程序。

（4）撰写实验报告。

【实训内容】

（1）（A 类）输入 0～999 之间的任意一个数，分别求出这个数的个位数、十位数和百位数。如输入 678，则得到它的个位数是 8、十位数是 7、百位数是 6。

（2）（B 类）输出所有的“水仙花数”（所谓“水仙花数”是指一个三位数，其各位数字立方和等于该数本身，如 $153=1^3+5^3+3^3$）。

实现提示：

求一个数的各位数字可以借助于“/”运算符和“%”运算符。例如：

（1）当整型数 52 和 10 进行“/”运算时，运算结果取整，52/10 的结果是 5。

（2）取余运算符“%”只能对整型数操作，52%10 的结果是 2。

第 2 章 实型数据及其运算

【知识点】

（1）C 语言实型数据类型。

（2）switch 语句、break 语句。

【能力点】

（1）调试程序的能力。

（2）阅读和编写简单程序的能力。

（3）流程图的绘制能力。

应 用 任 务 2.1

从键盘读入一个实数（如身高），并在屏幕上显示出来。

预备知识

1. 基本数据类型——实型

实型是实数类型的简称。C 语言中表示实数的量称为实型常量，存储实数的内存变量称为实型变量。

（1）实型常量。实型数又称为实数或浮点数，只用在十进制数中。实型常量的表示方法有两种：

1）小数形式：由整数部分、小数点和小数部分组成。例如，123.0。

2）指数形式：采用科学计数法表示数据，由尾数、e 或 E 和指数三部分组成。例如，1.23×10^3，在 C 语言中可以写成 1.23E3 或 1.23e3。

注意：在十进制小数形式表示中，小数点不可少；用指数形式表示时，e(E)的前后必须有数字，且 e(E)的后面必须为整数。

（2）实型变量。在 C 语言中，实型变量分为单精度（float 型）、双精度（double 型）和长双精度（long double 型）三类。微机上常用的 C 编译系统中的实型类型在内存中所占的字节数及有效数位见表 2-1。

表 2-1　常用的 C 编译系统中的实型类型

类　型	存储空间	有效数位
单精度型 float	4B	6～7
双精度型 double	8B	15～16
长双精度型 long double	10B	18～19

例如，任务2.1中的学生身高通常以米（m）为单位，所以应该定义成实型类型。

```
float height; /* 身高值通常含有小数,故定义为浮点型 */
```

2. 实型数据输入/输出格式说明符

（1）printf()函数中实型数据的输出格式说明符。

1）格式说明符：由%和格式字符组成，将要输出的数据转换为指定的格式。在输出时由输出项表中相应的输出项代替。实型数格式说明符的使用方法参见表2-2。

表2-2 实型数格式说明符的使用

格式字符	说 明
f	以小数形式输出单、双精度实数，默认输出6位小数
E，e	以标准指数形式输出单、双精度实数，小数位数6位
G，g	选用%f或%e格式中宽度较短的格式输出，不输出无意义的0

2）附加格式说明符：用来对输出项的宽度和对齐方式等进行说明，见表2-3。

表2-3 附加格式说明符的使用

格式字符	说 明
字母l	用于双精度型，使用在f前面，也可用于长整型，可使用在格式符d、o、x、u前面
m （代表一个正整数）	指域宽，表示数据的最小宽度
n （代表一个正整数）	指精度，对于实数，表示输出*n*位小数；对字符串，表示截取的字符个数
-	在域宽前加“-”，表示输出的数字或字符在输出时左对齐；否则为右对齐
0	在域宽前加0，表示输出数字前的空位用0填补；否则用空格填补

比如：格式串“%6.3f”，输出的实数是宽度为6位（含整数位数、小数点和小数位数），其中小数位数为3，即输出3位小数，多余位数四舍五入，不足位数补0。

（2）scanf( )函数中实型数据的输入格式说明符。实型数输入格式字符的使用具体见表2-4。

表2-4 实型数输入格式字符的使用

格式字符	说 明
f	用来输入实数，可以是小数或指数形式
e，E，g，G	与f相同

任务实现

1. 分析

身高是一个实型数，如1.6m，1.75m，所以任务需要定义一个实型数，从键盘对它赋值，并将结果输出到屏幕。

2. 流程图

其流程图如图 2-1 所示。

3. 源程序

```
#include <stdio.h>
void main()
{
    float height;
    printf("请输入你的身高(单位:m):");
    scanf("%f",&height);
    printf("你的身高是%fm。\n",height);
}
```

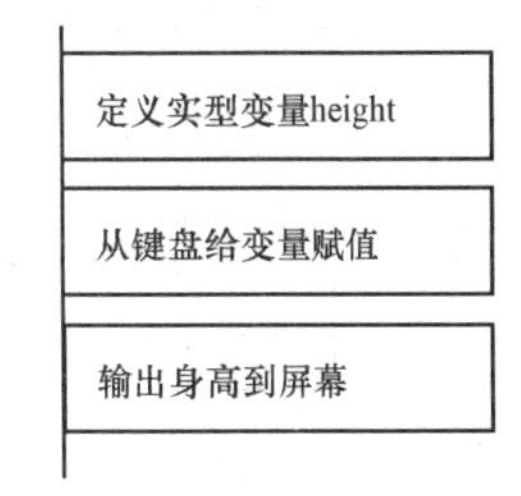

图 2-1　应用任务 2.1 流程图

4. 运行结果

运行结果如图 2-2 所示。

任务拓展

对任务 2.1 做修改使输出的身高只保留两位小数。运行结果参考图 2-3。

```
请输入你的身高(单位:m):1.77
你的身高是1.770000m。
Press any key to continue
```

图 2-2　应用任务 2.1 的运行结果

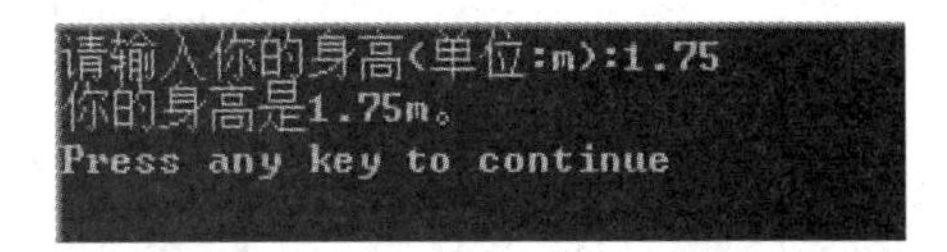

图 2-3　任务拓展的运行结果

应 用 任 务 2.2

输入 n 个人的身高，存入数组中，求 n 个人的平均身高（保留三位小数）。输入过程中需对身高进行有效性检查，设身高有效数据范围为［0.5，2.5］m。如果输入无效数据，则舍弃掉并要求重新输入。

任务实现

1. 分析

（1）人的身高是正的实数，不能是 0 和负数。

（2）任务没有规定数据的个数，所以数组的设定应该足够大，可以定义符号常量 MAXNUM：

```
#define  MAXNUM  30
```

在程序输入数据时，需要用一个整型变量 n 来记录当前数据元素的个数。

（3）多个同类型的数可以使用数组处理，所以可以定义实型数组：

```
float high[MAXNUM];
```

对数组的处理（输入、输出、求总和 sum、求平均值 average）可以配合循环和数组下标访问法进行。

2. 流程图

其流程图如图2-4所示。

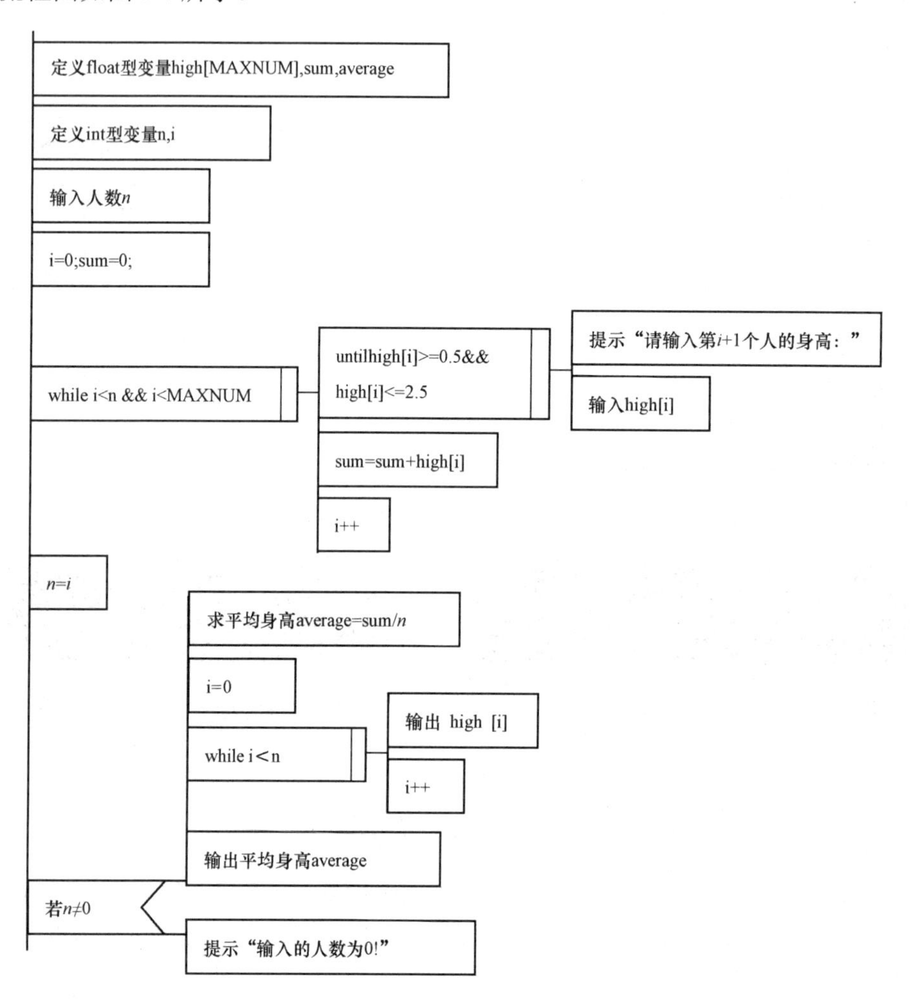

图2-4 应用任务2.2流程图

3. 源程序

```
#include <stdio.h>
#define MAXNUM 30                          //定义符号常量MAXNUM,最大数组长度为30
void main()
{
    float high[MAXNUM],sum,average;
          //定义浮点型数组 high[MAXNUM],总和sum和平均身高average
    int n,i;
    printf("请输入人数(不超过%d个):",MAXNUM);
    scanf("%d",&n);                        //输入人数n
    sum=0;                                 //初始化总和sum为0
    //循环控制输入数组并求和
    i=0;
    while(i<n && i<MAXNUM)
    {
      do{
         printf("请输入第%d个人的身高([0.5,2.5]):",i+1);
```

```
            scanf("%f",&high[i]);
        }while(high[i]<0.5||high[i]>2.5);
        sum=sum+high[i];
        i++;
    }
    n=i;                        //记录数组有效数据元素个数 n
    if(n!=0)                    //判断输入的数据个数是否不为 0
    {
        average=sum/n;          //求平均身高
        //输出数组元素
        printf("\n%d 个人的身高分别为:",n);
        i=0;
        while(i<n)
        {
            printf("%7.3f",high[i]);
            i++;
        }
        //输出平均身高

        printf(  "\n 平均身高为%.3f 米。\n",average);
    }
    else
        printf("输入的人数为 0!\n");
}
```

4. 运行结果

运行结果如图 2-5 所示。

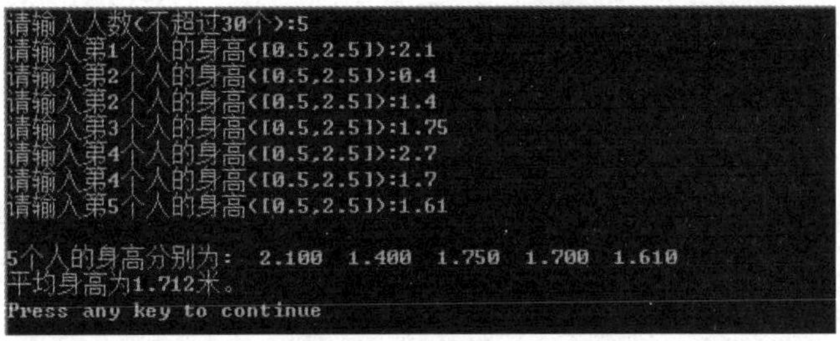

```
请输入人数(不超过30个):5
请输入第1个人的身高([0.5,2.5]):2.1
请输入第2个人的身高([0.5,2.5]):0.4
请输入第2个人的身高([0.5,2.5]):1.4
请输入第3个人的身高([0.5,2.5]):1.75
请输入第4个人的身高([0.5,2.5]):2.7
请输入第4个人的身高([0.5,2.5]):1.7
请输入第5个人的身高([0.5,2.5]):1.61

5个人的身高分别为:  2.100  1.400  1.750  1.700  1.610
平均身高为1.712米。
Press any key to continue
```

图 2-5　应用任务 2.2 的运行结果

任务拓展

改进任务 2.2 的程序，统计身高在 1.6～1.8m（含 1.6m 和 1.8m）的人数及占总人数比例（百分比，保留两位小数）。运行结果参考图 2-6。

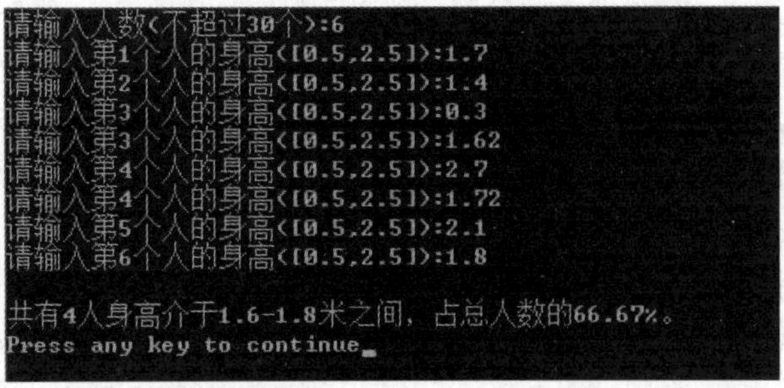

```
请输入人数(不超过30个):6
请输入第1个人的身高([0.5,2.5]):1.7
请输入第2个人的身高([0.5,2.5]):1.4
请输入第3个人的身高([0.5,2.5]):0.3
请输入第3个人的身高([0.5,2.5]):1.62
请输入第4个人的身高([0.5,2.5]):2.7
请输入第4个人的身高([0.5,2.5]):1.72
请输入第5个人的身高([0.5,2.5]):2.1
请输入第6个人的身高([0.5,2.5]):1.8

共有4人身高介于1.6-1.8米之间，占总人数的66.67%。
Press any key to continue_
```

图 2-6　任务拓展的运行结果

应用任务 2.3

运用 continue 语句和 break 语句改写应用任务 2.2 程序。要求程序在身高有效性检查中，增加一个数据检查功能：当身高输入为负数时，终止输入。

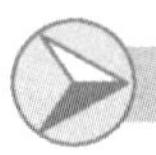

预备知识

在循环控制过程中，有时为了特殊的目的，常有两种情况需要处理：

（1）由于某种原因，需要终止当前循环的执行，转而执行循环语句的后继语句，可以用 break 语句。该语句的功能是使当前循环立即结束，程序从循环语句的后续语句处开始执行。

例如，在输入身高的过程中，如果约定一旦输入的身高小于 0，就认为身高输入结束，则在检测到输入的身高小于 0 时，应使用 break 语句结束当前循环。

（2）由于某种原因，在程序执行的过程中，需要中止当前循环的执行，也就是结束本次循环后继语句的执行，转而通过循环条件判断以后继续开始新的一次循环。在 C 语言中，可以使用 continue 语句结束本次循环的执行，转而去执行下一次循环条件测试。

例如，在输入身高的过程中，如果身高的有效取值范围为 0.5～2.5，则当输入的身高大于等于 0，但小于 0.5 或大于 2.5 时，程序可以放弃该输入的处理，继续等待用户输入下一个身高。

1. break 语句

格式：`break;`

作用：

（1）可用于 switch 语句，其作用是跳出 switch 语句。

（2）可用于 while、do-while 和 for 这三种循环语句，其作用是跳出循环体。

2. continue 语句

格式：`continue;`

作用：可用于 while、do-while 和 for 这三种循环语句，其作用是结束本次循环，即跳过循环体中下面未执行的语句，接着进行下一次是否执行循环的判断。

任务实现

1. 分析

在应用任务 2.3 中，如果事先不知道输入身高的个数，并且约定一旦输入的身高小于 0，就认为身高输入结束，用 break 终止循环；当输入的身高没有落在［0.5，2.5］的范围时，对这次输入的身高将不做处理，用 continue 中止当次循环，不将数据进行累加。

2. 流程图

流程图如图 2-7 所示。

3. 源程序

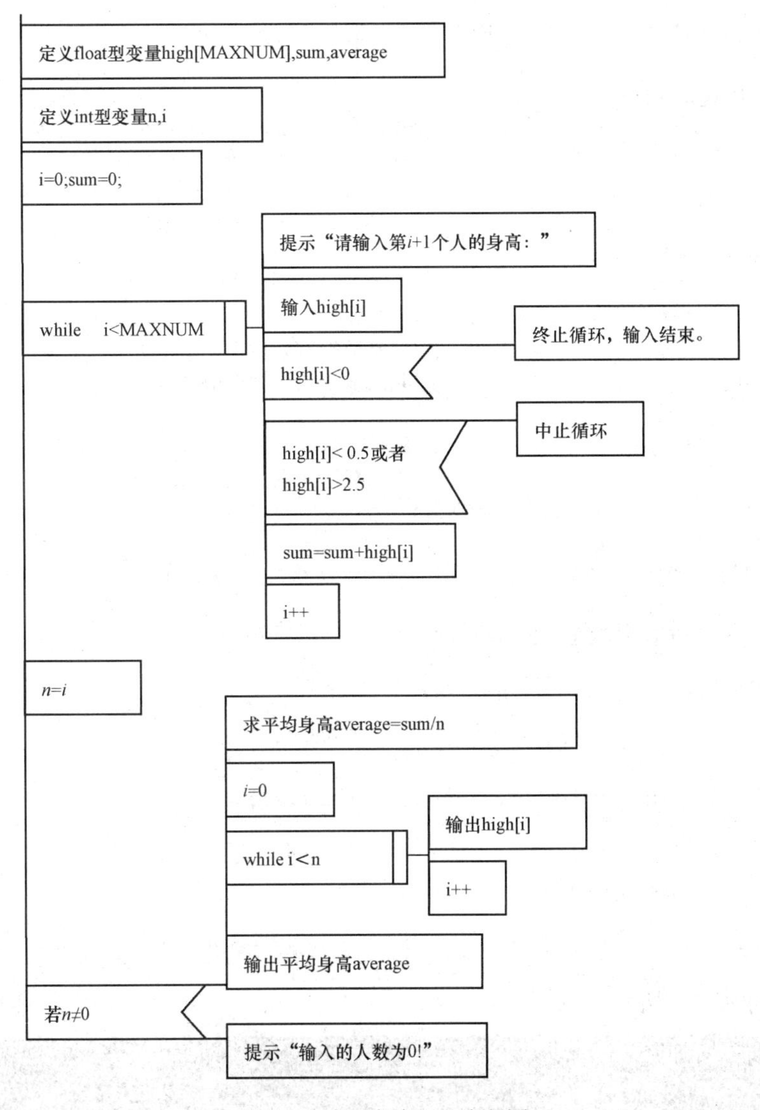

图 2-7　应用任务 2.3 流程图

```
#include <stdio.h>
#define MAXNUM 30                //定义符号常量 MAXNUM,最大数组长度为 30
void main()
{
   float high[MAXNUM],sum,average;
                     //定义浮点型数组 high[MAXNUM],总和 sum 和平均身高 average
   int n, i;
   printf("请输入身高(不超过%d 个)\n",MAXNUM);

   sum=0;                        //初始化总和 sum 为 0
                                 //循环控制输入数组并求和
   i=0;
   while( i<MAXNUM)
   {
```

```
        printf("请输入第%d个人的身高([0.5,2.5]):",i+1);
        scanf("%f",&high[i]);
        if(high[i]<0)
             break;              //输入负数身高时,结束循环
        if(high[i]<0.5||high[i]>2.5)
              continue;          //输入身高大于 2.5 或小于 0.5m 时,输入无效,中止此次
                                 //循环,重新开始下一次循环
        sum=sum+high[i];
        i++;
    }
    n=i;                         //记录数组有效数据元素个数 n
    if(n!=0)                     //判断输入的数据个数是否不为 0
    {
        average=sum/n;           //求平均身高
                                 //输出数组元素
        printf("\n%d个人的身高分别为:",n);
        i=0;
        while(i<n)
        {
          printf("%7.3f",high[i]);
          i++;
        }
                                 //输出平均身高

        printf("\n平均身高为%.3f米。\n",average);
    }
    else
        printf("输入的人数为0!\n");
}
```

4. 运行结果

运行结果如图 2-8 所示。

```
请输入身高(不超过30个)
请输入第1个人的身高([0.5,2.5]):1.2
请输入第2个人的身高([0.5,2.5]):2.2
请输入第3个人的身高([0.5,2.5]):0.4
请输入第3个人的身高([0.5,2.5]):1.4
请输入第4个人的身高([0.5,2.5]):3.1
请输入第4个人的身高([0.5,2.5]):2.3
请输入第5个人的身高([0.5,2.5]):1.75
请输入第6个人的身高([0.5,2.5]):-1

5个人的身高分别为:  1.200  2.200  1.400  2.300  1.750
平均身高为1.770米。
Press any key to continue
```

图 2-8 应用任务 2.3 的运行结果

任务拓展

运用 continue 语句和 break 语句改写应用任务 2.2 的"任务拓展"。要求程序在身高有效性检查中增加一个数据检查功能：当身高输入为负数时，终止输入。运行结果参考图 2-9。

```
请输入身高(不超过30个)
请输入第1个人的身高([0.5,2.5]):1.6
请输入第2个人的身高([0.5,2.5]):1.3
请输入第3个人的身高([0.5,2.5]):7.8
请输入第3个人的身高([0.5,2.5]):1.7
请输入第4个人的身高([0.5,2.5]):2.1
请输入第5个人的身高([0.5,2.5]):-1

有2人身高介于1.6-1.8米之间，占总人数的50.00%。
Press any key to continue
```

图 2-9　任务拓展的运行结果

应 用 任 务 2.4

将百分制成绩转换为等级制（成绩为 0～100，可含有小数）。

预备知识

1. 多分支语句——switch 语句

当条件数目比较多，使用 if-else 多分支语句实现时，程序会比较繁琐。为了提高编程的效率，在 C 语言中提供了多分支结构专用语句 switch，其语句格式为

```
switch (表达式 C)
{
    case 常量表达式 1:
        语句组 P1;
        break;
    ……
    case 常量表达式 i:
        语句组 Pi;
        break;
    ……
    case 常量表达式 n:
        语句组 Pn;
        break;
    default:
        语句组 Pn+1;
        break;
}
```

该语句的功能：先计算表达式 C 的值，然后逐个与常量表达式进行比较。当与第 i 个常量表达式的值相同时，则执行语句组 Pi，执行完语句组 Pi 以后，如果后面有 break 语句，则结束 switch 语句，否则继续执行后续语句；当表达式 C 的值和所有常量表达式的值均不同时，如果有 default 子句，则执行语句组 Pn+1，否则退出 switch 语句。

在使用 switch 语句时请注意：表达式的类型必须和常量表达式的类型一致。一般情况下，如果没有特殊的设计要求，每个 case 子句后的 break 语句不可少，否则就不能构成真正的多分支结构。

说明：

（1）switch 后的表达式，一般为整数表达式或字符表达式。

（2）case 后的各常量表达式的值必须互不相同。

（3）各个 case 和 default 的出现次序不影响执行结果。

（4）多个 case 语句可以共用一组语句。

2．强制类型转换运算符

可以利用强制类型转换运算符将一个表达式转换为所需类型。其一般形式为：

(类型名)(表达式)

例如，假使已经求得成绩总分 sum（int 类型）和成绩个数 *n*（int 类型），则平均成绩 average（通常保留小数部分，所以类型为 float）可以通过下面的语句来计算：

```
average=sum/n;
```

上面的语句真的能够保留小数部分吗？对于除法运算符“/”而言，当两侧操作数都是整数时，运算结果也为整数。所以上面的语句显然不能求得正确的结果。正确的语句为

```
average=(float)sum/n;
```

使用强制类型转换时要注意：

（1）原来变量的类型不发生变化。如上面的 sum 变量的类型和值都没有发生变化。

（2）（int）sum 不要写成 int（sum）。

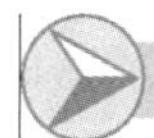

任务实现

1．分析

为了完成本任务，首先用循环控制语句保证输入成绩的有效性，即分数为 0～100。考虑到成绩有可能含有小数，还需用强制类型转换运算，将带小数点的数据处理成为整型数，为百分制分数转换成为等级制分数做准备。

由于成绩等级分 A、B、C、D、E 五等，分别对应于优秀、良好、中等、及格和不及格，属于多分支判断，故采用多分支 switch 语句实现成绩转换。

2．流程图

流程图如图 2-10 所示。

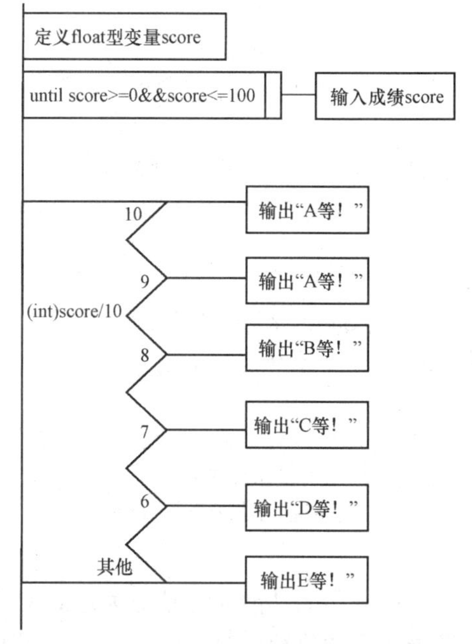

图 2-10 应用任务 2.4 流程图

3．源程序

```
#include<stdio.h>
void main()
{
    float score;
    do
    {
```

```
        printf("\n请输入百分制成绩:");
        scanf("%f",&score);
    }while(score<0 || score>100);
    printf("%.2f分转换为等级制是:",score);
    switch((int)score/10)
    {
       case 10:
       case  9:  printf("A等!\n");break;
       case  8:  printf("B等!\n");break;
       case  7:  printf("C等!\n");break;
       case  6:  printf("D等!\n");break;
       default:  printf("E等!\n");break;
    }
}
```

4. 运行结果

运行结果如图 2-11 所示。

```
请输入百分制成绩: 87
87.00分转换为等级制是:B等!
Press any key to continue
```

图 2-11　应用任务 2.4 的运行结果

任务拓展

某物流公司小件（不超过 10 kg）运输，按里程收费，且里程越远，折扣越高。收费标准如下（s 代表路程）：

$s<50$	没有折扣，而且按 50km 收费
$50\leqslant s<250$	没有折扣
$250\leqslant s<500$	2%折扣
$500\leqslant s<1000$	5%折扣
$1000\leqslant s<2000$	8%折扣
$2000\leqq s<3000$	10%折扣
$3000\leqslant s$	15%折扣

假设小件收费单价为 0.20 元/千米。请编写程序，输入路程距离，计算小件收费的金额（保留两位小数）。程序运行结果参考图 2-12。

```
请输入距离(单位:km):30

50.00km(含不足50.00km)将获得0%的折扣。
需要付费10.00元。
Press any key to continue
```

（a）

```
请输入距离(单位:km):600

600.00km将获得5%的折扣。
需要付费114.00元。
Press any key to continue
```

（b）

图 2-12　任务拓展运行结果

（a）$s<50$；（b）$500\leqslant s<1000$

应用任务 2.5

求方程 $ax^2+bx+c=0$ 的根。

任务实现

1. 分析

通过二次方程求根公式求解，有以下几种可能。

（1）$a=0$，不是二次方程。

（2）$b^2-4ac=0$，方程有两个相同的实根。

（3）$b^2-4ac>0$，方程有两个不等的实根。

（4）$b^2-4ac<0$，方程有两个共轭复根。应该以 $p+iq$ 和 $p-iq$ 的形式输出复根。其中，$p=-b/2a$，$q=\sqrt{4ac-b^2}\ /2a$

程序中用 disc 代表 b^2-4ac，对于 disc 是否等于 0 的判断，需要注意：因为 disc 是实数，而实数在计算和存储时会有一些微小的误差，因此不能直接进行如下判断："if（disc==0）…"，而是采取用一个很小的数（例如 10^{-6}）和 disc 的绝对值（fabs（disc））进行比较，如果 fabs（disc）小于这个数，就认为 disc 等于 0。

2. 流程图

流程图如图 2-13 所示。

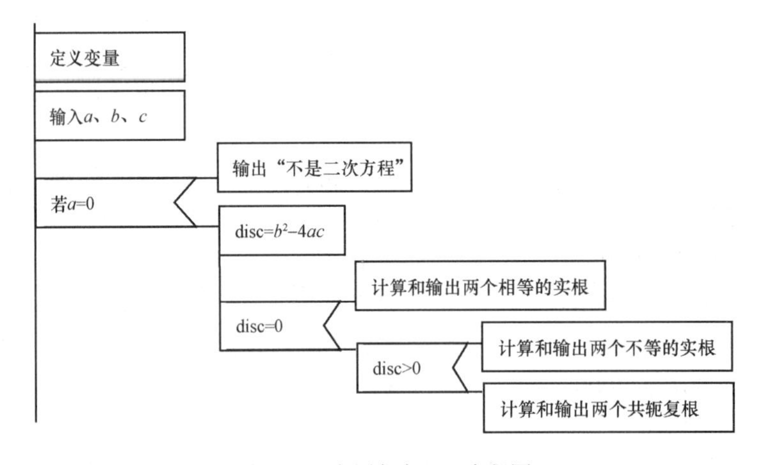

图 2-13 应用任务 2.5 流程图

3. 源程序

```
#include <stdio.h>
#include <math.h>
void main()
{
   double a,b,c,disc,x1,x2,realpart,imagpart;
   printf("请输入方程的系数(a,b,c)");
   scanf("%lf,%lf,%lf",&a,&b,&c);
```

```
    printf("这个二次方程");
    if(fabs(a)<=1e-6)
        printf("不是二次方程。\n");
    else
    {
        disc=b*b-4*a*c;
        if(fabs(disc)<=1e-6)
            printf("有两个相同的实根:%8.4lf\n",-b/(2*a));
        else if(disc>1e-6)
            {
                x1=(-b+sqrt(disc))/(2*a);
                x2=(-b-sqrt(disc))/(2*a);
                printf("有两个不同的实根:%8.4lf  和 %8.4lf\n",x1,x2);
            }
        else
        {       realpart=-b/(2*a);
                imagpart=sqrt(-disc)/(2*a);
                printf("有两个共轭复根:\n");
                printf("%8.4lf+%8.4lfi\n",realpart,imagpart);
                printf("%8.4lf-%8.4lfi\n",realpart,imagpart);
        }
    }
}
```

4. 运行结果

运行结果如图 2-14 所示。

```
请输入方程的系数(a,b,c)0,1,2
这个二次方程不是二次方程。
Press any key to continue
```

(a)

```
请输入方程的系数(a,b,c)1,2,1
这个二次方程有两个相同的实根:  -1.0000
Press any key to continue
```

(b)

```
请输入方程的系数(a,b,c)1,3,2
这个二次方程有两个不同的实根: -1.0000 和  -2.0000
Press any key to continue
```

(c)

```
请输入方程的系数(a,b,c)1,2,3
这个二次方程有两个共轭复根:
 -1.0000+  1.4142i
 -1.0000-  1.4142i
Press any key to continue
```

(d)

图 2-14　应用任务 2.5 的运行结果

(a) 不是二次方程；(b) 有两个相同的实根；(c) 有两个不同的实根；(d) 有两个共轭复根

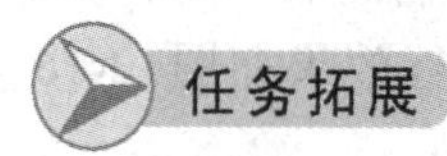

已知二次方程 $3x^2-9x-2=0$ 在［0，5］存在一个根，请用二分法对二次方程求解。

注：对于在区间［A，B］上连续不断且满足 $f(A)\cdot f(B)<0$ 的函数 $y=f(x)$，通过不断地把函数 $f(x)$的零点所在的区间一分为二，使区间的两个端点逐步逼近零点，进而得到零点近似值的方法称为二分法。

实现提示：

对于一个连续函数 $f(x)$

（1）若 $f(A)*f(B)>0$，则 $f(x)$ 在区间［A，B］内没有根，结束。若 $f(A)*f(B)<=0$，则 $f(x)$ 在区间［A，B］至少有一个根，转（2）。

（2）若 $B-A<=10^{-6}$，转（4）；若 $B-A>10^{-6}$，计算 mid=（A+B）/2，转（3）。

（3）若 $f(A)*f(\text{mid})<=0$，则 B=mid，转（2）。

若 f（mid）$*f(B)<=0$，则 A=mid，转（2）。

（4）认为（A+B）/2 是方程的一个近似解，将它输出。

程序运行结果参考图 2-15。

```
x=3.207825
Press any key to continue
```

图 2-15 任务拓展的运行结果

实 训

【实训目的】

（1）掌握 C 语言实型数据变量的定义。

（2）掌握 C 语言实型变量运算和表达式的应用。

（3）掌握 scanf()和 printf()中实型数据的输入输出。

（4）掌握 switch 语句的使用方法。

【实训要求】

（1）根据题目要求绘制程序流程图。

（2）编写源程序。

（3）上机调试程序。

（4）撰写实验报告。

【实训内容】

（1）（A 类）输入两个实数，分别计算它们的和、商、积、差。

提 示

求商时，如果除数为 0，需报错。

（2）（B 类）制作一个简单的计算器，在输入两个实数时，能计算它们的和、商、积、差。要求用菜单实现对程序功能（和、商、积、差）的选择。程序运行效果如图 2-16 所示。

```
请输入两个数(用,隔开):3.5,4.2

        ****菜 单*******
        *  1. 加        *
        *  2. 减        *
        *  3. 乘        *
        *  4. 除        *
        *  0. 退出      *
        ***************
请选择菜单:1

3.500000+4.200000=7.700000
        ****菜 单*******
        *  1. 加        *
        *  2. 减        *
        *  3. 乘        *
        *  4. 除        *
        *  0. 退出      *
        ***************
请选择菜单:2

3.500000-4.200000=-0.700000
        ****菜 单*******
        *  1. 加        *
        *  2. 减        *
        *  3. 乘        *
        *  4. 除        *
        *  0. 退出      *
        ***************
请选择菜单:3

3.500000*4.200000=14.700000
        ****菜 单*******
        *  1. 加        *
        *  2. 减        *
        *  3. 乘        *
        *  4. 除        *
        *  0. 退出      *
        ***************
请选择菜单:0
Press any key to continue
```

图 2-16　程序运行效果图

第3章　字符数据及其运算

【知识点】

（1）C语言字符数据类型。

（2）字符数组的定义。

（3）字符串的定义。

（4）字符串处理常用函数。

【能力点】

（1）调试程序的能力。

（2）阅读和编写简单程序的能力。

（3）流程图的绘制能力。

应用任务3.1

从键盘读入一个字符，并在屏幕上显示出来。

预备知识

字符是C语言中数字、字母、运算符号、标点符号、制表符号以及控制符号的总称。字符型是C语言的一种常见的简单数据类型，和整型一样，有常量和变量之分。

1. 字符常量

字符常量是用一对单引号括起来的单一字符，在计算机的存储中占据1B。单引号是定界符，它并不是字符型常量的一部分。例如，'A'、'9'、'#'等都是字符型常量。

由于在计算机中只能存储二进制数据，字符在计算机中也必须以二进制形式存储，字符的二进制形式是通过ASCII码来实现的。

ASCII码就是对常用的128个字符用十进制数（也可用其他进制数，但具体编码不相同）0～127对其进行顺序编码，每个字符有一个唯一的编码与之对应，该编码称为该字符的ASCII码。例如字符A的十进制编码为65，则字符A的ASCII码即为65。

上述ASCII码称为基本ASCII码，由于一个字节存储无符号整数的最大值应为255，所以人们对基本ASCII码进行扩充，用128～255对其他的一些符号进行编码，形成扩展ASCII码。

由于字符常量中的单引号已作为定界符使用，另外还有一些控制字符（如制表符、回车、换行字符等）不能直接表示，所以为了表达方便，C语言提供了转义字符表示法。转义字符表示法以反斜杠（\）开头，后面跟上相关的字符来表示特殊的字符。

常用的转义字符见表 3-1。

表 3-1　　常用转义字符

字符形式	含　义	ASCII 码
\n	换行，将光标移到下一行开头	10
\t	水平制表（光标右移 8 列）	9
\b	退格，光标前移一列	8
\r	按 Enter 键，光标移到本行首列	13
\f	换页，光标移到下页开头	12
\\	反斜杠字符	92
\'	单引号字符	39
\"	双引号字符	34
\ddd	三位八进制数所代表的字符	ddd_8
\xhh	hh 两位十六进制数所代表的字符	hh_{16}

2. 字符型变量

字符型变量用来存放字符数据，只能存放一个字符。在 C 语言中，字符型变量只有一种，用关键字 char 表示。字符型变量在内存中只占 1B。字符型变量的定义形式如下：

```
char  ch1,ch2;    /* 定义 ch1、ch2 为字符型 */
```

3. 字符型变量的输入与输出

输入输出字符型变量时，scanf 函数和 printf 函数的格式串用“%c”来控制。例如：

```
scanf("%c",&ch1);         /* 输入一个字符到字符变量 ch1 中 */
printf("%c",ch2);         /* 将字符变量 ch2 中的字符输出到屏幕上 */
```

另外，还可用 getchar 和 putchar 这两个函数来实现。

```
ch1=getchar();            /* 输入一个字符到字符变量 ch1 中 */
putchar(ch2);             /* 将字符变量 ch2 中的字符输出到屏幕上 */
```

提示

由于在输入字符时，“回车键”也作为字符输入，在读取字符时，应把“回车键”跳过，否则可能会引起输入字符与读取字符不一致。

任务实现

1. 分析

需要定义一个字符变量 ch，用格式字符“%c”配合 scanf()函数从键盘输入一个字符，并用 printf()函数将字符输出到屏幕。

2. 流程图

流程图如图 3-1 所示。

3. 源程序

```
#include <stdio.h>
```

```
void main()
{
    char ch;
    printf("请输入一个字符:\n");
    scanf("%c",&ch);
    printf("%c",ch);
    printf("\n");
}
```

4. 运行结果

运行结果如图3-2所示。

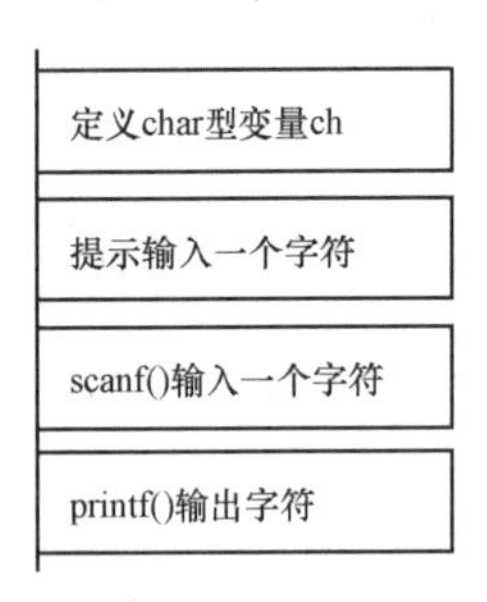

图3-1 应用任务3.1流程图

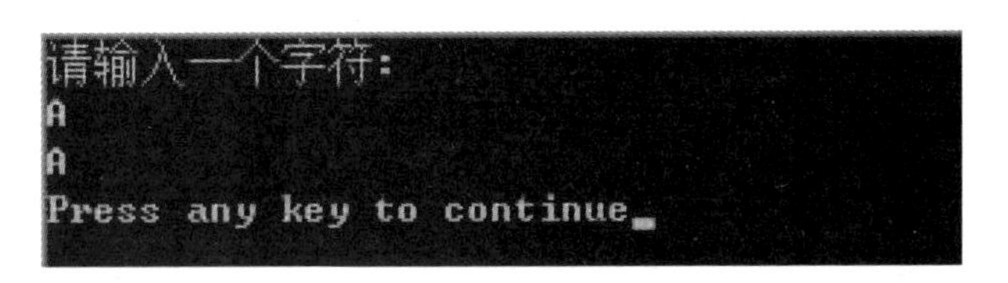

图3-2 应用任务3.1的运行结果

任务拓展

用getchar( )、putchar( )实现应用任务3.1。

应用任务3.2

输入一组字符，并在屏幕上显示出来。

预备知识

1. 字符数组的定义

类型标识符 数组名[整型常量表达式];

其中，类型标识符指数组元素的类型；数组名是个标识符，是数组类型变量；整型常量表达式表示该数组的大小。

```
char str[6];  /* 定义name为一维数组,可以用来存放学生姓名 */
```

在定义字符数组时可以直接初始化它，如图3-3（a）所示。

```
char str[6]={'H','e','l','l','o','!'};
```

当对数组进行完全初始化时，字符数组的长度可以省略，如图3-3（a）所示。

```
char str[]={'H','e','l','l','o','!'};
```

当对部分数组元素进行初始化时，编译未被初始化的数组元素将被赋值为'\0'，如图3-3（b）所示。

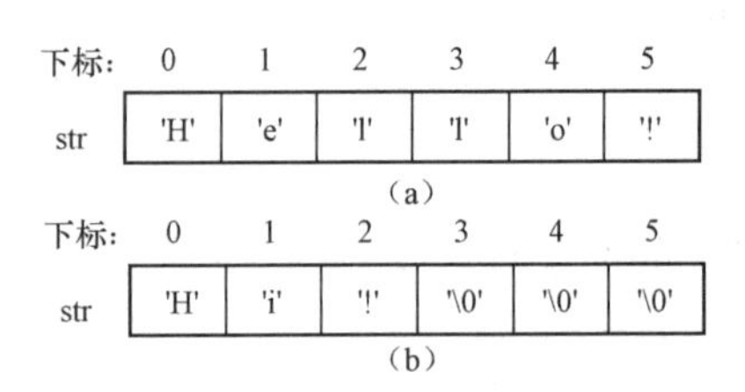

图3-3 字符数组赋值

（a）字符数组完全赋值；（b）字符数组不完全赋值

```
char str[6]={'H','i','!'};
```

2. 字符数组元素的引用

字符数组定义好以后，就可以引用其元素了。与 int 型数组和 float 型数组一样，只能逐个引用字符数组元素而不能一次引用整个数组。数组名表示整个数组，下标表示某个数组元素在数组中的位置，所以可以采用“数组名+下标”的方式来引用数组元素。例如，一维数组元素引用的一般形式为

```
数组名[下标]
```

其中，下标可以用常量表示，也可以用变量表示，但要求是整型表达式，并且其取值范围为 0≤整型表达式≤元素个数−1。

任务实现

1. 分析

需要定义一个字符型数组，对数组的赋值和输出要配合循环和数组下标访问法进行。

2. 流程图

流程图如图 3-4 所示。

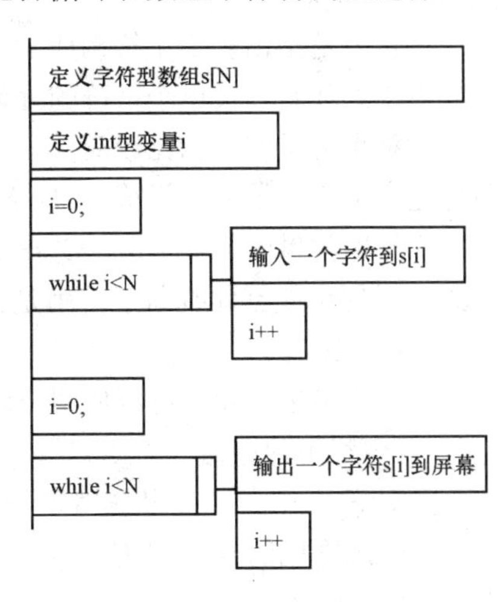

图 3-4　应用任务 3.2 流程图

3. 源程序

```
#include "stdio.h"
#define  N  6
void main()
{
    char s[N];
    int i;
    printf("请输入%d 个字符:",N);
    for(i=0;i<N;i++)
        scanf("%c",&s[i]);
    for(i=0;i<N;i++)
        printf("%c",s[i]);
    printf("\n");
}
```

4. 运行结果

运行结果如图 3-5 所示。

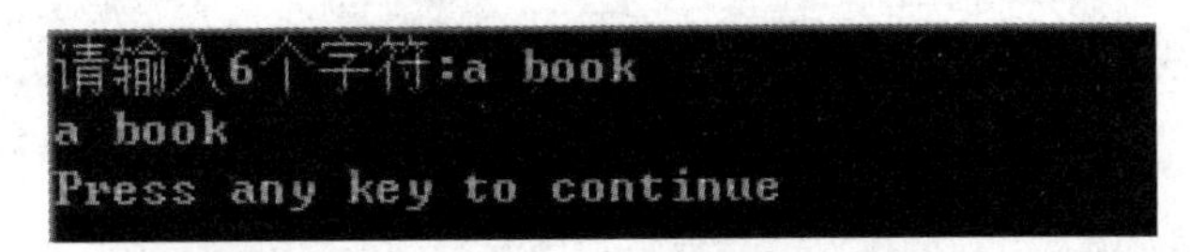

图 3-5　应用任务 3.2 的运行结果

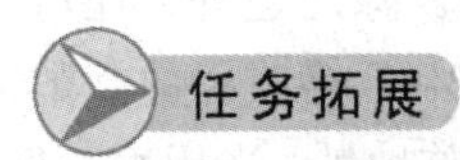

任务拓展

输入一组字符，存入字符数组中，然后逆序输出。运行结果如图 3-6 所示。

```
请输入字符个数(<=20):8
请输入8个字符:ABCDEFGH

正序存储输出为:ABCDEFGH

逆序存储后输出为:HGFEDCBA
Press any key to continue
```

图 3-6　任务拓展的运行结果

应用任务 3.3

输入一个字符串，并在屏幕上显示出来。

预备知识

1. 字符串常量

字符串是指由多个字符构成的一串字符，例如人的姓名、家庭住址等信息。这些信息在计算机中处理时，较单个字符的处理要复杂一些。

字符串常量的表示比较简单，使用一对双引号将字符串括起，即可构造字符串常量，双引号是字符串常量的定界符。"This is the first program." 就是一个字符串常量。

字符串常量简称字符串。C 语言规定：在每一个字符串的结尾加一个“字符串结束标志”('\0')，以便系统据此判断字符串是否结束。字符串的长度是字符串中有效字符的个数，不包含字符串结束符。

在字符串中，除了可以使用一般字符外，还可以使用转义字符。

2. 字符串的存储

在 C 语言中，字符串是用字符数组来存储的。由于字符串含有结束符，长度为 n 的字符串，在计算机的存储中占用 $n+1$ 字节。因此定义字符数组的大小至少要比字符串的长度大 1。

例如:

```
char s[]="hello!";
```

数组 s 的长度定义如果不空缺，长度值不能小于 7，该字符串在内存的存储如图 3-7 所示。

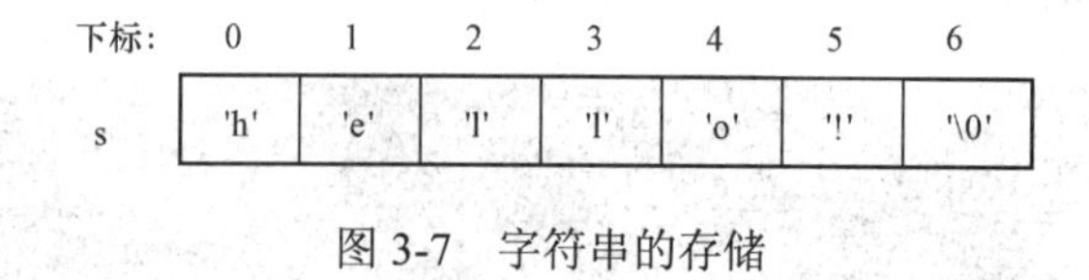

图 3-7　字符串的存储

3. 字符串的输入输出

字符串可以利用“%c”格式符和循环语句实现字符的逐个输入和输出。除此之外，还可以通过“%s”格式符和数组名实现字符数组的整体输入和输出。在使用“%s”格式符时，数组名的前面不要再加取地址符(&)，因为 C 语言中数组名就代表该数组的首地址。当用“%s”格式符输入字符数组时，系统自动会在最后面加一个'\0'。

例如：

```
char name[20];                  /* 定义 name 为一维数组,用来存放学生姓名 */
scanf("%s",name);               /* 输入学生姓名 */
printf("%s\n",name);            /* 输出学生姓名 */
```

在用 scanf 函数输入字符串时，字符串中不能含有空格，遇到空格后将结束处理。例如，对于上面的 scanf 语句，当输入“zhang　san”字符串时，name 数组中却只接收到“zhang”。要想接收含有空格的字符串，可以使用下面的语句：

```
gets(name);          /* 输入学生姓名,可以含有空格,以 Enter 键结束 */
```

gets 是用来输入一行字符串的系统库函数，使用该函数时，需要包含 string.h 头文件。与 gets 相对应的有用来输出的 puts 函数，其功能是将字符数组中的内容输出到屏幕上并按 Enter 键换行。例如：

```
puts(name);          /* 输出学生姓名,等价于 printf("%s\n",name);*/
```

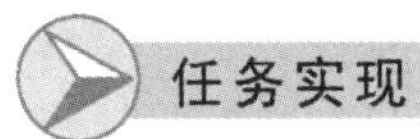

任务实现

1. 分析

定义一个字符型数组，通过“%s”格式符和数组名实现字符串的整体输入和输出，用 scanf()、printf()实现。

2. 源程序

```
#include <stdio.h>
#define N 20
void main()
{
    char name[N];
    printf("请输入一个字符串:");
    scanf("%s",name);
    printf("%s",name);
    printf("\n");
}
```

3. 运行结果

运行结果如图 3-8 所示。

```
请输入一个字符串:Zhangsan
Zhangsan
Press any key to continue
```

图 3-8　应用任务 3.3 的运行结果

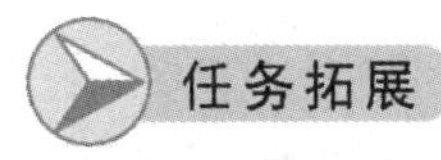

任务拓展

用 gets()、puts()实现应用任务 3.3，参考运行结果如图 3-9 所示。

```
请输入一个字符串:Zhang san
Zhang san
Press any key to continue
```

图 3-9　任务拓展的运行结果

应用任务 3.4

通过程序给字符串初始化赋值，并求该字符串的长度（不允许用系统库函数）。

任务实现

1. 分析

字符串的最后都会有结束标志'\0'，因此，只要统计出第一个'\0'之前的字符个数就能求出字符串长度。

2. 流程图

流程图如图 3-10 所示。

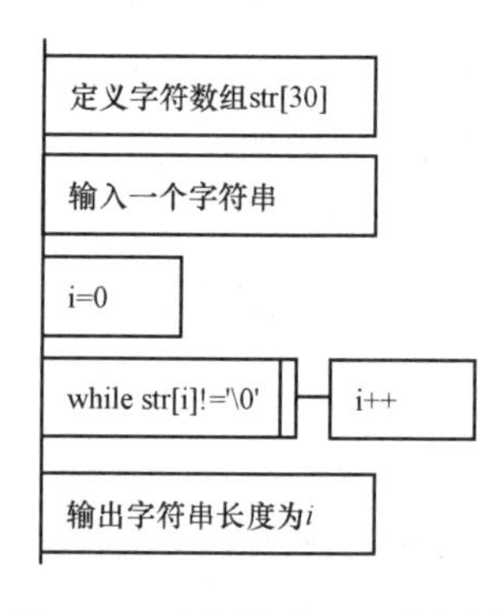

图 3-10 应用任务 3.4 流程图

3. 源程序

```
#include "stdio.h"
#define N 30
void main()
{
      char str[N]="Hello Jim!";        // 字符串初始化
      int i;
      i=0;
      while(str[i]!='\0')
          i++;
      printf("%s 的长度是%d。\n",str,i);
}
```

4. 运行结果

运行结果如图 3-11 所示。

```
Hello Jim!的长度是10。
Press any key to continue
```

图 3-11 应用任务 3.4 的运行结果

任务拓展

输入两个字符串 str1 和 str2，将 str2 连接到 str1 的后面，存入另一个字符数组中，并在屏幕中显示出来。(不允许用系统库函数)

实现提示：定义一个字符数组 str，先把字符串 str1 复制到数组 str 中，再把字符串 str2 复制到数组 str 剩余的单元中。

知识拓展

C 语言提供了丰富的字符串处理函数，除了字符串的输入、输出函数之外，大致可分为合并、修改、比较、转换、复制、搜索几类，使用这些函数可大大减轻编程的负担。使用这些字符串函数应包含头文件 string.h。

下面介绍几个最常用的字符串函数。

1. 字符串连接函数（strcat）

格式：strcat(字符数组名 1,字符数组名 2);

功能：把字符数组 2 中的字符串（连同尾部的'\0'）连接到字符数组 1 中字符串的后面，并删去字符串 1 后的字符串结束标志'\0'。本函数返回值是字符数组 1 的首地址。

例如，执行下面的语句后，st1 字符数组的内容就变成了“My name is xiao wang”。

```
char st1[80]= "My name is ";
char st2[20]= "xiao wang";
strcat(st1,st2);
```

说明：字符数组 1 应定义足够的长度，否则不能全部装入被连接的字符串。

2. 字符串复制函数（strcpy）

格式：strcpy(字符数组名 1,字符数组名 2);

功能：把字符数组名 2 中的字符串复制到字符数组名 1 中。字符串结束标志'\0'也一同复制。

例如，执行下面的语句后，st1 字符数组的内容为“C Language”。

```
char st1[15],st2[]= "C Language";
strcpy(st1,st2);
```

说明：

（1）字符数组名 1 必须写成数组名形式，字符数组名 2 可以是数组名形式，也可以是字符串常量。字符数组名 1 应有足够的长度，否则不能全部装入所复制的字符串。

（2）可以用 strcpy 函数实现将一个字符串常量或字符数组的内容赋给一个字符数组，而不能直接用赋值语句。例如，下面的用法是错误的。

```
char str1[20],str2[]= "program";
str1= "program";        /*  错误  */
str1=str2;              /*  错误  */
```

3. 字符串比较函数（strcmp）

格式：strcmp(字符数组名 1,字符数组名 2)

功能：按照 ASCII 码顺序（即字典顺序）比较两个数组中的字符串，并由函数返回值返回比较结果。

字符串 1＝ 字符串 2，返回值=0;

字符串 1＞字符串 2，返回值＞0;

字符串 1＜字符串 2，返回值＜0。

本函数也可用于比较两个字符串常量，或比较字符数组和字符串常量。

4. 测字符串长度函数（strlen）

格式：strlen(字符数组名)

功能：测字符串的实际长度（不含字符串结束标志'\0'），并作为函数返回值。

5. 串的匹配运算函数（strstr）

格式：strstr(字符数组名 1,字符数组名 2)

功能：在字符数组名 1 中寻找与字符数组名 2 相同的子串。如找到，则返回寻找到的位置；如找不到，将 NULL 作为函数返回值。

例如，要查找某个学生，但只知道其中一部分时，可以通过下面的语句实现：

```
char name[30]= "王丽丽";
if( strstr(name,"王")!=NULL)
   printf("找到。\n");
else
   printf("没找到。\n");
```

实　　训

【实训目的】

（1）掌握C语言字符数据变量的定义。

（2）掌握字符串的定义和字符串的存储。

（3）掌握scanf( )和printf( )中字符数据的输入/输出。

（4）了解字符串处理常用函数的算法。

【实训要求】

（1）根据题目要求绘制程序流程图。

（2）编写源程序。

（3）上机调试程序。

（4）撰写实验报告。

【实训内容】

（1）（A类）输入两个字符串str1和 str2，比较两个字符串的大小，如果str1大于str2，输出“1”，如果小于，输出“−1”，如果等于，输出“0”。（不允许使用系统库函数）

（2）（B类）输入两个字符串str1和 str2，判断串str2是否是串str1的子串，如果是，输出在主串中的起始位置（从0开始）；如果不是，输出“−1”。（不允许使用系统库函数）

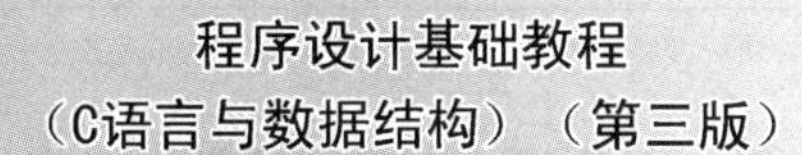

第 4 章　矩阵的存储与运算

【知识点】

（1）二维整型数组的定义、初始化。

（2）二维整型数组的输入与输出。

（3）二维数组应用于矩阵的运算。

【能力点】

（1）阅读和编写简单程序的能力。

（2）流程图的绘制能力。

（3）调试程序的能力和技巧。

应 用 任 务 4.1

从键盘读入 4×3 矩阵的 12 个元素（整数类型），存入二维数组中，然后在屏幕上按 4×3 的方式显示。

预备知识

1. 矩阵的定义

在数学上，矩阵是指纵横排列的二维数据表格，最早来自于方程组的系数及常数所构成的方阵。目前，矩阵应用范围较广，通常由 $m\times n$ 个数 a_{ij} 组成的 m 行 n 列的数表，其中 i=1，2，…，m；j=1，2，…，n，记为

$$\begin{bmatrix} a_{11} & a_{12} & \cdots & a_{1n} \\ a_{21} & a_{22} & \cdots & a_{2n} \\ \vdots & \vdots & \vdots & \vdots \\ a_{m1} & a_{m2} & \cdots & a_{mn} \end{bmatrix}$$

简记为 $\boldsymbol{A}=(\mathrm{a}_{ij})_{m\times n}$，$a_{ij}$ 称为矩阵的一个元素，表示矩阵中第 i 行第 j 列的数。

2. 二维数组的定义

在第 1 章中，已介绍了一维数组的定义。在实际问题中有很多数据表示是二维或多维的，因此 C 语言允许构造多维数组。多维数组元素有多个下标，以标识它在数组中的位置。这里先介绍二维数组的定义，多维数组可由二维数组类推而得到。

二维数组的形式：类型标识符　数组名[整型常量表达式 1][整型常量表达式 2];

例如：`int  a[4][3],b[5][6];`

上面的语句定义了一个 4×3 的二维数组 *a* 和一个 5×6 的二维数组 *b*，它们都是整型数组。

3. 二维数组的引用

C 语言规定：对数组元素只能逐个引用，不能一次引用整个数组，引用二维数组元素的一般形式为

数组名[下标 1][下标 2]

对于多维数组，依次类推。

引用数组元素有以下几点说明：

（1）下标是一个整型表达式，可以含有变量，而且经常使用变量来控制下标的变化。

（2）C 语言规定，下标的起始值都为 0，最大值比定义时对应的整型常量表达式值小 1。

（3）数组元素的使用如同普通变量，可以出现在表达式中，也可以在赋值运算符的左边。

前面讲过，数组元素相当于普通变量，变量需要内存空间，同样，数组元素也需要内存空间，C 语言规定：同一个数组的数组元素在内存中排列是顺序的，即内存地址是连续的。

例如 int a[4][3]，数组 a 的元素排列顺序为

a[0][0]、a[0][1]、a[0][2]、a[1][0]、a[1][1]、a[1][2]、a[2][0]、a[2][1]、a[2][2]、a[3][0]、a[3][1]、a[3][2]。

4. 矩阵的存储

对于二维数组 a，元素 a[0][0]的内存地址是整个数组的内存起始地址，C 语言规定，数组名代表数组的起始地址，所以&a[0][0]等于 a。如果把 4×3 的二维数组 a 按行列方式排列，则有如下输出形式：

```
a[0][0]  a[0][1]  a[0][2]
a[1][0]  a[1][1]  a[1][2]
a[2][0]  a[2][1]  a[2][2]
a[3][0]  a[3][1]  a[3][2]
```

这与矩阵 $\boldsymbol{A}=(a_{ij})_{4\times3}$ 非常相似，所以在用 C 语言处理矩阵 $\boldsymbol{A}=(a_{ij})_{m\times n}$ 时，常定义一个 $m\times n$ 二维数组存储矩阵元素，但值得注意的是，引用数组元素的下标起始值都为 0，下标的最大值分别为 $m-1$ 和 $n-1$。

5. for 语句与数组

在数组元素的引用中可以看到，数组元素的下标变化是有规律的，数组元素的个数也是确定的，所以通常情况下，常用多层 for 循环语句嵌套来操作数组。

例如：

```
int a[4][3];
for(i=0;i<4;i++)
  for(j=0;j<3;j++)
    scanf( "%d",&a[i][j] );
```

该段代码可以从键盘上输入 12 个整数，依次赋给元素：a[0][0]、a[0][1]、a[0][2]、a[1][0]、a[1][1]、a[1][2]、a[2][0]、a[2][1]、a[2][2]、a[3][0]、a[3][1]、a[3][2]。

如以下代码可把上例中的数组 a 的元素显示在屏幕上，输出形式类似一个矩阵。

```
for(i=0;i<4;i++)
{
    for(j=0;j<3;j++)
      printf( "%8d",a[i][j] );
```

```
    printf("\n");
 }
```

通常情况下，用一层 for 循环语句操作一维数组；用二层 for 循环语句嵌套操作二维数组；依次类推，用 *m* 层 for 循环语句嵌套操作 *m* 维数组。

任务实现

1. 分析

首先定义 1 个 4×3 的整型二维数组，然后利用二层 for 循环语句嵌套从键盘上输入 12 个整数，分别赋给对应的元素，再用二层 for 循环语句嵌套分别将这 12 个元素输出在屏幕上。

2. 流程图

应用任务 4.1 的程序流程图如图 4-1 所示。

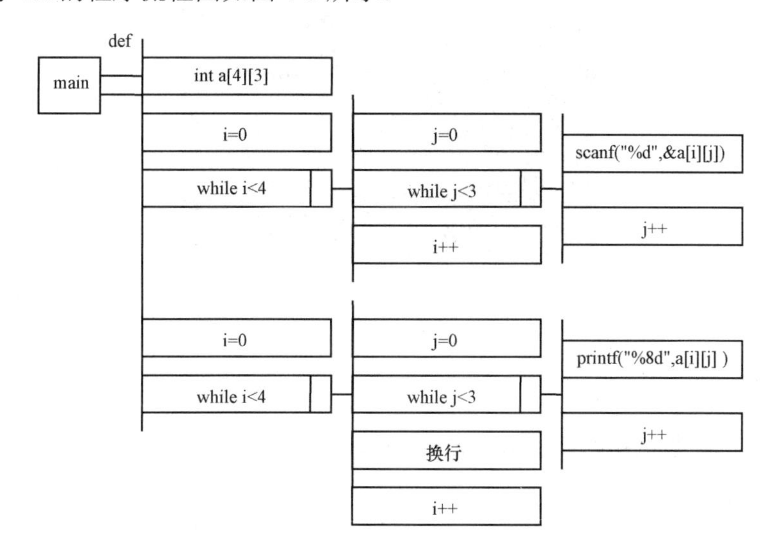

图 4-1　应用任务 4.1 程序流程图

3. 源程序

/*从键盘读入 4×3 矩阵的 12 个元素（整数类型），存入二维数组中，然后在屏幕上按 4×3 的方式显示出来。*/

```
#include "stdio.h"
void main()
{
   int a[4][3];                      //定义 4×3 的二维数组
   int i,j;
   /* 以下代码是通过键盘获取数组元素的值 */
   printf("请输入 12 个整数:\n");
   for(i=0;i<4;i++)
      for(j=0;j<3;j++)
          scanf( "%d",&a[i][j] );
```

```
/* 以下代码是在屏幕上显示数组 */
   printf("你输入的数为:\n");
   for(i=0;i<4;i++)
   {
      for(j=0;j<3;j++)
           printf( "%8d",a[i][j] );
       printf("\n");//输出 3 列数据后换行
   }
}
```

4. 运行结果

如果输入 0 1 6 3 9 2 5 7 5 8 6 4，其运行结果如图 4-2 所示。

图 4-2 应用任务 4.1 的运行结果

通过对 4×3 二维数组初始化赋值（12 个整数），然后在屏幕上按 4×3 的方式显示。

实现提示：

C 语言允许在定义数组时，直接给全部或部分元素进行赋值，称为数组的初始化。数组初始化的形式有连续赋值和分段赋值（一维数组没有分段赋值）两种。

（1）连续赋值。C 语言规定，在数组进行连续赋值初始化时，将初始化的值放入花括号内并以逗号分隔，花括号内的值将按所处的位置赋给相同位置的数组元素。

例如：

int a[2][3]={ 1，6，0，3，9，2}；其数组元素与其值的对应情况如下：

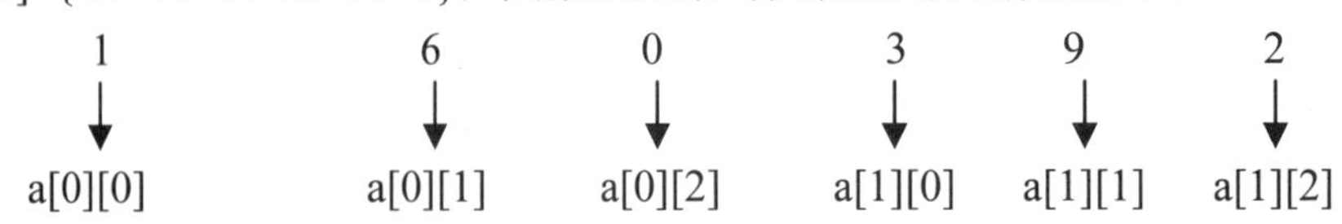

（2）分段赋值。分段赋值只适用于二维以上的数组，例如对上面的连续赋值中的数组 a[2][3]可以等价写为如下两种形式：

```
int a[2][3]={{1,6,0},{3,9,2}};
```

或

```
int a[2][3]={{1,6},{3,9,2}};
```

其中第二种形式，{1，6}只有 2 个数，这是数组元素的部分初始化，C 语言规定，对数组进行部分初始化时，对后面的元素全部自动赋以 0 值。

事实上，C 语言允许，对于 *m* 维数组，可以看成 *m*−1 维数组嵌套成的一维数组。如 int a[2][3]可以看成由 a[0]、a[1]两个元素组成，每个元素都是一维数组，如 a[1]数组由 a[1][0]、a[1][1]、a[1][2] 3 个元素组成，a[1]是数组名，代表这个一维数组的起始地址，所以 a[1]与&a[1][0]相等。

应用任务 4.2

求以下两个矩阵的和，并将其在屏幕上显示出来。

$$\begin{bmatrix} 0 & 1 & 6 \\ 3 & 9 & 2 \\ 5 & 7 & 5 \\ 8 & 6 & 4 \end{bmatrix} \quad \begin{bmatrix} 8 & 2 & 3 \\ 9 & 7 & 5 \\ 10 & 4 & 9 \\ 3 & 8 & 2 \end{bmatrix}$$

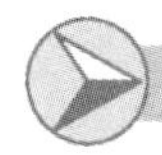

预备知识

矩阵的加法运算：两个矩阵相加，必须要求这两个矩阵的行数和列数对应相同。矩阵的加法规则：对应的元素分别相加，如图 4-3 所示，运算后得到矩阵的行数和列数与原两个矩阵的行数和列数对应相同。

$$\begin{bmatrix} a_{11} & a_{12} & \cdots & a_{1n} \\ a_{21} & a_{22} & \cdots & a_{2n} \\ \vdots & \vdots & \vdots & \vdots \\ a_{m1} & a_{m2} & \cdots & a_{mn} \end{bmatrix} + \begin{bmatrix} b_{11} & b_{12} & \cdots & b_{1n} \\ b_{21} & b_{22} & \cdots & b_{2n} \\ \vdots & \vdots & \vdots & \vdots \\ b_{m1} & b_{m2} & \cdots & b_{mn} \end{bmatrix} = \begin{bmatrix} a_{11}+b_{11} & a_{12}+b_{12} & \cdots & a_{1n}+b_{1n} \\ a_{21}+b_{21} & a_{22}+b_{22} & \cdots & a_{2n}+b_{2n} \\ \vdots & \vdots & \vdots & \vdots \\ a_{m1}+b_{m1} & a_{m2}+b_{m2} & \cdots & a_{mn}+b_{mn} \end{bmatrix}$$

图 4-3　矩阵的加法运算

矩阵的减法运算与加法运算规则相同，只要把运算符号的“+”改为“−”即可。

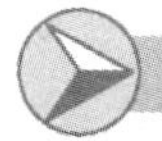

任务实现

1. 分析

先定义两个二维数组，如 int a[4][3]，b[4][3]，然后利用二层 for 循环语句嵌套，并根据矩阵的加法规则，把对应的数组元素分别相加，即把 a[i][j]+b[i][j]的值直接输出至屏幕，如图 4-4 所示。

$$\begin{bmatrix} 0 & 1 & 6 \\ 3 & 9 & 2 \\ 5 & 7 & 5 \\ 8 & 6 & 4 \end{bmatrix} + \begin{bmatrix} 8 & 2 & 3 \\ 9 & 7 & 5 \\ 10 & 4 & 9 \\ 3 & 8 & 2 \end{bmatrix} = \begin{bmatrix} 8 & 3 & 9 \\ 12 & 16 & 7 \\ 15 & 11 & 14 \\ 11 & 14 & 6 \end{bmatrix}$$

图 4-4　矩阵求和示例

2. 流程图

应用任务 4.2 的程序流程图如图 4-5 所示。

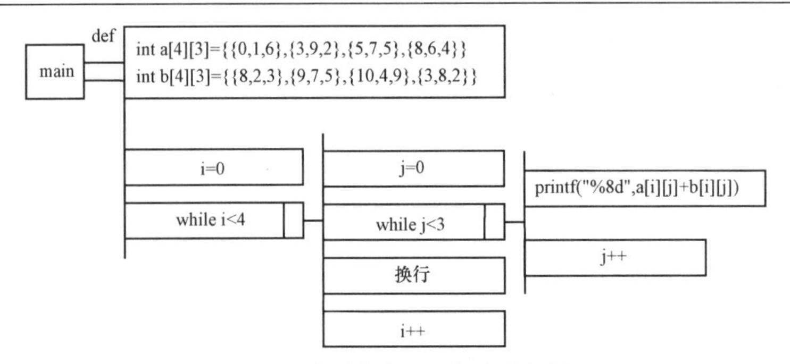

图 4-5　应用任务 4.2 程序流程图

3. 源程序

```
/*     求两个 4×3 矩阵的和 */
#include "stdio.h"
void main()
{
    //定义数组,并初始化
    int a[4][3]={{0,1,6},{3,9,2},{5,7,5},{8,6,4}};
    int b[4][3]={{8,2,3},{9,7,5},{10,4,9},{3,8,2}};
    int i,j;
     /* 以下代码是在屏幕上显示两个矩阵相加的和 */
    printf("你需要的结果为:\n");
    for(i=0;i<4;i++)
    {
        for(j=0;j<3;j++)
            printf( "%8d",a[i][j]+b[i][j] );
        printf("\n");//输出 3 列数据后换行
    }
}
```

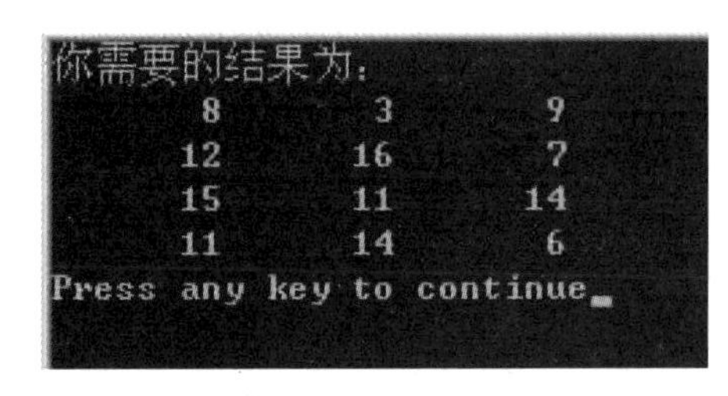

图 4-6　应用任务 4.2 的运行结果

4. 运行结果

应用任务 4.2 的运行结果如图 4-6 所示。

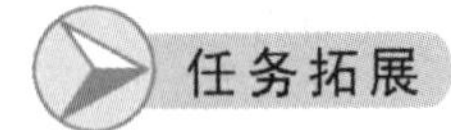

从键盘上输入 2 个 $m×n$ 整型矩阵，分别存在数组 a 和 b 中，然后求它们的差（$a–b$），并将其存储在另一个数组 c 中，并在屏幕上输出数组 c。

实现提示：

（1）由于矩阵的行数和列数在程序运行前是未知的，建议读者在定义二维数组空间大小时，先定义一个符号常量，其值要偏大一些，应大于预估矩阵的行数和列数，假定矩阵的行数和列数不超过 10，则符号常量可定义为#define N 10，数组定义为 int a[N][N]，b[N][N]，c[N][N]。

（2）定义二个变量存储从键盘输入的行数和列数，要判断 m 和 n 是否越界，即不能大于 N。再分别输入两个矩阵的元素值。

（3）把 m、n 分别作为 for 循环的终止值，利用 for 循环执行矩阵元素的输入、相加等操作。

应 用 任 务 4.3

对 4×3 矩阵（假定元素为整型）进行转置，将转置结果显示在屏幕上。

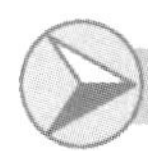

预备知识

矩阵的转置运算：即把矩阵的行列互换，如图 4-7 所示，*m* 行 *n* 列的矩阵转置后得到是 *n* 行 *m* 列的矩阵。

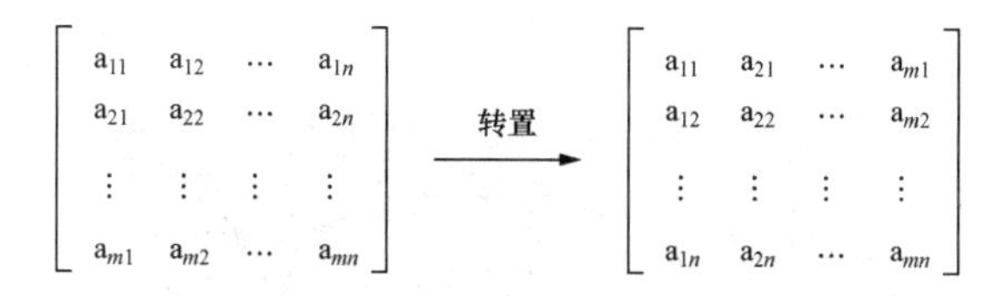

图 4-7　矩阵的转置运算

任务实现

1. 分析

应用任务 4.3 对 4×3 矩阵的进行转置，先定义 1 个二维数组，如 int a[4][3]，根据矩阵转置规则，原矩阵的列变成行、行变成列，所以先输出第 1 列的元素，再输出第 2 列的元素，依次类推。在输出一列元素时，先输出该列第 1 行的元素，再输出该列第 2 行的元素，依次类推。所以利用二层 for 循环语句嵌套控制行列号变化，外层的 for 语句控制原矩阵的列号，内层的 for 语句控制原矩阵的行号。

2. 流程图

应用任务 4.3 的程序流程图如图 4-8 所示。

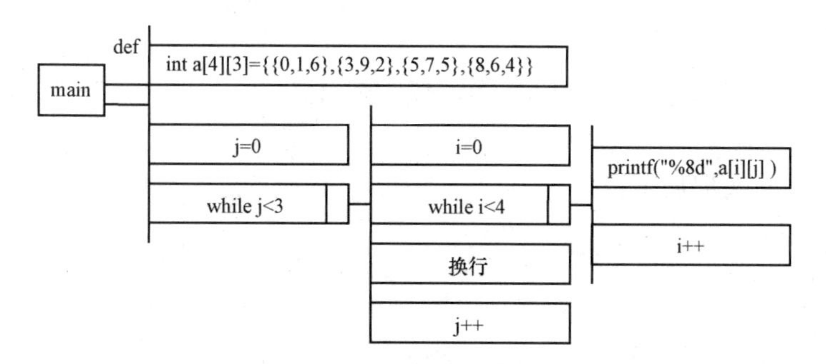

图 4-8　应用任务 4.3 程序流程图

3. 源程序

```
/*      对 4×3 矩阵进行转置,转置结果显示在屏幕上 */
#include "stdio.h"
void main()
{
   int a[4][3]={{0,1,6},{3,9,2},{5,7,5},{8,6,4}};
   int i,j;
```

```
    /* 以下代码是在屏幕上显示转置结果 */
    printf("转置结果为:\n");
    for(j=0;j<3;j++)
    {
        for(i=0;i<4;i++)
            printf( "%8d",a[i][j] );
        printf("\n");
    }
}
```

4. 运行结果

应用任务4.3运行结果如图4-9所示。

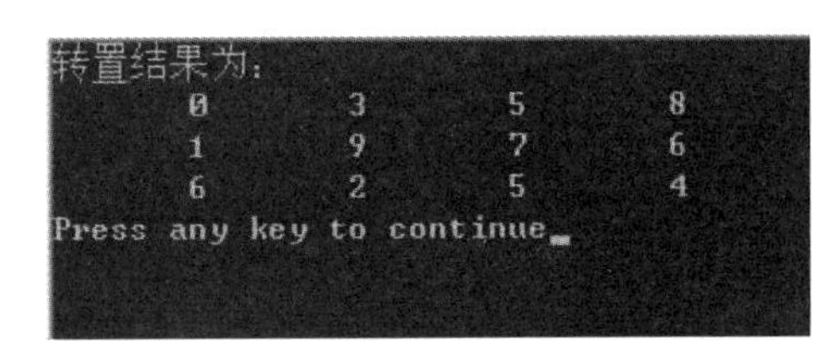

图4-9　应用任务4.3的运行结果

任务拓展

改进应用任务4.3的程序，从键盘输入一个矩阵（假定元素为整型），将转置矩阵存入另一个二维数组中，并在屏幕上显示。

提 示

由于矩阵的行列数未确定，所以类似应用任务4.2的任务拓展，要预估矩阵的行列数来定义数组的大小，再进行矩阵元素的输入、转置和输出。

应 用 任 务 4.4

从键盘输入一组数据如下：

语文

李平　90

王华　73

张小明　85

数学

李平　85

王华　68

张小明　79

英语

李平　72

王华　79

张小明　82

请在屏幕上输出每个同学的成绩及总分，如下。

姓名	语文	数学	英语	总分
李平	90	85	72	247
王华	73	68	79	220
张小明	85	79	82	246

任务实现

1．分析

应用任务 4.4 中有字符数据和整数数据，而一个数组只能存储同一类型的数据，所以必须分开定义数组，定义两个二维字符数组分别存储姓名和课程名，设姓名最长为 3 个汉字，由于一个汉字占两个字符元素，再加一个字符串结束符，所以存储姓名的数组其第二维的长度不小于 7，故可定义为 char name[3][7]；课程名不超过两个汉字，故其第二维的长度不小于 5，故可定义为 char kcm[3][5]；对于课程成绩，可以定义一个二维整型数组，虽为 3 门课程，但第二维的长度应定义为 4，最后一列存储每个人的总分。

根据任务要求，利用二层 for 循环嵌套来控制输入课程名、姓名、成绩；然后利用二层 for 循环嵌套计算总分；最后利用二层 for 循环嵌套来控制输出标题、姓名、成绩。

2．流程图

应用任务 4.4 的程序流程图如图 4-10 所示。

3．源程序

```
#include "stdio.h"
void main()
{
    char name[3][7],kcm[3][5];              //数组 name、kcm 分别存储姓名和课程名
    int i,j,score[3][4]={0};
    for(i=0;i<3;i++)
    {
        printf("请输入课程名:");
        scanf("%s",kcm[i]);
       for(j=0;j<3;j++)
       {
           printf("请输入姓名和成绩:");
           scanf("%s %d",name[j],&score[j][i]);
       }
    }
    //计算每个学生的总分
    for(i=0;i<3;i++)
       for(j=0;j<3;j++)
           score[i][3]+=score[i][j];
```

```
    printf("    姓名    ");
    for(i=0;i<3;i++)
       printf("  %4s  ",kcm[i]);
    printf("  总分  \n");
    for(i=0;i<3;i++)
    {
       printf(" %6s ",name[i]);
       for(j=0;j<4;j++)
          printf("%8d",score[i][j]);
       printf("\n");
    }
}
```

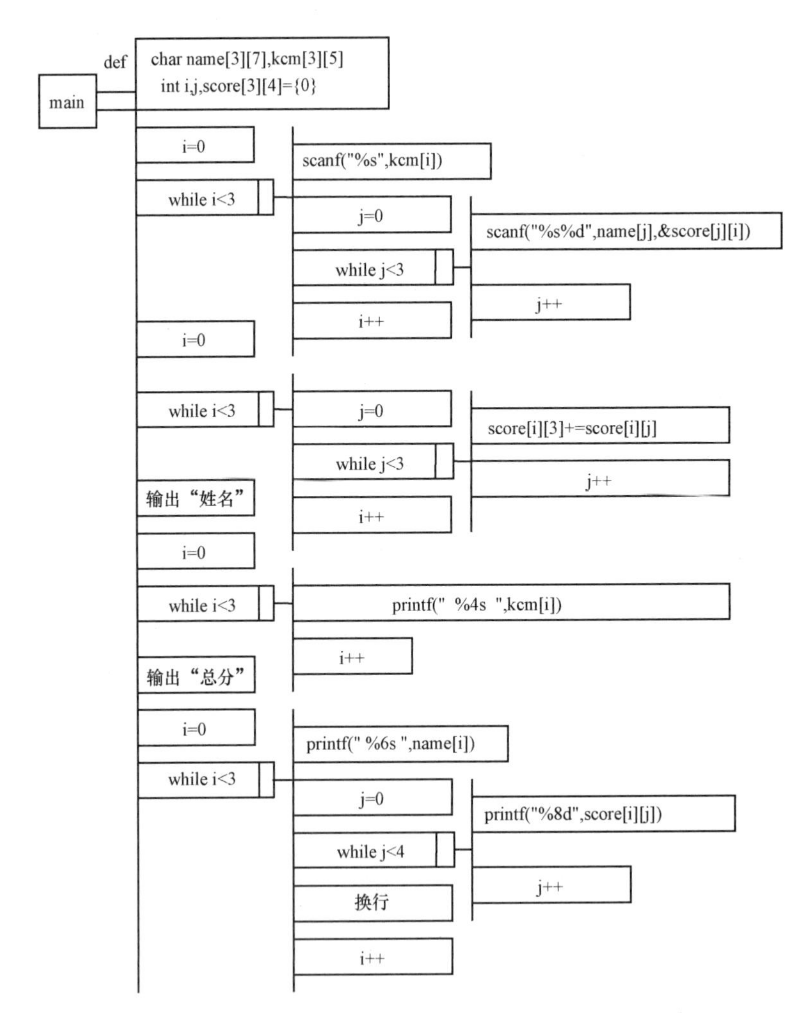

图 4-10　应用任务 4.4 程序流程图

4. 运行结果

应用任务 4.4 的运行结果如图 4-11 所示。

```
请输入课程名:语文
请输入姓名和成绩: 李平 90
请输入姓名和成绩: 王华 73
请输入姓名和成绩: 张小明 85
请输入课程名:数学
请输入姓名和成绩: 李平 85
请输入姓名和成绩: 王华 68
请输入姓名和成绩: 张小明 79
请输入课程名:英语
请输入姓名和成绩: 李平 72
请输入姓名和成绩: 王华 79
请输入姓名和成绩: 张小明 82
   姓名      语文      数学      英语      总分
   李平       90        85        72        247
   王华       73        68        79        220
  张小明      85        79        82        246
Press any key to continue
```

图 4-11　应用任务 4.4 的运行结果

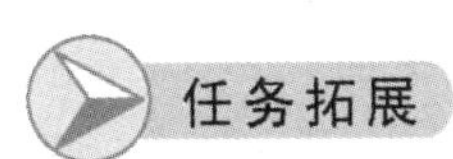

改写应用任务 4.4 的程序，先输入课程数及各课程名称，再输入学生数和所有学生的姓名。然后分别按课程输入各位同学的成绩。输入完成后，按任务 4.4 的格式输出成绩表。程序运行效果可参考图 4-12。

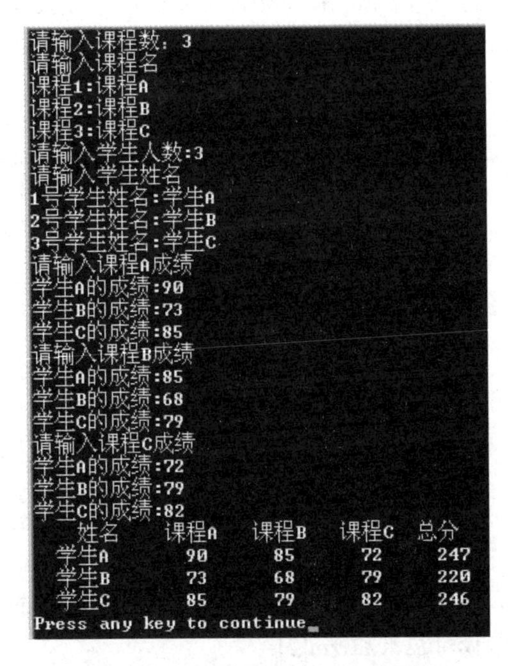

图 4-12　任务拓展程序运行效果图

实　　训

【实训目的】

（1）掌握二维整型数组的定义、初始化及元素的引用。

（2）掌握二维整型数组元素的输入与输出。

（3）熟悉矩阵的常用运算及应用。

（4）具备分析简单问题并进行设计的能力。

（5）具备根据分析和设计进行编写程序的能力。

【实训要求】

（1）根据题目要求绘制程序流程图。

（2）编写源程序。

（3）上机调试程序。

（4）撰写实验报告。

【实训内容】

（1）（A类）输入两个整型矩阵 ***A*** 和 ***B***，其中 ***A*** 是 $m\times n$ 矩阵，***B*** 是 $n\times k$ 矩阵。求两个矩阵的积（***A***×***B***）。

提示

矩阵的乘法运算：

如矩阵 ***A*** 乘以矩阵 ***B***，根据矩阵乘法规则，矩阵 ***B*** 的行数必须等于矩阵 ***A*** 的列，所得积也是一个矩阵，其行数等于矩阵 ***A*** 的行数，其列数等于矩阵 ***B*** 的列数，如图 4-13 所示，其中 $c_{ij}=a_{1i}\times b_{1j}+a_{i2}\times b_{2j}+\ldots+a_{ik}\times b_{kj}$。

$$\begin{bmatrix} a_{11} & a_{12} & \cdots & a_{1k} \\ a_{21} & a_{22} & \cdots & a_{2k} \\ \vdots & \vdots & \vdots & \vdots \\ a_{m1} & a_{m2} & \cdots & a_{mk} \end{bmatrix} \times \begin{bmatrix} b_{11} & b_{12} & \cdots & b_{1n} \\ b_{21} & b_{22} & \cdots & b_{2n} \\ \vdots & \vdots & \vdots & \vdots \\ b_{k1} & b_{k2} & \cdots & b_{kn} \end{bmatrix} = \begin{bmatrix} c_{11} & c_{12} & \cdots & c_{1n} \\ c_{21} & c_{22} & \cdots & c_{2n} \\ \vdots & \vdots & \vdots & \vdots \\ c_{m1} & c_{m2} & \cdots & c_{mn} \end{bmatrix}$$

图 4-13 矩阵的乘法运算

（2）（B类）输入 0～999 的任一数，按点阵方式显示出来（点阵符号为*）。

提示

创建 0～9 的字模：

如果要创建如图 4-14 所示的 5×5 的字模，可先定义一个三维整型数组，如 int zm[9][5][5]，数字 2 的字模对应数组 zm[2]=

```
{
    {1,1,1,1,1},
    {0,0,0,0,1},
    {1,1,1,1,1},
    {1,0,0,0,0},
    {1,1,1,1,1}
}
```

数字 2 的屏幕显示效果如图 4-14 所示。

```
*****
    *
*****
*
*****
```

图 4-14　数字 2 的 5×5 字模

第5章　函数与模块化设计

【知识点】

（1）函数的定义。

（2）函数的声明。

（3）函数的调用。

【能力点】

（1）调试程序的能力。

（2）阅读和编写简单程序的能力。

（3）流程图的绘制能力。

（4）程序结构设计能力。

应用任务 5.1

定义求3个整数中最大值的函数，调用该函数，返回并在屏幕上显示最大值。

预备知识

1．函数的数学定义

函数的数学定义有多种形式，现代的定义：

一般地，给定非空数集 A、B，按照某个确定的映射关系 f，使得 A 中任一数 x 在 B 中有唯一确定的数 y 与之对应，那么从集合 A 到集合 B 的这个对应关系称为从集合 A 到集合 B 的一个映射或函数，记作 $f:A\to B$，集合 A 称为函数的定义域，集合 B 称为函数的值域，x 称为自变量，y 称为因变量或函变量，f 称为映射关系或函数关系，一般书写为 $y=f(x)$，$x\in A$。

例如：

$$A=\{(x,y,z)\mid(90,17,1),(87,78,2),(8,4,89),(16,87,43)\}$$

$$m=\max(x,y,z),(x,y,z)\in A$$

这里，自变量为（x，y，z），函数关系是求一组数中的最大值，函数值 m 则是（x，y，z）中的最大值。

2．C语言函数的定义

函数是C语言程序的基本单位，在前面章节的所有示例中都已涉及，如main()函数，在一个较为复杂的C程序中，根据实际情况一般要定义若干个函数。

在C语言中，函数的定义形式如下：

```
类型标识符 函数名(类型 形参1,类型 形参2,…,类型 形参n)
```

```
{
    函数体
}
```

C 语言中的函数与数学的函数有许多相似之处，形参相当于数学函数中的自变量，函数名相当于数学函数的函变量。函数体相当于数学函数中的变换或映射。但它们也有不同，现做以下几点说明：

（1）在C语言中，函数值也称为返回值，其数据类型由定义时的类型标识符决定，类型标识符可以是系统提供的数据类型、用户定义的数据类型或无类型（void）。C语言规定，void表示函数无需返回值。函数类型标识符也可省略，此时默认的数据类型为int型。

（2）函数名必须是一个合法的标识符。

（3）形参 1～形参 *n* 书写形式与变量的定义形式一样，需要有数据类型标识符，形参名必须是合法标识符，一个数据类型只能定义一个形参，形参之间用逗号进行分隔，根据实际情况，C函数可以有形参，也可以无形参，无形参的函数称为无参函数，但无参函数中“( )”是不能省的。

（4）函数体中不允许再定义函数，即函数不能嵌套定义。

3. 函数的调用

函数的调用，即执行函数中的函数体代码块，C 语言规定，main( )函数由系统自动调用执行函数体的代码，其余函数都不能自动执行函数体的代码，必须书写函数调用语句去执行对应函数体的代码。函数调用语句所在的函数称为主调函数，被调用的函数称为被调函数。函数的调用语句一般形式为

```
函数名(实参 1,实参 2,…,实参 n)
```

关于函数调用有以下几点说明：

（1）实参可以是常量、变量、表达式，实参个数要求与形参个数相等，位置要对应，数据类型要与形参相同或兼容，调用无参函数时，圆括号不能省略。

（2）函数调用时可以单独作为一个语句来调用，也可以出现在表达式中，但要求函数返回值的类型要符合表达式对数据类型的要求，当被调函数的类型标识符为void时，不允许出现在表达式中。

（3）函数调用时会改变主调函数中代码的执行顺序，图5-1所示的函数调用，当main( )函数执行到函数调用语句“f（实参列表）”时，转去执行函数f的函数体Ⅱ处的代码，如果表达式a的值为真时，则不会执行f的函数体Ⅲ处的代码，而是返回到 main( )函数中，去执行Ⅳ处的代码，但若表达式a的值为假时，则继续执行f的函数体Ⅲ处的代码，然后返回到 main( )函数中，去执行Ⅳ处的代码，所以图5-1所示的代码执行顺序有两种情况：a值为真时，执行顺序为Ⅰ、Ⅱ、Ⅳ；a值为假时，执行顺序为Ⅰ、Ⅱ、Ⅲ、Ⅳ。

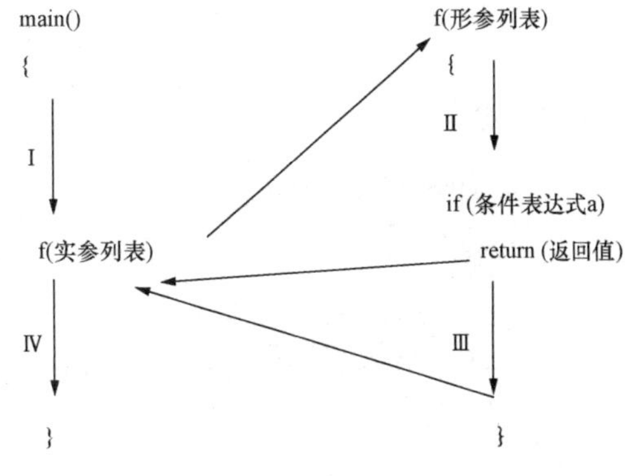

图5-1　函数调用的执行顺序示意图

4. 函数形参与实参之间的数据传递

函数被调用时，被调函数如何获得数据呢？当然被调函数也可以从键盘或数据文件等方式获取数据，但这就失去了函数的作用。C语言能实现实参与形参之间的数据传递。

如被调函数为f（int a，int b），调用语句为f（5，7），当函数f被调用时，系统为形参a、b分配内存空间，a、b就是两个变量，系统把5，7依次赋值给a、b二个变量。

5. 函数的返回值

通常，函数运行后得到一个函数值，并需要返回函数值，C语言中，用return语句返回函数值，其一般形式为

return 表达式；

表达式的值要与定义函数时的类型标识符的数据类型相一致或兼容，否则会出现编译错误。当函数类型是void时，return语句中无需表达式。

任务实现

1. 分析

定义一个求3个整数的最大值函数，需先定义3个整型形参，如a、b、c。在函数体中，先假设a为最大值，如果b>a，则把b的值赋给a，此时a一定为原来a与b中的最大值，再把c与a比较，若c>a，则把c的值赋给a，此时a一定为原来a、b、c中的最大值，最后把a作为函数值返回。

2. 流程图

应用任务5.1的程序流程图如图5-2所示。

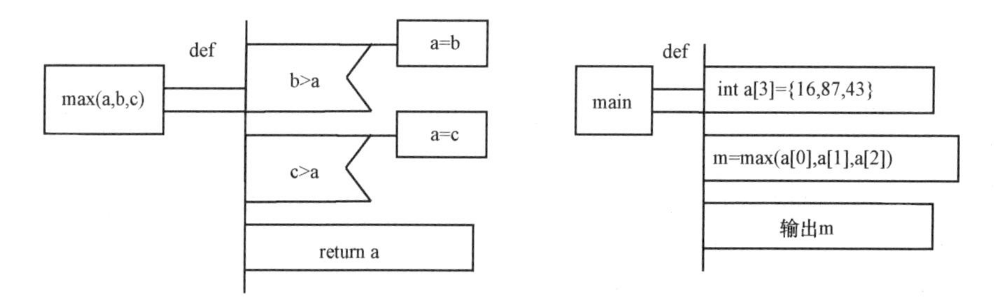

图5-2 应用任务5.1程序流程图

3. 源程序

```
#include "stdio.h"
int max(int a,int b,int c)
{
   if(b>a)a=b;
   if(c>a)a=c;
   return a;
}

void main()
{
   int a[3]={16,87,43};
```

```
    int m;
    m= max(a[0],a[1],a[2]);
    printf("%4d,%4d,%4d 的最大值为:%4d\n",a[0],a[1],a[2],m);
}
```

4. 运行结果

应用任务 5.1 运行结果如图 5-3 所示。

图 5-3　应用任务 5.1 的运行结果

5. 思考与说明

函数 max 中的形参名 a 与 main 函数中的数组名为什么可以相同？这是模块化设计的优点，C 语言规定，在一个函数内定义的变量都称为局部变量（包括形参），其作用范围仅限于所在的函数，不会被其他函数认识，即不会干扰其他函数中变量的定义。

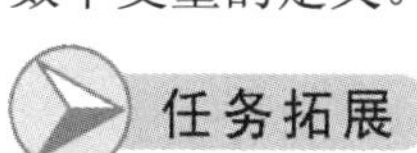

改进应用任务 5.1 的源程序，将 max 函数定义成一个求三个实数最大值的函数，并要求 max 函数定义放在 main 函数后面。

实现提示：关于函数的声明。

主调函数与被调函数在程序中的位置存在三种情况：

（1）被调函数定义在主调函数的前面。

（2）被调函数定义在主调函数的后面。

（3）被调函数和主调函数分别位于不同的源程序文件中。

对于（2）（3）种情况，需要在主调函数中或主调函数所在的源程序中声明被调函数，调用函数时要做到先声明后调用的原则，否则会出现编译错误。

声明函数的一般形式为

```
类型标识符 函数名(类型 形参 1,类型 形参 2,…,类型 形参 n);
```

或

```
类型标识符 函数名(类型 1,类型 2,…,类型 n);
```

应用任务 5.2

定义一个函数计算一组整数的平均值，并调用该函数，求 4×3 矩阵每行的平均值。

C 语言允许数组作为实参，数组作为实参有两种形式：一种是把数组元素作为实参；另一种是把数组名作为实参，这两种形式在使用上有本质的区别。

1. 数组元素作为实参

数组元素作为实参与普通变量作为实参并无区别，在此不做阐述。

2. 数组名作为实参

因为数组名表示数组的起始地址，对应的形参也必须是地址类型。

例如：

数组为　`int a[10]= {2,4,6,8,10,12,14,16,18,20};`

调用语句为　`f(a,10);`

被调用函数可以定义成如下形式：

```
类型标识符  f( int b[],int n)
{
     函数体
}
```

需要说明的，b 虽为一个数组，但函数 f 被调用时，系统不会给数组 b 另外分配内存空间，b 表示的就是数组 a 的起始地址，b 数组与 a 数组是同一个数组（见图 5-4），对数组 b 的操作，实际就是对数组 a 的操作，那么在函数 f 中如何确定数组 b 的大小呢？可以通过形参 n 获得。

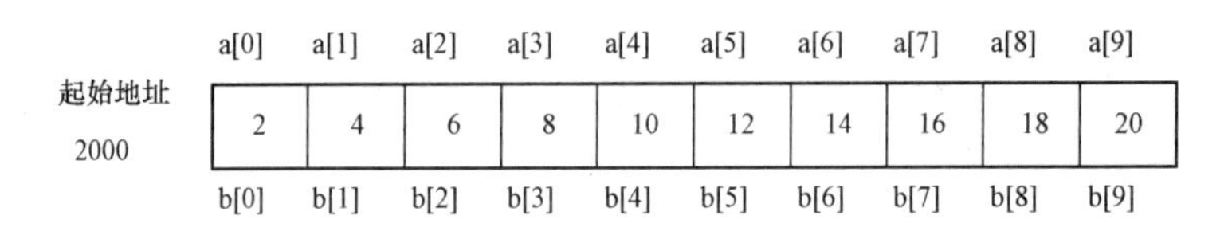

图 5-4　数组名作为实参与形参的对照示意图

当二维数组作为形参时，C 语言规定，第 1 个花括号内的可以为空，其余必须有确定的值，且要与实参数组对应花括号内的值相同，对于多维数组，依次类推。

例如：

数组为　`int a[4][3];`

调用语句为　`f(a,4);`

则被调用函数可以定义成如下形式：

```
类型标识符  f( int b[][3],int n)
{
     函数体
}
```

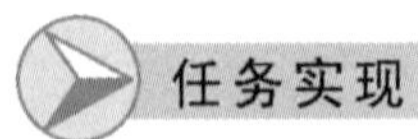

1. 分析

因为求矩阵每行平均值的方法是相同的，所以可定义一个求一组数平均值的函数，又因为不知该组数有多少个数，比较好的方法，把形参定义为数组类型，数的个数由另一个形参决定，如 avg（int a[]，int n）。

求一组数的平均值，先利用循环求该组数的和，再除以该组数的个数，即为平均值，值得注意的是，要把存储和的变量定义为 float，如定义为 int ，则求平均值时，会舍掉小数部分。

求平均值的函数中形参为数组，故在 main 函数中对应的实参也必须为地址类型，在二维数组中，a[i]本身是地址值，就是 a[i][0]元素的内存地址，所以 a[i]可以作为实参。

2. 流程图

应用任务 5.2 的程序流程图如图 5-5 所示。

3. 源程序

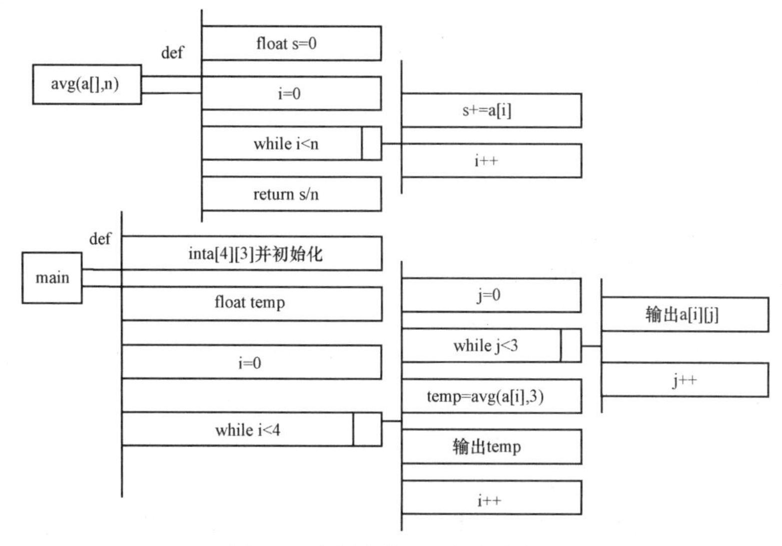

图 5-5　应用任务 5.2 程序流程图

```
#include "stdio.h"
float avg(int a[],int n)
{
    float s=0;
    int i;
    for(i=0;i<n;i++)
        s+=a[i];
    return s/n;
  }
void main()
{
    int a[4][3]={{90,85,76},{87,78,82},{88,79,89},{86,87,93}},i,j;
    float temp;
    for(i=0;i<4;i++)
    {
        for(j=0;j<3;j++)
            printf("%4d",a[i][j]);
        temp=avg(a[i],3);
      printf("的平均值为:%7.1f\n",temp);
    }
}
```

4. 运行结果

应用任务 5.2 的运行结果如图 5-6 所示。

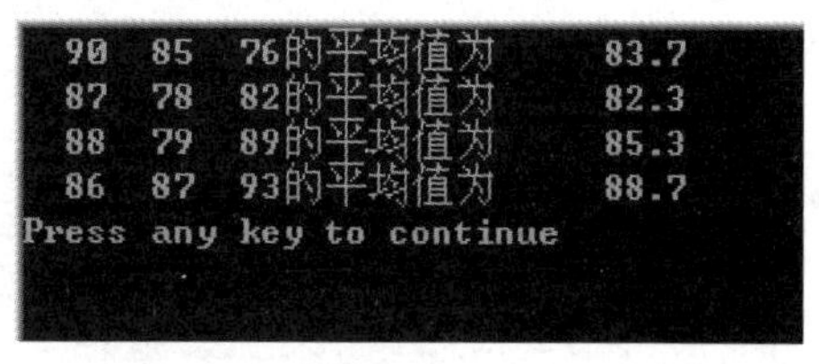

图 5-6　应用任务 5.2 的运行结果

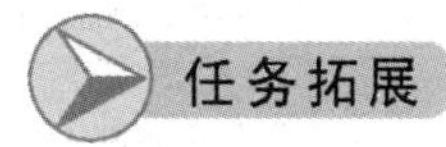

定义一个函数，求 4×3 整型矩阵每行的平均值，存入另一个数组中返回。改进任务 5.2 的程序，完成相同的功能。

实现提示：求平均值的函数定义两个数组参数，一个参数是二维数组，存放 4×3 矩阵，另一个参数是一维实型数组，存放每行的平均值。

应 用 任 务 5.3

应用 $m \times n$ 矩阵存放 m 个学生的 n 门课程的成绩，分别定义三个函数，计算每位同学的最高分、最低分和平均分，并要求使用简易菜单来调用函数：输入“1”，输出每位同学的最高分；输入“2”，输出每位同学的最低分；输入“3”，输出每位同学的平均分；输入“0”，退出。

任务实现

1. 分析

本任务没有要求输入数据，所以可以定义并初始化存储学生姓名、成绩的两个数组，如 name[N][7]，score[N][M]，*N*、*M* 为符号常量，预估值为 60 和 8（预估课程数不超过 5 门），分别限制学生人数和课程数，若课程数为 *m*，则 score 数组第 2 维的下标为 *m*、*m*+1、*m*+2 的元素分别存储最高分、最低分和平均成绩。

选择菜单选项前，先定义一个函数，计算每位同学的最高位、最低分和平均成绩，其程序流程图如图 5-7（a）所示。

根据任务要求，要求定义三个函数，分别输出每位同学的最高分、最低分和平均分。由于先前已计算过，故只需把 score 数组每一行对应的元素输出即可。三个函数的程序流程图除输出的元素不同外，其他都一样，如输出最高分的程序流程图如图 5-7（b）所示。

2. 流程图

应用任务 5.3 的程序流程图如 5-7 所示。

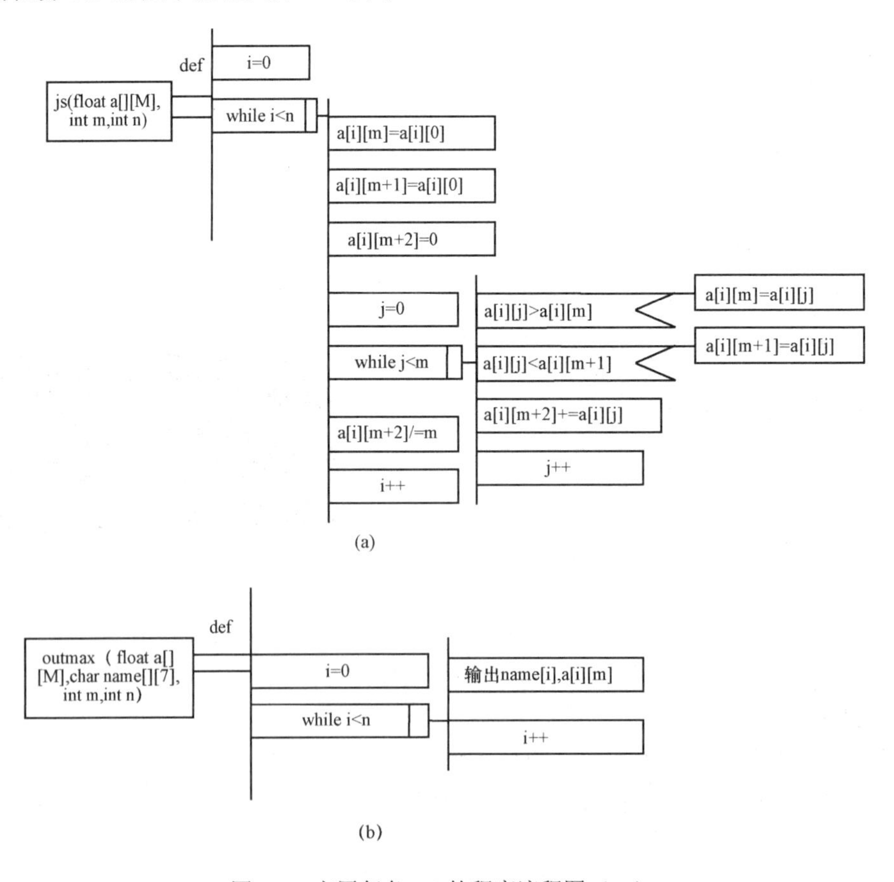

图 5-7 应用任务 5.3 的程序流程图（一）

（a）函数 js 的程序流程图；（b）输出最高分的程序流程图

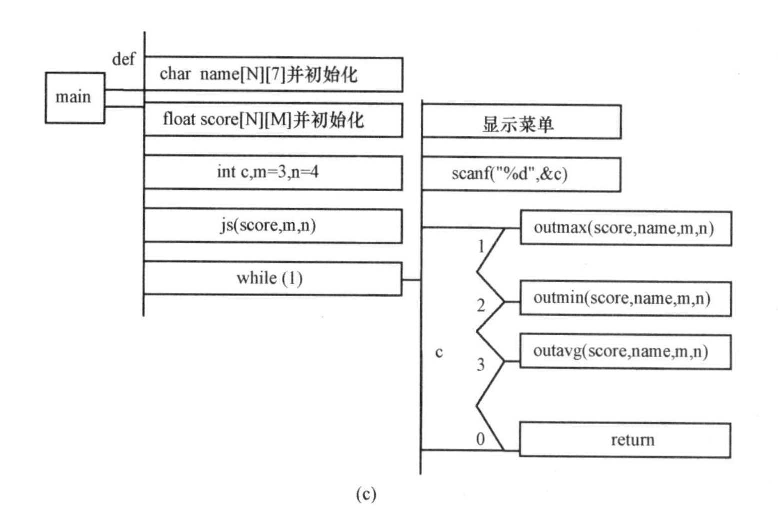

图 5-7　应用任务 5.3 的程序流程图（二）

（c）main 函数的程序流程图

3. 源程序

```
#include "stdio.h"
#define N 60                              //预估学生不超过 60
#define M 8                               //预估课程数不超过 5 门
/*计算最高分、最低分、平均分,m 表示课程数,n 表示学生数*/
void js(float a[][M],int m,int n)
{
   int i,j;
   for(i=0;i<n;i++)
   {
      a[i][m]=a[i][0];                    //a[i][m]存储最高分
      a[i][m+1]=a[i][0];                  //a[i][m+1]存储最低分
      a[i][m+2]=0;                        //a[i][m+2]存储平均分,先用于求总分
      for(j=0;j<m;j++)
      {
         if(a[i][j]>a[i][m])
            a[i][m]=a[i][j];              //更新最高分
         if(a[i][j]<a[i][m+1])
            a[i][m+1]=a[i][j];            //更新最低分
         a[i][m+2]+=a[i][j];
      }
      a[i][m+2]/=m;                       //计算平均分
   }
}

/* 显示每个学生的最高分,m 表示课程数,n 表示学生数*/
void outmax(float a[][M],char name[][7],int m,int n)
{
  int i;
```

```
    printf("最高分列表:\n");
    for(i=0;i<n;i++)
        printf("%8s : %6.1f\n",name[i],a[i][m]);
}

/* 显示每个学生的最低分,m表示课程数,n表示学生数*/
void outmin(float a[][M],char name[][7],int m,int n)
{
    int i;
    printf("最低分列表:\n");
    for(i=0;i<n;i++)
        printf("%8s : %6.1f\n",name[i],a[i][m+1]);
}

/* 显示每个学生的平均分,m表示课程数,n表示学生数*/
void outavg(float a[][M],char name[][7],int m,int n)
{
    int i;
    printf("平均分列表:\n");
    for(i=0;i<n;i++)
        printf("%8s : %6.1f\n",name[i],a[i][m+2]);
}

void main()
{
    /*为提高调试程序效率,先数组进行初始化*/
     char name[N][7]={"李平" ,"王华"  ,"张小明","张帅"};
     float score[N][M]={{90,85,72},{73,68,79},{85,79,82},{88,92,78}};
     int m=3,n=4;//为了方便调试,初始化m,n,分别表示三门课程和4个学生
     int sele;
     js(score,m,n);
     while(1)
     {
        printf("\n************************\n");
        printf(" 1. 输出每位同学的最高分\n");
        printf(" 2. 输出每位同学的最低分\n");
        printf(" 3. 输出每位同学的平均分\n");
        printf(" 0. 退出\n");
        printf("************************\n");
        printf("请选择:");
        scanf("%d",&sele);
        getchar();
        switch(sele)
        {
            case 1:
                outmax(score,name,m,n);
                break;
            case 2:
                outmin(score,name,m,n);
                break;
```

```
            case 3:
                outavg(score,name,m,n);
                break;
            case 0:
                return;
        }
    }
}
```

4. 运行结果

应用任务 5.3 的运行结果如图 5-8 所示。

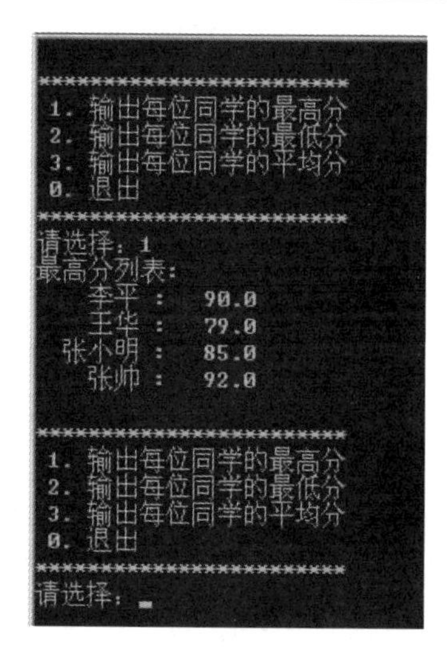

图 5-8　应用任务 5.3 的运行结果

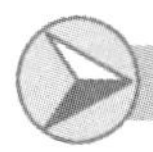任务拓展

改进任务 5.3 的程序，再分别定义三个函数分别计算每门课程的最高分、最低分和平均分。对应的菜单项分别是 4、5、6 。

应 用 任 务 5.4

定义一个递归调用的函数，求 1+2+3+⋯+n 的值，n 从键盘输入。

预备知识

递归调用

函数的递归调用是一种特殊的函数调用方式，所谓递归调用，就是函数直接或间接调用自己，直接调用自己如图 5-9（a）所示，间接调用自己如图 5-9（b）所示。

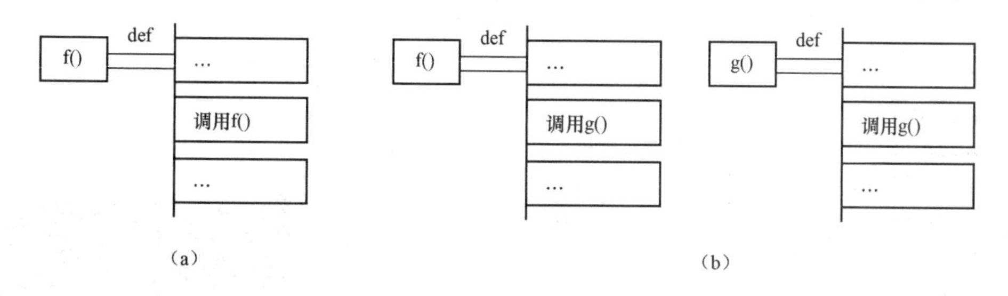

图 5-9 递归调用示意图

（a）直接递归调用；（b）间接递归调用

函数的递归调用，包括两个过程，首先进行递推过程，当递推满足一定条件时，开始进入回归过程。

函数的递归调用在解决问题时，会使程序代码简单明了，但不会提高运行效率。

任务实现

1. 分析

求 1+2+⋯+n，这相当于求初项、等差都为 1 的等差数列的前 n 项和，对于任何数列，都

有 $S_n=S_{n-1}+a_n$，因为 $a_n=n$，所以 $S_n=S_{n-1}+n$，所以要求出 S_n，只需先求 S_{n-1}，同样要求 S_{n-1}，只需先求出 S_{n-2}，…，要求出 S_2，只需求出 S_1，这个过程就是递推过程；由于 $S_1=1$，所以得 S_2，由 S_2 可得 S_3，…，由 S_{n-1} 可得 S_n，这个过程就是回归过程，当 n 为 1 时，S_1 已知，所以 n 等于 1 是递推的结束条件，也是开始回归的条件。作为递归调用，必须有递推的结束条件，不能无穷地递推下去。

2. 流程图

应用任务 5.4 的程序流程图如图 5-10 所示。

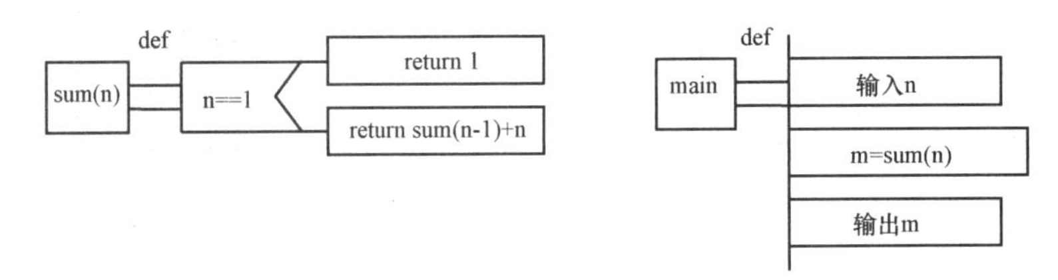

图 5-10　应用任务 5.4 程序流程图

3. 源程序

```
#include "stdio.h"
int sum(int n)
{
    if(n==1)
      return 1;
    else
     return sum(n-1)+n;                //直接调用自己
}
void main()
{
    int n,m;
    printf("请输入一个正整数:");
    scanf("%d",&n);
    m=sum(n);
    printf("1+2+...+%d=%d\n",n,m);
}
```

图 5-11　应用任务 5.4 的运行结果

4. 运行结果

应用任务 5.4 的运行结果如图 5-11 所示。

5. 思考

如果用非递归方法，如何求 1～n 之和？

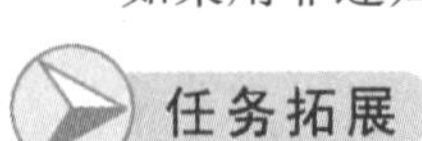

定义一个递归函数，求 $f(n)$，其中 $f(n)=f(n-1)+f(n-2)$，且 $f(0)=1$，$f(1)=1$。在主函数中输入任意一个非负整数 n，输出 $f(n)$ 的值。

实现提示：函数类型定义为 long，因为 $f(n)$ 的值会呈级数增长，如 $f(5)=8$，$f(10)=89$，$f(50)=20\ 365\ 011\ 074$。

实　　训

【实训目的】

（1）掌握函数的定义和调用。

（2）加深模块化设计的思想。

（3）具备分析简单问题并进行设计的能力。

（4）具备根据分析和设计进行编写程序的能力。

【实训要求】

（1）根据题目要求绘制程序流程图。

（2）编写源程序。

（3）上机调试程序。

（4）撰写实验报告。

【实训内容】

（1）（A 类）实数计算器（定义两个实数的加、减、乘、除四个函数，输入两个实数，用菜单实现它们的加减乘除）。

实现提示：

两个实数相除时要判断除数是否为 0。

（2）（B 类）矩阵计算器（定义矩阵加、减、乘三个函数，输入两个矩阵，用菜单实现矩阵的加、减、乘）。

实现提示：

1）两个矩阵相加或相减时，要求判断两个矩阵行数列数是否分别对应相同。

2）两个矩阵相乘时，要求判断后一个矩阵的行数是否等于前一个矩阵的列数。

第6章 文件输入输出

【知识点】

（1）文件和文件指针的概念。

（2）简单数据文件的打开、读/写。

【能力点】

（1）调试程序的能力。

（2）阅读和编写简单程序的能力。

（3）流程图的绘制能力。

应用任务6.1

从键盘输入5个整数，将该组数据存储在数据文件C盘的mydata.dat文件中。

预备知识

1. 文件的概念

文件是存储在外部介质（如磁盘）上数据的集合，是操作系统管理数据的单位，对文件的操作要涉及设备问题，这些复杂的问题现都由操作系统来完成，作为C程序的编程者，只需调用C标准函数库中的有关输入、输出等函数即可操作文件。

2. 文件的分类

根据文件中数据的组织形式，文件可以分为：

（1）文本文件（ASCII码文件）：每个字节存放一个ASCII码，代表一个字符。

（2）二进制文件：按照数据在内存中的存储形式存储，即按照二进制的形式进行存储。

3. 文件的打开

要对文件进行读/写操作，必须先打开文件。在C语言中，调用fopen函数可以打开指定的文件，该函数声明包含在stdio.h头文件中，fopen函数的一般调用形式为

```
FILE  *文件指针变量名;
文件指针变量名=fopen(文件名字符串,文件操作方式字符串);
```

现对该函数做几点说明：

（1）FILE是一种文件结构体类型，定义在stdio.h头文件中，注意FILE要大写。

（2）文件指针变量名（下文中称文件指针）由编程者命名，是合法标识符，注意，定义文件指针时，前面的“*”不能少，如:FILE *fp。

（3）文件名字符串表示要打开的文件，注意，路径中的分隔符应使用“\\”。

（4）文件操作方式字符串表示对文件的操作模式，可以使用的模式见表6-1。

（5）使用 fopen 打开文件时，如文件正常打开，一般在内存中建立文件的缓冲区和文件控制信息域，并把内存地址赋给文件指针变量；如不能打开文件，则返回 NULL，该值常用于检查文件是否成功打开。

文件不能正常打开的原因有多种，如以带 r 的方式打开文件时，要求文件必须已经存在，如果文件不存在，文件指针返回值为 NULL。

（6）以带 w 的方式打开文件时，若文件存在，则将该文件删去，重建一个新文件，所以使用时要特别小心，避免把已有数据文件冲掉。

表6-1　　文件的操作模式

模式	含　　义	文件存在	文件不存在
“r”	打开一个文本文件，从中读取数据	打开	失败
“w”	打开一个文本文件，向文件中写入数据	覆盖原文件	建立新文件
“a”	打开一个文本文件，向文件尾增加数据	打开	建立新文件
“rb”	打开一个二进制文件，从中读取数据	打开	失败
“wb”	打开一个二进制文件，向文件中写入数据	覆盖原文件	建立新文件
“ab”	打开一个二进制文件，向文件尾增加数据	打开	建立新文件
“r+”	打开一个文本文件，进行读写操作	打开	失败
“w+”	打开一个文本文件，进行读写操作	覆盖原文件	建立新文件
“a+”	打开一个文本文件，进行读写操作	打开	建立新文件
“rb+”	打开一个二进制文件，进行读写操作	打开	失败
“wb+”	打开一个二进制文件，进行读写操作	覆盖原文件	建立新文件
“ab+”	打开一个二进制文件，进行读写操作	打开	建立新文件

4. 关闭文件

在 C 语言中，在程序结束之前，将所有打开的文件关闭，关闭文件的作用能让系统将缓冲区数据写入文件，这样才能真正地把数据写到磁盘文件中，并释放缓冲区和文件信息块，所以使用文件时，要遵循“先打开，然后对文件进行操作（读/写），最后关闭文件”的原则。

在 C 语言中，关闭文件用 fclose 函数，该函数的声明包含在 stdio.h 头文件中，fclose 函数的一般调用形式为

```
fclose(文件指针);
```

例如：

```
fclose(fp);
```

表示将 fp 所指向的文件关闭，fclose 函数正常关闭文件后返回 0，否则返回一个非零值，关闭后的文件如要再使用，则必须重新打开该文件。

5. 文件的读/写

当成功打开文件后，便可根据文件打开时的操作方式对文件进行相应地操作。常用的文件读/写函数有字符的读/写函数、字符串的读/写函数、数据块的读/写函数和格式读/写函数。本书仅介绍格式读/写函数，其他函数的使用请读者参考《程序设计基础教材（C 语言与数据结构）学习辅导与习题精选》中的第 6 章。

（1）文件格式输入函数 fscanf。fscanf 函数与 scanf 函数相似，都是格式化读函数，其差别在于 scanf 函数是从终端键盘输入，而 fscanf 函数是从文件输入，该函数的声明包含在 stdio.h 头文件中，其调用形式为

```
fscanf(文件指针,格式字符串,输入项表);
```

该函数的功能是从文件指针所指的文件中按照格式字符串的要求读取数据后送到输入项所指的内存单元中，并返回已输入的数据个数。

（2）文件格式输出函数 fprintf。fprintf 函数与 printf 函数相似，都是格式化写函数，其差别在于 printf 函数的输出对象是终端屏幕，而 fprintf 函数的输出对象是文件，该函数的声明包含在 stdio.h 头文件中，其调用形式为

```
fprintf(文件指针,格式字符串,输出项表);
```

该函数的功能是将输出项表的值按指定的格式输出到文件指针所指的文件中，并返回实际输出的字符个数。

利用 fscanf 和 fprintf 函数可以非常方便地从文件中读取数据和写入数据，其“格式字符串”以及“输入/输出项表”的使用方法等同于 scanf 和 printf 函数中的格式字符串。

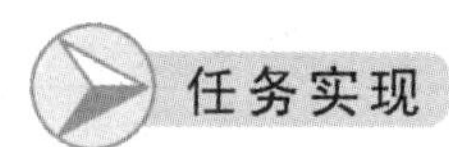

1. 分析

应用任务 6.1 只需向文件写入数据，可利用 fopen 函数以“w”方式打开该文件，执行 fopen 函数后，要判断文件是否打开成功，成功打开后，先从键盘上输入一组数据至内存变量，再用 fprintf 函数写入文件，最后用 fclose 函数关闭文件。

2. 流程图

应用任务 6.1 的程序流程图如图 6-1 所示。

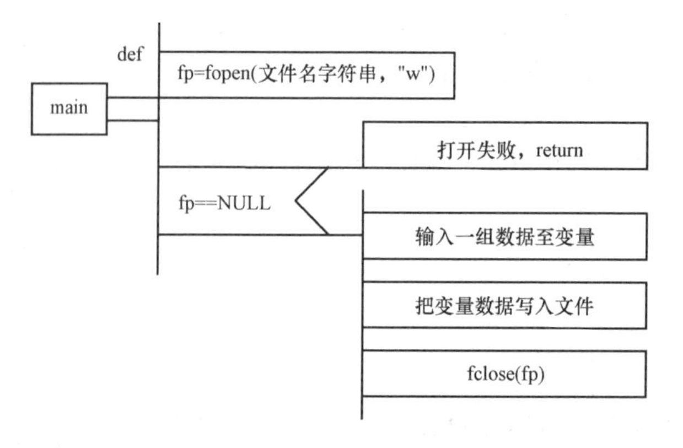

图 6-1　应用任务 6.1 程序流程图

3. 源程序

```
#include "stdio.h"
void main()
{
    FILE *fp;
    fp=fopen("c:\\mydata.dat","w");
    if(fp==NULL)// 文件没有打开
    {
        printf("文件没有打开\n" );
        return ;
    }
    else    //文件成功打开以后,进行相关的操作
    {
        printf("请输入 5 个整数(空格分隔):");
        int  a,b,c,d,e;
        scanf("%d%d%d%d%d",&a,&b,&c,&d,&e);
        fprintf(fp,"%8d %8d %8d %8d %8d",a,b,c,d,e);
        fclose(fp);
        printf("保存成功\n");
    }
}
```

4. 运行结果

运行应用任务 6.1 的源代码，如输入 11、12、13、14、15 这 5 个整数，其运行结果如图 6-2 所示，查看 C 盘上的 mydata.dat，并用文本编辑器打开该文件，可看到这 5 个整数。

图 6-2　应用任务 6.1 的运行结果

任务拓展

先输入正整数 *n*，然后再从键盘输入 *n* 个整数，并将 *n* 个整数存储到数据文件 mydata1.dat 中。

实现提示：可以利用循环语句循环读入 *n* 个整数，在读入一个整数时，同时把该数输出到文件中。

应用任务 6.2

从应用任务 6.1 所存储的数据文件 mydata.dat 中读取 5 个整数，并在屏幕上显示出来。

任务实现

1. 分析

应用任务 6.2 只需从文件中读取数据，所以可利用 fopen 函数以 r 方式打开该文件，执行 fopen 函数后，要判断文件是否打开成功，成功打开后，用 fscanf 从文件中读取数据存放到输出项的变量中，并把该变量值输出至屏幕，最后用 fclose 函数关闭打开的文件。

2. 流程图

应用任务 6.2 的流程图如图 6-3 所示。

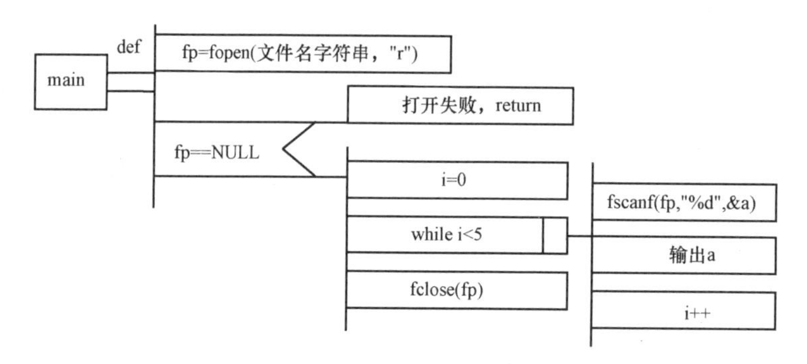

图 6-3　应用任务 6.2 程序流程图

3. 源程序

```
#include "stdio.h"
void main()
{
    FILE *fp;
    fp=fopen("c:\\mydata.dat","r");
    if(fp==NULL)// 文件没有打开
    {
        printf("文件没有打开\n" );
        return ;
    }
    else                        //文件成功打开以后,进行相关的操作
    {
        int i,a;
        for(i=0;i<5;i++)
        {
            fscanf(fp,"%d",&a);
            printf("%8d",a);
        }
        printf("\n");
        fclose(fp);
    }
}
```

4. 运行结果

运行应用任务 6.2 的源代码，如 C 盘上有 mydata.dat，且该文件中有 5 个空格分隔的整数，则能得到如图 6-4 所示的运行结果。

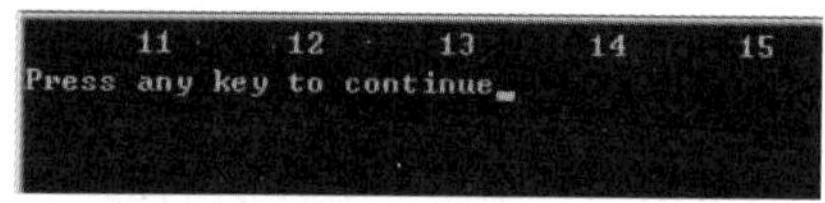

图 6-4　应用任务 6.2 的运行结果

任务拓展

从应用任务 6.1 的任务拓展中存储的数据文件 mydata1.dat 中读出所有数据，并在屏幕上显示出来。

实现提示：由于数据文件中的整数个数在程序运行前是未知的，所以要用函数 feof( )来

判断读取数据是否结束。函数 feof( )的一般调用形式为

```
feof(文件指针);
```

调用 feof( )函数后的返加值有两种情况，当读取最后一个数据后，返加值为−1，否则为 0。

应 用 任 务 6.3

从应用任务 6.1 的任务拓展中存储的数据文件 mydata1.dat 中读出所有数据，计算总和、平均值、最大值、最小值，并将计算结果存入该文件。

任务实现

1. 分析

应用任务 6.3 需要从数据文件中读取数据，然后再把计算结果存入该文件，所以分两步打开文件，第一步：以 r 方式打开文件，用 fscanf 函数从文件中读取数据，在读取每个数据后，累加到一个变量中，同时比较最大值和最小值，最后求平均值，读取完毕（由于数据个数未知，所以需用函数 feof()判断是否读取结束），关闭文件；第二步：以 a 方式打开文件，利用 fprintf 函数把总和、平均值、最大值、最小值写入文件中，最后关闭文件。

2. 流程图

应用任务 6.3 的程序流程图如图 6-5 所示。

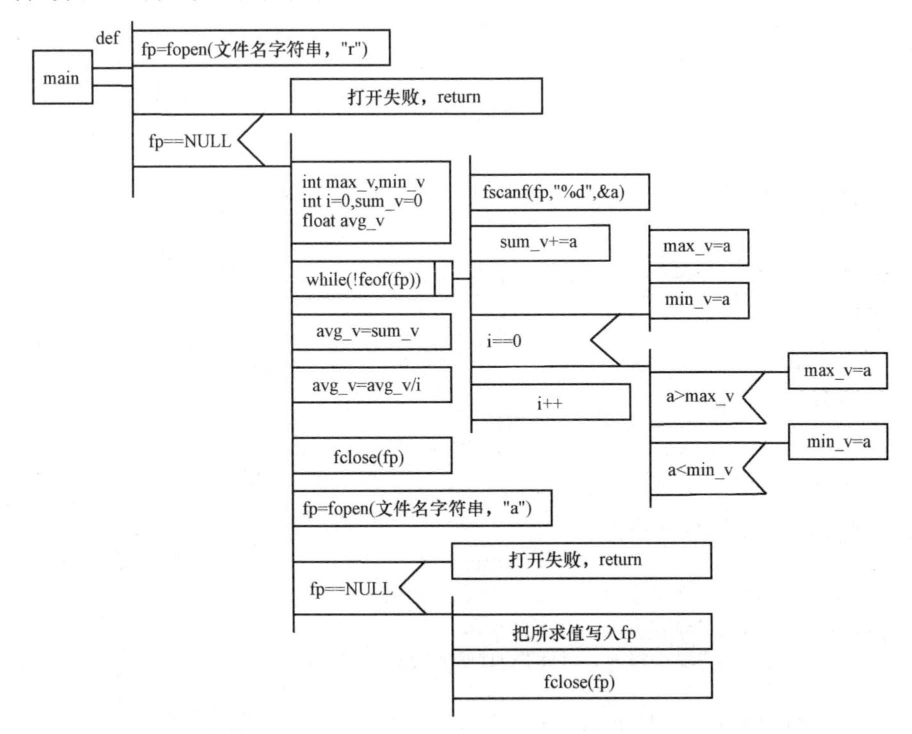

图 6-5 应用任务 6.3 程序流程图

3. 源程序

```
#include "stdio.h"
```

```
void main()
{
 FILE *fp;
 fp=fopen("c:\\mydata1.dat","r");
 if(fp==NULL)                                    // 文件没有打开
   {
      printf("文件没有打开\n" );
      return ;
   }
 else                                            //文件成功打开以后,进行相关的操作
   {
    int i=0,a,sum_v=0,max_v,min_v;
    float avg_v;
    while (!feof(fp))
    {
        fscanf(fp,"%d",&a);
        sum_v+=a;
        if(i==0)
        {
           max_v=a;
           min_v=a;
        }
        else
        {
          if(a>max_v)max_v=a;
          if(a<min_v)min_v=a;
        }
        i++;
    }
    avg_v=sum_v;
    avg_v=avg_v/i;
    fclose(fp);
    fp=fopen("c:\\mydata1.dat","a");
    if(fp==NULL)
    {
       printf("文件没有打开:\n");
       return;
    }
    else
    {
      fprintf(fp,"\n");
      fprintf(fp,"总    和:%d\n",sum_v);
      fprintf(fp,"平均值为:%5.2f\n",avg_v);
      fprintf(fp,"最大值为:%d\n",max_v);
      fprintf(fp,"最小值为:%d\n",min_v);
      fclose(fp);
      printf("计算完毕!\n");
    }
 }
}
```

4. 运行结果

如 mydata1.dat 有 10 个整数 1、2、3、4、5、6、7、8、9、10，则运行应用任务 6.3 的源代码后，用记事本打开 mydata1.dat 文件，其结果如图 6-6 所示。

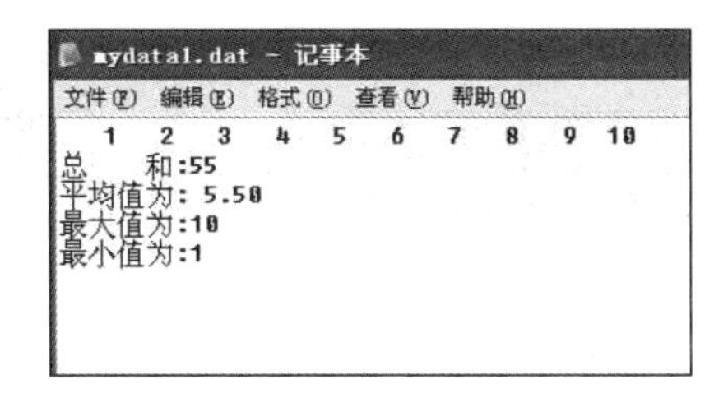

图 6-6 应用任务 6.3 的运行结果

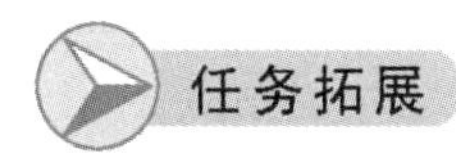

从应用任务 6.3 中存储的数据文件 mydata1.dat 中读出所有数据，并在屏幕上显示。

实现提示：由于数据文件中的数据格式复杂，可以统一以字符类型读取和输出。

实 训

【实训目的】

（1）掌握数据文件的打开、读取和写入。

（2）具备分析简单问题并进行设计的能力。

（3）具备根据分析和设计进行编写程序的能力。

【实训要求】

（1）根据题目要求绘制程序流程图。

（2）编写源程序。

（3）上机调试程序。

（4）撰写实验报告。

【实训内容】

（1）（A 类）在 C 盘根文件夹下有两个文件 data1.txt 和 data2.txt 分别存放若干个实数，均按由小到大顺序排列。现将两个文件中的数据合并存放到文件 data3.txt 中，仍要求按由小到大顺序排列。

实现提示：

1）由于涉及 3 个文件同时进行读和写的操作，故应定义三个文件指针。

2）当一个文件（如 A 文件）中的数 a 大于另一个文件（如 B 文件）中的数 b 时，则把 b 输出到 data3.txt 中，A 文件暂停读取数据，B 文件继续读取数据，直到读取的数大于 a 为止，所以可定义两个变量分别控制是否要读数据。

3）当一个文件读取结束后，可利用循环读取另一个文件中未读的数写入 data3.txt 中。

4）当两个文件全部读取结束后，数据合并即完成，此时关闭所有打开的文件。

（2）（B 类）在 C 盘根文件夹下有两个文件 data1.txt［见图 6-7（a）］和 data2.txt［见图

6-7（b）］分别存放学生姓名和课程名称。然后从键盘分课程录入每位学生的考试成绩。最后以下列形式将成绩表存储到文件 data3.txt［见图 6-7（c）］中。（data1.txt 和 data2.txt 中，每个学生姓名和每门课程名称均占 1 行，文件中的学生姓名行数则为学生人数，课程名行数为课程门数。）

（a）

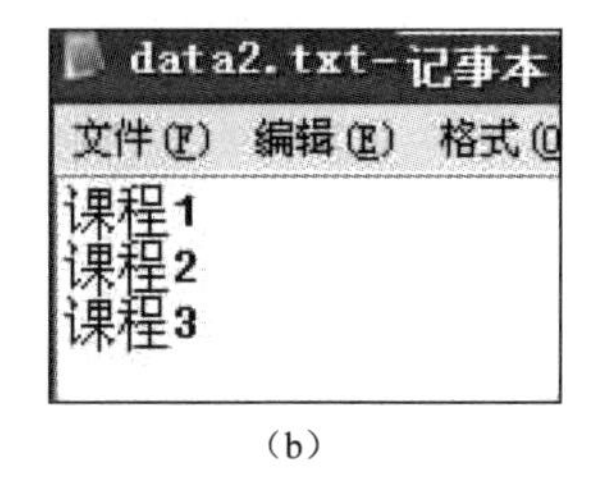

（b）

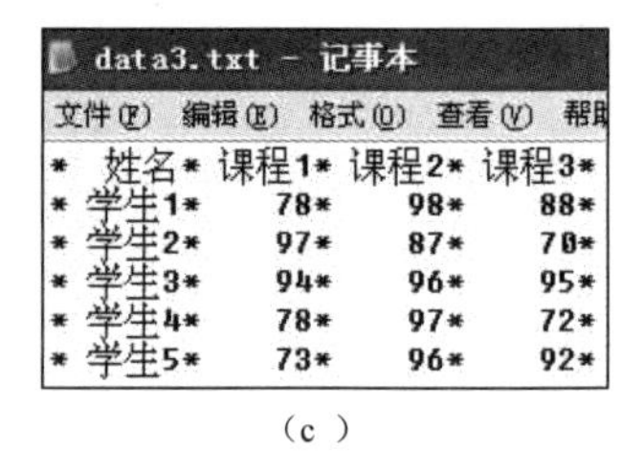

data3.txt - 记事本
文件(F)　编辑(E)　格式(O)　查看(V)　帮助
*　姓名*　课程1*　课程2*　课程3*
*　学生1*　78*　98*　88*
*　学生2*　97*　87*　78*
*　学生3*　94*　96*　95*
*　学生4*　78*　97*　72*
*　学生5*　73*　96*　92*

（c ）

图 6-7　实训 B 数据示意

（a）data1.txt；（b）data2.txt；（c）data3.txt

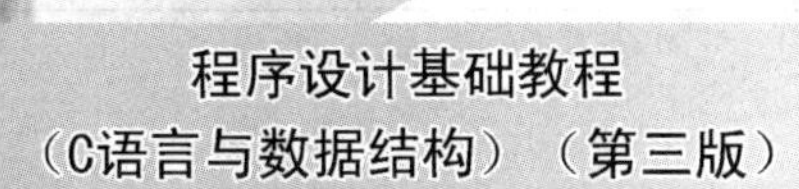

第7章　总结与提高

第1篇程序设计语言篇总共包含7章，第1～3章介绍了C语言中的整型、实型、字符型、数组和字符串，以及三种程序结构（顺序结构、分支结构和循环结构）；第4～6章介绍了矩阵、函数和文件；第7章是总结与提高。通过知识的讲解和应用任务的实现，使读者初步具备了绘制流程图和按流程图写源程序的能力、能够分析简单问题并进行算法设计的能力。

主要知识点

1．数据类型

（1）常量与变量。

（2）整型数据。

（3）实型数据。

（4）字符型数据。

（5）运算符与表达式。

1）算术运算符和算术表达式。

2）关系运算符和关系表达式。

3）逻辑运算符和逻辑表达式。

4）条件表达式。

（6）数据类型转换。

（7）数组。

1）一维数组。

2）二维数组及多维数组。

3）字符数组和字符串。

（8）文件类型。

2．语句结构

（1）顺序结构。

1）赋值表达式。

2）输入输出函数。

3）文件打开和关闭函数。

4）文件输入输出函数。

（2）选择结构。

1）if 语句。

2）switch 语句。

（3）循环结构。

1）for 语句。

2）while 语句。

3）do while 语句。

4）break 语句和 continue 语句。

3. 程序结构

（1）函数定义。

（2）函数声明。

（3）函数调用。

1）主函数与子函数。

2）调用函数与被调用函数。

3）参数传递。

4）递归调用。

（4）全局变量和局部变量。

（5）动态存储和静态存储。

说明：

知识点的详细内容可以参阅《程序设计基础教程（C 语言与数据结构）学习辅导与习题精选》中的第 1 章、第 2 章、第 3 章和第 4 章。

综 合 实 训

简易成绩管理系统。

1. 任务内容

建立一个简易成绩管理系统，能输入并输出一组成绩信息，对成绩能求取最高分、最低分和平均分，能统计不及格人数和不及格率，并具备对信息的永久保存功能。

2. 系统功能

简易成绩管理信息系统的主要功能是对成绩的处理，即

（1）输入一组考试成绩。

（2）屏幕显示考试成绩。

（3）将成绩存入磁盘文件。

（4）从磁盘文件中读出考试成绩，屏幕显示考试成绩。

（5）计算平均成绩。

（6）求最高分。

（7）求最低分。

（8）统计不及格人数并计算不及格率。

3. 简易成绩管理系统主界面

```
************** 简易成绩管理信息系统 **************
*              1. 输入成绩                       *
```

```
*          2. 显示成绩                    *
*          3. 存储成绩到文件              *
*          4. 从文件读取成绩              *
*          5. 计算平均成绩                *
*          6. 求最高分                    *
*          7. 求最低分                    *
*          8. 计算不及格率                *
*          0. 退出系统                    *
*********************************************
```

4. 实现提示

每个选项可定义一个函数，为了简化实现，不考虑学生姓名和课程名称。

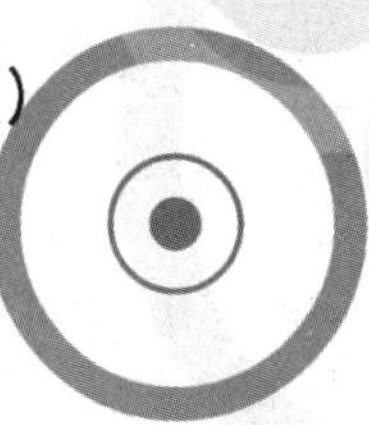

第2篇

数据结构基础篇

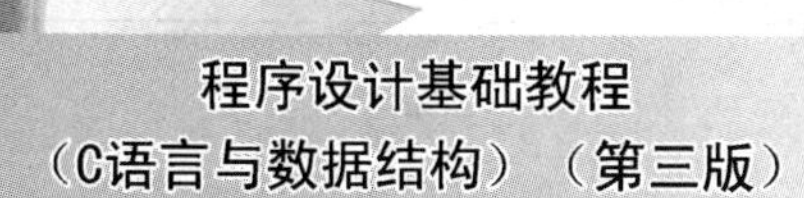

第8章 结 构 体

【知识点】

（1）结构体的定义。

（2）结构体数组的定义和使用。

【能力点】

（1）调试程序的能力。

（2）阅读和编写简单程序的能力。

（3）流程图的绘制能力。

应用任务 8.1

定义描述学生信息的数据结构，利用该数据结构，通过键盘输入一个学生的相关数据（学号、姓名、性别、年龄等），将该组数据存储在计算机内存中，并在屏幕显示该组数据。

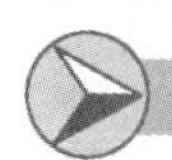
预备知识

1. 事物的属性

属性即事物本身所固有的性质，是物质必然的、基本的、不可分离的特性，又是事物某个方面质的表现。一定质的事物常表现出多种属性。

在计算机用语中，属性是实体的描述性性质或特征，具有数据类型、域、默认值三种性质。应用任务 8.1 中，学生这个实体就具有学号、姓名、性别、年龄等相关属性。编程中若要处理一个学生的相关数据，则意味着要处理该学生所有属性的值。

2. 结构体的定义

第 4 章介绍了数组类型，它是由相同数据类型组合成的一个有机整体。在应用任务 8.1 中，学生的数据具有不同的数据类型：姓名为字符型，学号和年龄为整型，性别为字符型或整型。很显然，学生的信息不能用一个数组来存放。为了存放具有多个属性的实体的数据，C语言中给出了另一种构造数据类型"结构体"。

结构体是一种复杂的数据类型，是数目固定、类型可以不同的若干有序数据项的集合。结构体相当于其他高级语言中的记录。"结构体"这种构造类型是由若干"成员"组成的。每一个成员可以是一个基本数据类型或者又是一个构造类型。

结构体既然是一种"构造"而成的数据类型，那么在说明和使用之前必须先定义，也就是构造，如同在说明和调用函数之前要先定义函数一样。

定义结构体类型的一般形式为

```
struct  结构体名
{
   成员表列
};
```

成员表由若干个成员组成，每个成员都是该结构体的一个组成部分。对每个成员也必须做类型说明，其形式为

```
类型说明符  成员名;
```

结构体名和成员名的命名应符合标识符的书写规定。

例如，本任务中，可以定义这样一个学生结构体类型：

```
struct stu
{
   int num;                /* 学号 */
   char name[20];          /* 姓名 */
   char sex;               /* 性别 */
   int age;                /* 年龄 */
};
```

定义结构体类型之后，即可进行变量说明。凡说明为结构体 stu 的变量都由上述 4 个成员组成。

3. 结构体变量的定义和引用

定义了结构体类型之后，定义结构体变量的一般形式为

```
struct  结构体名  变量名列表;
```

例如：

```
struct stu s1,s2; /* 定义了两个变量 s1 和 s2 为 struct stu 结构体类型 */
```

也可以在定义结构体类型的同时定义结构体变量。

例如：

```
struct stu
{
    int num;
    char name[20];
    char sex;
    int age;
}s1,s2;
```

在 ANSI C 中除了允许具有相同类型的结构体变量相互赋值以外，一般对结构体变量的使用（包括赋值、输入、输出、运算等）都是通过结构体变量的成员来实现的。

表示结构体变量成员的一般形式是：结构变量名.成员名

例如，s1.num 表示 s1 的学号，s2.name 表示 s2 的姓名。

从上面结构体变量的定义中可以发现，在定义结构体变量时，需要写两个单词（如 struct stu）。在 C 语言中，允许用户在程序中使用 typedef 定义同义的数据类型，即允许用户为数据类型取“别名”。typedef 类型定义的一般格式为

```
typedef  类型  新类型名;
```

例如，可以为上面的 struct stu 定义一个别名 STU，定义如下：

```
typedef struct stu
```

```
{
   int num;                /* 学号 */
   char name[20];          /* 姓名 */
   char sex;               /* 性别 */
   int age;                /* 年龄 */
}STU;
```

定义好以后，就可以用 STU 来定义结构体变量。即下面的两行定义是等价的。

```
STU  s1,s2;
struct  stu  s1,s2;
```

注意：typedef 类型定义只是定义了一个数据类型的别名，而不是定义一种新的数据类型，原来的数据类型仍然可用。

任务实现

1. 分析

在本任务中需要定义结构体类型来描述学生信息，通过引用结构体成员来输入和输出学生的相关信息。

2. 源程序

```
#include "stdio.h"
#include "string.h"
typedef struct stu
{
   int num;                    /* 学号 */
   char name[20];              /* 姓名 */
   char sex;                   /* 性别 */
   int age;                    /* 年龄 */
}STU;

void main()
{
    STU student;
    printf("请输入一个学生的学号、姓名、性别和年龄(以 Enter 键分隔):\n");
    scanf("%d\n",& student.num);
    gets(student.name);
    scanf("%c\n",& student.sex);
    scanf("%d",& student.age);
    printf("该学生的学号、姓名、性别和年龄分别为:\n");
    printf("%d\t%s\t%c\t%d\n",student.num,student.name,student.sex,
      student.age);
}
```

3. 运行结果

运行结果如图 8-1 所示。

```
请输入一个学生的学号、姓名、性别和年龄（以Enter键分隔）：
120203105
王宇
M
19
该学生的学号、姓名、性别和年龄分别为：
120203105       王宇    M       19
Press any key to continue
```

图 8-1 应用任务 8.1 的运行结果

任务拓展

修改任务 8.1 的程序，将学生信息中年龄改为出生日期（年月日），并要求学生信息在结构体变量定义时赋值。

实现提示：在任务 8.1 的 stu 结构体定义中，所有成员都是基本数据类型或数组类型。其实，在 C 语言中，结构体成员也可以又是一个结构体，即可以构成嵌套的结构体。

例如，任务拓展中的学生信息可以用如下的结构体表示：

```
struct  date
{
    int year;
    int month;
    int day;
};
 struct stu
{
   int num;                    /* 学号 */
   char name[20];              /* 姓名 */
   char sex;                   /* 性别 */
   struct date birthday;       /* 出生日期 */
};
```

其数据结构如图 8-2 所示。

<table>
<tr><td rowspan="2">学号</td><td rowspan="2">姓名</td><td rowspan="2">性别</td><td colspan="3">生日</td></tr>
<tr><td>年</td><td>月</td><td>日</td></tr>
</table>

图 8-2　学生信息成员构成数据结构

如果成员本身又是一个结构体，则必须逐级找到最低级的成员才能使用。例如，s1.birthday.month 表示 s1 的生日的月份，可以在程序中单独使用，与普通变量完全相同。

和其他类型变量一样，对结构体变量也可以在定义时指定初始值。例如：

```
struct stu
{
    int num;
    char name[20];
    char sex;
    struct date birthday;
}s1={ 120203105,"王宇",'M',{1992,6,28} };
```

应用任务 8.2

通过键盘输入 5 个学生的学号、姓名、课程名、成绩，将该组数据存储到结构体数组中，并在屏幕上显示该组数据。

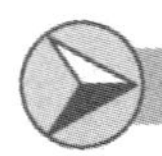

预备知识

如果数组的元素是结构体类型，则可以构成结构体数组。在实际应用中，经常用结构体数组来表示具有相同数据结构的一个群体，如一个班的学生档案、一个车间职工的工资表等。

结构体数组的定义方法和结构体变量相似，只需说明它为数组类型即可。

为了表示应用任务 8.2 中的成绩信息，结构体类型及数组定义如下：

```
typedef struct gra
{
  int num ;                          /* 学号 */
  char name[20];                     /* 姓名*/
  char course_name[20];              /*课程名*/
  float score;                       /*分数*/
}Gra;
Gra  grade[5];                       /* 定义了 struct gra 类型、长度为 5 的 grade 数组 */
```

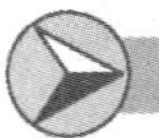

任务实现

1. 分析

本任务中首先需要定义 struct gra 类型的 grade 数组，然后通过循环依次给 grade[0]到 grade[4]赋值。

2. 流程图

其流程图如图 8-3 所示。

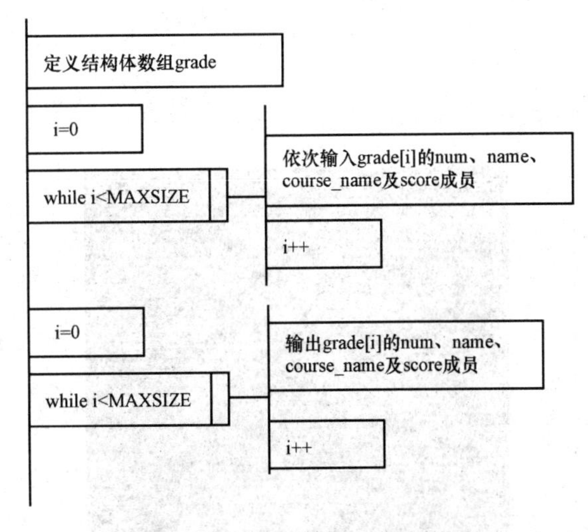

图 8-3 应用任务 8.2 的流程图

3. 源程序

```
#include "stdio.h"
#define MAXSIZE 5
typedef struct gra
{
   int num;                          /* 学号 */
```

```
    char name[20];                    /* 姓名 */
    char course_name[20];             /* 课程名 */
    float score;                      /* 分数 */
}Gra;

void main()
{
    Gra grade[MAXSIZE];               /*定义了 Gra 类型、长度为 MAXSIZE 的 grade 数组*/
    int i;
    for(i=0;i<MAXSIZE;i++)
    {
        printf("请输入第%d 个学生的学号:",i+1);
        scanf("%d",&grade[i].num); getchar();
        printf("请输入学生的姓名:");
        gets(grade [i].name);
        printf("请输入学生的课程名:");
        gets(grade [i].course_name);
        printf("请输入学生的课程成绩:");
        scanf("%f",&grade[i].score); getchar();
        printf("\n");
    }
    printf( "学生信息为:\n" );
    printf( "学号\t      姓名\t     课程名\t 成绩\n" );
    for(i=0;i<MAXSIZE;i++)
        printf("%4d\t%10s%\t%10s\t%.2f\n",grade[i].num,grade[i].name,
        grade[i].course_name,grade[i].score );
}
```

4. 运行结果

运行结果如图 8-4 所示。

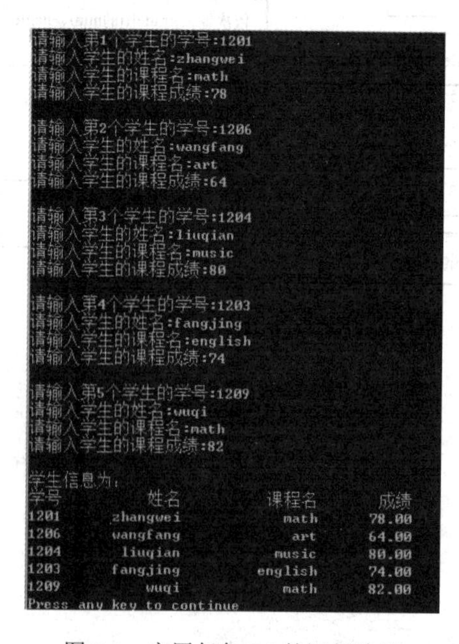

图 8-4 应用任务 8.2 的运行结果

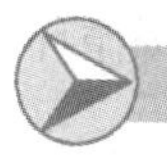

任务拓展

根据以下初始化数据，再定义四个结构体数组变量，分别为 math、art、music、english，分课程存放学生成绩，然后再分别在屏幕上输出。

```
Gra grade[]={  {1201,"zhangwei","math",78},
            {1206,"wangfang","art",64},
            {1204,"liuqian","music",80},
            {1203,"fangjing","english",74},
            {1209,"wuqi","math",82},
            {1202,"yangli","english",67},
            {1210,"liuyuan","music",90},
            {1207,"zhaomin","art",85},
          };
```

提 示

结构体数组里的数据可以通过初始化得到。定义四个数组：

```
Gra math[10],english[10],art[10],music[10];
```

将数组 grade 中数据分别按课程存放到四个数组中。在分类存放过程中，需将 grade 数组每个元素里的 course_name 成员与课程名称进行比较，若两者相等，则将该数组元素存放到相应课程的数组中去。运行结果请参考图 8-5。

```
math课程成绩信息:
1201       zhangwei       78.00
1209           wuqi       82.00
art课程成绩信息:
1206       wangfang       64.00
1207        zhaomin       85.00
music课程成绩信息:
1204        liuqian       80.00
1210        liuyuan       90.00
english课程成绩信息:
1203       fangjing       74.00
1202         yangli       67.00
Press any key to continue
```

图 8-5 应用任务 8.2 拓展的运行结果

应 用 任 务 8.3

将任务 8.2【任务拓展】程序中初始化的学生成绩数据存储在计算机文件中。

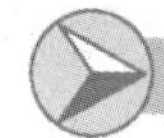

任务实现

1. 分析

结构体数组里的数据是存放在内存里的。为了节约内存，当数据量较大时，需要将数据存在磁盘上。这就涉及对文件的读写。

将学生的成绩信息存储在计算机文件中，即往文件里写数据。通过一重循环来实现。每循环一次，要调用 fprintf 函数将一个学生的信息写入文件中。从文件中读出信息时，每循环一次，需调用 fscanf 函数。

2. 流程图

其流程图如图 8-6 所示。

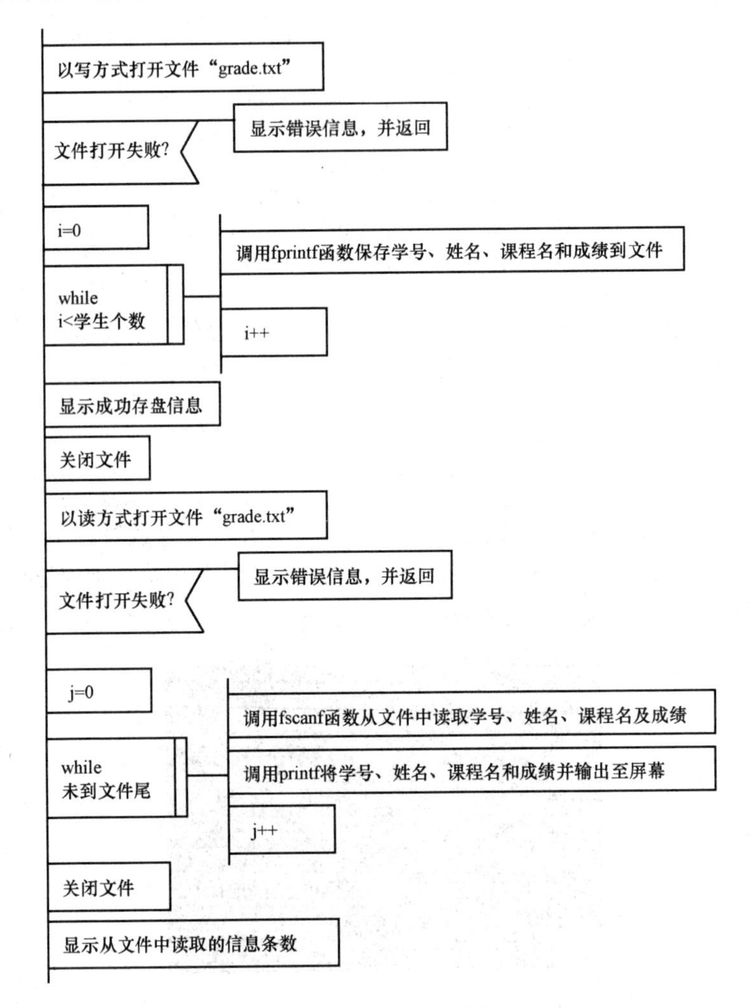

图 8-6 应用任务 8.3 的流程图

3. 源程序

```
#include "stdio.h"
#define MAXSIZE 8
typedef struct gra
{
   int num;                          /* 学号 */
   char name[20];                    /* 姓名 */
   char course_name[20];             /* 课程名 */
   float score;                      /* 分数 */
}Gra;

void main()
```

```
{
    Gra g1;
    Gra grade[MAXSIZE]= {
        {1201,"zhangwei","math",78},
        {1206,"wangfang","art",64},
        {1204,"liuqian","music",80},
        {1203,"fangjing","english",74},
        {1209,"wuqi","math",82},
        {1202,"yangli","english",67},
        {1210,"liuyuan","music",90},
        {1207,"zhaomin","art",85},
    };  /*初始化 grade 数组*/
    int i,j;
    FILE *fp;
    fp=fopen("d:\\work\\grade.txt","w");              /* 以写的方式打开文件 */
    if(fp==NULL)
    {
      printf("文件打开失败!\n");
      return;
    }
    for(i=0;i<MAXSIZE;i++)
    {
        fprintf(fp,"\n");
        fprintf( fp,"%d\t%s\t%s\t%f",grade[i].num,grade[i].name,
grade[i].course_name,grade[i].score );
    }
    printf("已成功存盘!\n");
    fclose(fp);
    printf("文件即将打开,请等待...\n");
    fp=fopen("d:\\work\\grade.txt","r");              /* 以读的方式打开文件 */
    if(fp==NULL)
    {
      printf("文件打开失败!\n");
        return;
    }
    printf("已打开学生信息文件!\n");
    printf( "学生信息为:\n" );
    printf( "学号\t      姓名\t    课程名\t 成绩\n" );

    j=0;
    while(!feof(fp))
    {
         fscanf( fp,"%d%s%s%f",&g1.num,g1.name,g1.course_name,&g1.score );
         /* 将文件中读取的一行信息赋给结构体变量 g1 */
       j++;
         printf( "%4d\t%10s%\t%10s\t%.2f\n",g1.num,g1.name,g1.course_name,
         g1.score );
     }
     fclose(fp);
     printf("已从文件成功读取%d 条学生信息!\n",j);
```

```
}
```

4. 运行结果

运行结果如图 8-7 所示。

```
已成功存盘!
文件即将打开，请等待。。。
已打开学生信息文件!
学生信息为:
学号        姓名          课程名      成绩
1201      zhangwei       math      78.00
1206      wangfang        art      64.00
1204       liuqian      music      80.00
1203      fangjing    english      74.00
1209          wuqi       math      82.00
1202        yangli    english      67.00
1210       liuyuan      music      90.00
1207       zhaomin        art      85.00
已从文件成功读取8条学生信息!
Press any key to continue
```

图 8-7 应用任务 8.3 的运行结果

任务拓展

从应用任务 8.3 存储的数据文件读入学生的学号、姓名、课程名、成绩，输入某课程名，屏幕输出该课程成绩最高的学生的学号、姓名和成绩。

实现提示：根据任务要求，需要调用 fscanf 函数依次将文件中每行信息读出，并存储到 grade 数组中。要输出某课程成绩最高的学生信息，首先需定义变量 max，并赋初值为 0。输入课程名 course 后，通过一重循环来求最高成绩。具体实现：将 course 与 grade[i].course_name 比较，如果两者相同，则判断 grade[i].score 与 max 的大小。若 grade[i].score>max，则更新 max 的值，且将数组下标 i 记录到变量 num 中。循环结束后，num 即为存储 course 课程最高分的数组元素的下标。运行结果参考图 8-8。

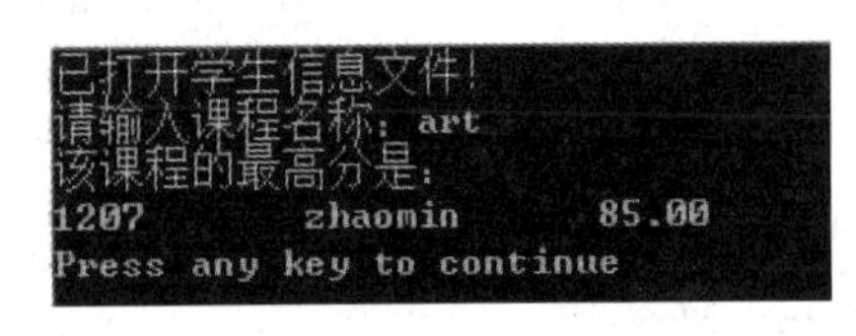

图 8-8 应用任务 8.3 拓展的运行结果

实 训

【实训目的】

（1）掌握结构体的定义。

（2）掌握结构体数组的定义和使用。

（3）掌握结构体变量的输入输出方法。

（4）掌握结构体变量的文件读写方法。

【实训要求】

（1）根据题目要求绘制程序流程图。

（2）编写源程序。

（3）上机调试程序。

（4）撰写实验报告。

【实训内容】

(1)(A类)通讯录查询，从数据文件data.txt读入若干位同学的基本信息（学号、姓名、性别、手机、QQ、家庭住址），然后输入学生学号，屏幕显示该学生的基本信息（data.txt中，每位同学的信息占一行，每行内的各个数据用空格分隔）。

(2)(B类)课程表查询。从数据文件data.txt读入若干个课程表单元信息（星期、节次、课程名、班级名、教师姓名、教室名），通过菜单分别查询教师、班级和教室课表：输入“1”，然后输入教师姓名，屏幕显示该教师的上课信息；输入“2”，然后输入班级名称，屏幕显示该班级的上课信息；输入“3”，然后输入教室名称，屏幕显示使用该教室的上课信息；输入“0”，退出（data.txt中，每个课程表单元信息占一行，每行内的各个数据用空格分隔）。

第9章　顺　序　表

【知识点】

（1）顺序表的定义。

（2）顺序表的存储结构。

（3）顺序表元素的插入、删除。

（4）查找（顺序查找、折半查找等）。

（5）排序（冒泡排序、选择排序等）。

【能力点】

（1）调试程序的能力。

（2）阅读和编写简单程序的能力。

（3）流程图的绘制能力。

应用任务 9.1

建立一个数据元素类型为整数类型的顺序线性表，从键盘输入一组正整数（以0结束输入），存储在线性表中，并逆序输出到屏幕上。

预备知识

1. 线性表的定义

线性表是最简单、最常用的一种数据结构。一个线性表是 n（n>=0）个数据元素的有限序列，元素之间存在着线性的逻辑关系，即在数据元素的非空有限集中存在唯一的一个被称为"第一个"的数据元素，存在唯一的一个被称为"最后一个"的数据元素，除第一个外，集合中的每个数据元素均只有一个前驱，除最后一个外，集合中的每个数据元素均只有一个后继。根据他们之间的关系可以排成一个线性序列，记为

$$(a_0, a_1, \dots, a_{n-1})$$

其中，a_i（$0 \leqslant i \leqslant n-1$）属于同一数据对象，可理解为具有相同的数据类型。$n$ 代表线性表的表长，即线性表中数据元素的个数。当 n=0 时，线性表为空表。

例如，大写英文字母表（A，B，C，…，Z）是一个线性表。又如，一个班级的学生信息表（见表9-1）也可以看作一个线性表。

表9-1　学生信息表

学号	姓名	年龄	学号	姓名	年龄
990301	张平	18	…	…	…
990302	李红	20	990325	王明	19

2. 顺序表的定义

顺序表即线性表的顺序表示，指的是用一组地址连续的存储单元依次存储数据元素的线性表。

由于线性表的所有数据元素属于同一类型，所以每个元素在存储器中占用的空间大小相同。

3. 顺序表的存储结构

在顺序表中，只要确定了存储线性表的起始位置，线性表中任一数据元素都可随机存取，所以顺序表是一种随机存取结构。

在C语言中，由于数组是用一组地址连续的存储单元来存储数组元素的，所以常用数组来存储线性表的元素。数组的类型可以是简单数据类型，也可以是结构体这样的构造数据类型。而存储线性表元素的数组和存储线性表长度的变量是一个有机的整体，所以顺序线性表的存储结构可以定义如下：

```
#define  MAXSIZE   100                  /* 数组最大容量            */
typedef  struct  sequence               /* 定义顺序线性表的类型    */
{
  Elemtype  elem[MAXSIZE];              /*  定义Elemtype类型的数组 */
   int      len ;                       /*  定义表长  */
} Seq;
Seq  v;                                 /* 定义顺序线性表变量  */
```

任务实现

1. 分析

任务9.1处理的数据元素是正整数，因而数组的类型定义为整型。

创建和输出顺序表的功能可分别用create和reverse_output函数来实现。

create 函数：用来创建顺序表，即依次输入线性表元素，存放到数组中，最后设置线性表的长度。

output函数：用来输出顺序表。

reverse_output函数：用来逆序输出顺序表。

2. 流程图

create函数的流程图如图9-1所示，output函数的流程图如图9-2所示，reverse_output函数的流程图如图9-3所示。

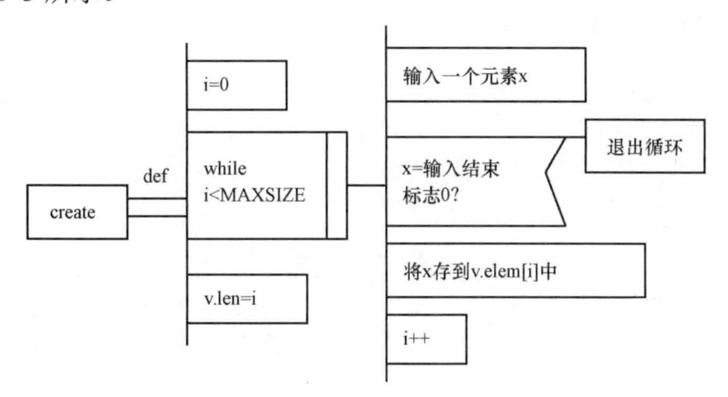

图9-1　创建顺序表的流程图

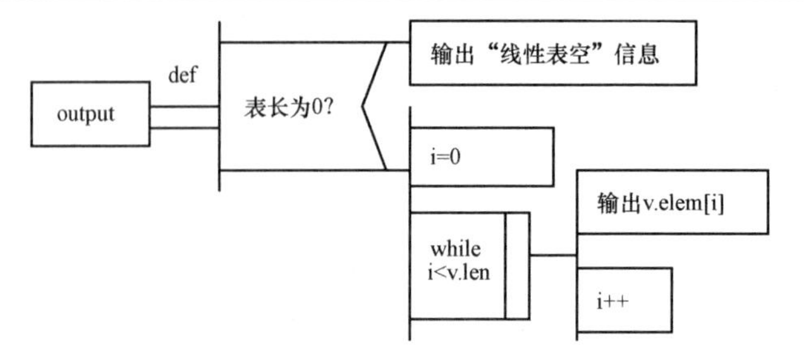

图 9-2 输出顺序表的流程图

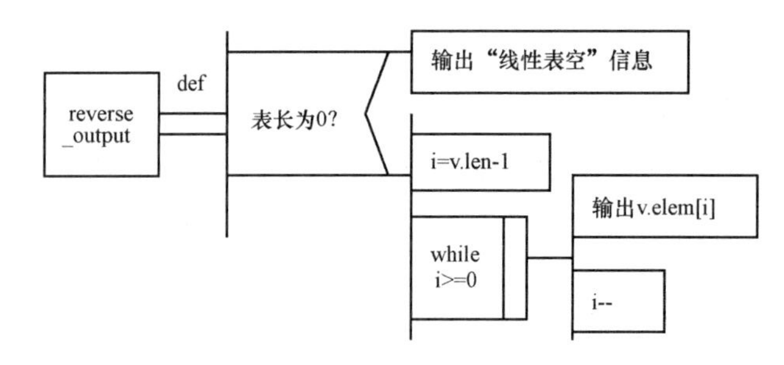

图 9-3 逆序输出顺序表的流程图

3. 源程序

```
#include "stdio.h"
#define  MAXSIZE   100                   /* 数组最大容量          */
typedef  int  Elemtype ;                 /* Elemtype 为整型        */
typedef  struct  sequence                /* 定义顺序表的类型       */
{
  Elemtype  elem[MAXSIZE];               /*  数组  */
  int       len ;                        /*  表长  */
} Seq;
Seq  v;                                  /* 定义顺序表变量  */

void create()
{
  int i,x;
  i=0;
  printf("请输入线性表元素值(值为正整数),以 Enter 键分隔,以 0 结束输入:\n");
  while(i<MAXSIZE)
  {
     scanf("%d",&x);
     if(x==0)break;
     v.elem[i]=x;
     i++;
  }
  v.len=i;
}
void output()
{
  int i;
```

```
    if(v.len==0)
      printf( "线性表为空。\n" );
    else
    {
        printf( "\n 线性表元素为:" );
        for(i=0;i<v.len;i++)
           printf( "%d ",v.elem[i] );
        printf( "\n" );
    }
}

void reverse_output()
{
    int i;
    if(v.len==0)
        printf( "线性表为空。\n" );
    else
    {
        printf( "\n 逆序输出线性表元素为:" );
        for(i=v.len-1;i>=0;i--)
           printf( "%d ",v.elem[i] );
        printf( "\n" );
    }
}
void main()
{
    v.len=0;                          /*顺序表初始化,即将顺序表的表长置为 0  */
    create();
    output();
    reverse_output();
}
```

4. 运行结果

运行结果如图 9-4 所示。

```
请输入线性表元素值（值为正整数），以回车键分隔，以0结束输入：
5
2
1
4
3
0

线性表元素为：5 2 1 4 3

逆序输出线性表元素为：3 4 1 2 5
Press any key to continue
```

图 9-4 应用任务 9.1 的运行结果

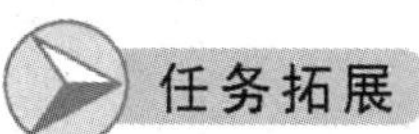

任务拓展

为表 9-1 描述的学生信息建立一个顺序线性表，从键盘输入 n 个学生的信息（学号、姓名和年龄），将其存储在线性表中，并将学生信息输出到屏幕上。

提 示

此处学生信息的数据类型应为结构体类型，可用如下语句进行定义:

```
typedef  struct  node
{
   int  num;
   char  name[20];
   int  age;
}Elemtype;
```

对顺序表进行输入输出时，需引用 v.elem[i].num、v.elem[i].name、v.elem[i].age。

应用任务 9.2

在已建立的顺序表中，由左向右开始搜索，如发现前驱元素大于后继元素，则停止搜索，并在两元素之间插入一个元素，元素值为 0。然后在屏幕中输出插入后的结果。

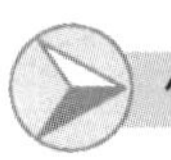

任务实现

1．分析

任务 9.2 要求在顺序表中插入数据元素。

顺序表的插入，是指在顺序表的第 $i-1$ 个数据元素和第 i 个数据元素之间插入一个新的数据元素 x，使长度为 n 的顺序表（a_0，…，a_{i-1}，a_i，…，a_{n-1}）变成长度为 $n+1$ 的顺序表（a_0，…，a_{i-1}，x，a_i，…，a_{n-1}）。

在执行插入操作时，应先把元素 a_i，…，a_{n-1} 向后各自移动一个位置，然后将 x 插在第 i 个位置上。另外，在进行插入之前还要考虑以下两个问题：① 表是否已满？② 插入位置 i 是否合法？

在应用任务 9.1 的基础上，通过调用 insert 函数来实现插入 0 元素的操作，使得 0 元素之前的部分顺序表有序。

2．流程图

Insert 函数的流程图如图 9-5 所示。

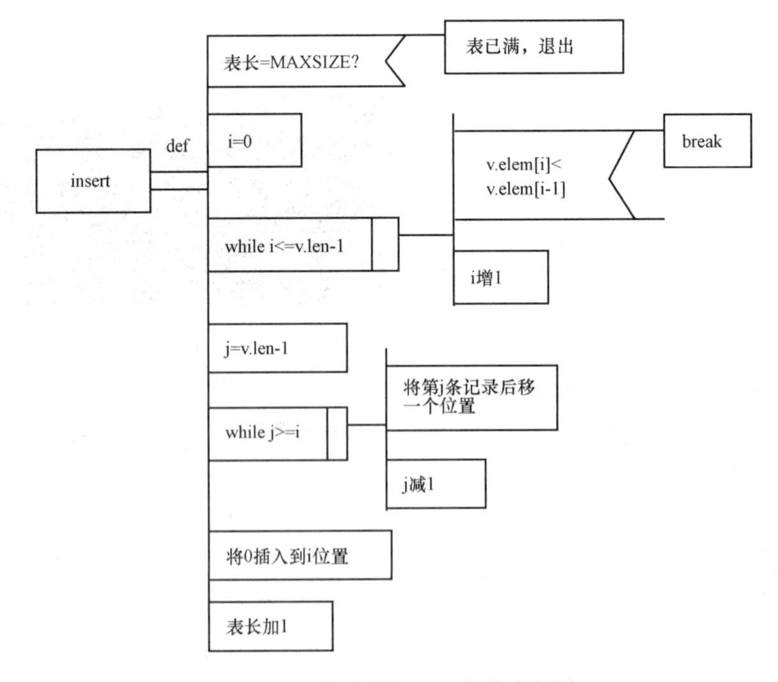

图 9-5　顺序表中插入元素的流程图

3．源程序

相对于任务 9.1 中增加的 insert 函数及修改过的 main 函数如下：

```
void insert()
{
   int i,j;
   if(v.len==MAXSIZE)
   {
     printf( "表已满!\n" );
     return;
   }
   for(i=0;i<v.len;i++)
      if(v.elem[i] <v.elem[i-1])
         break;
   for( j=v.len-1;j>=i;j-- )
       v.elem[j+1]=v.elem[j];
   v.elem[i] =0;
   v.len = v.len+1;
   printf("插入成功!\n");
}
void main()
{
   v.len=0;   /*顺序表初始化,即将顺序表的表长置为 0  */
   create();
   output();
   insert();
   output();
}
```

4. 运行结果

运行结果如图 9-6 所示。

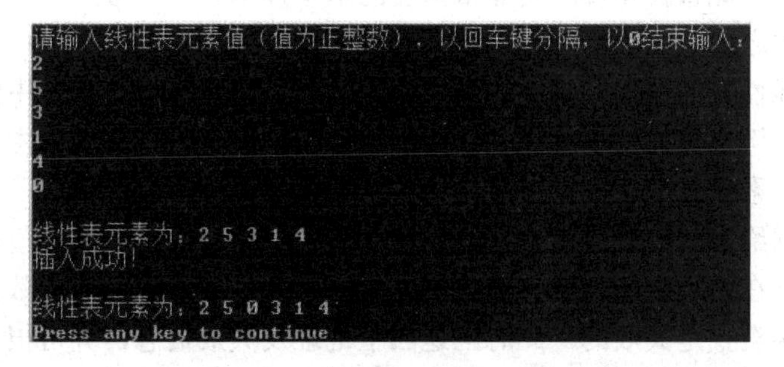

图 9-6 应用任务 9.2 的运行结果

任务拓展

在完成上述任务的基础上，继续搜索，并完成同样的任务，直到顺序表的表尾，并在屏幕中输出插入后的结果。

提 示

与应用任务 9.2 不同的是，插入 0 元素的操作需在每次遇到 v.elem[i]<v.elem[i-1]的情况下进行。由此，0 元素可将顺序表分隔成若干有序的部分。实现时将一重循环改成二重循环即可。运行结果如图 9-7 所示。

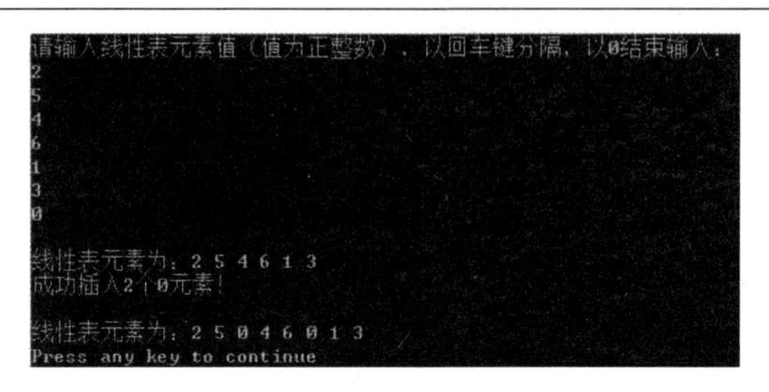

请输入线性表元素值（值为正整数），以回车键分隔，以0结束输入：
2
5
4
6
1
3
0
线性表元素为：2 5 4 6 1 3
成功插入2个0元素！
线性表元素为：2 5 0 4 6 0 1 3
Press any key to continue

图 9-7 应用任务 9.2 拓展的运行结果

应 用 任 务 9.3

在刚插入的顺序表中，由左向右开始搜索，如发现元素值为 0，则停止搜索，并将该元素删除。然后在屏幕中输出删除后的结果。

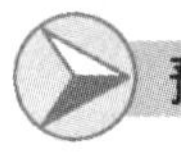

1. 查找技术

在非数值运算问题中，数据存储量一般很大。为了在大量信息中找到某些值，就需要用到查找技术。而为了提高查找效率，有时也需要对一些数据进行排序。

查找和排序的数据处理量几乎占到总处理量的 80%以上，查找和排序的有效性直接影响到算法的有效性，因此查找和排序是非常重要的基本技术。

介绍查找技术之前，让我们首先了解关键字的概念。

关键字是指线性表的数据元素中的某个数据项，用它可以标识列表中的一个或一组数据元素。如果一个关键字可以唯一标识列表中的一个数据元素，则称其为主关键字，否则为次关键字。当数据元素仅有一个数据项时，该数据项就是关键字。

查找是指根据给定的关键字值，在特定的列表中寻找与给定关键字值相同的数据元素，并返回该数据元素在列表中的位置。查找的结果有两种：若找到相应的数据元素，则称查找是成功的；否则称查找是失败的，此时应返回空地址及失败信息，并可根据要求插入这个不存在的数据元素。显然，查找算法涉及三类参量：①查找对象 K（找什么）；②查找范围 L（在哪里找）；③K 在 L 中的位置（查找的结果）。其中①、②为输入参量，③为输出参量，在函数中输入参量必不可少，输出参量可用函数返回值表示。

2. 顺序查找

查找的方法很多，对于不同结构的查找表，需要采用不同的查找方法。就大的方向来分，查找方法可以分为静态查找和动态查找。本任务主要介绍静态查找中的顺序查找方法。

顺序查找法是一种最简单的查找方法，数据记录顺序存放在某顺序表中。顺序表中顺序查找法的基本思想：从顺序表的一端开始，用给定值 K 逐个顺序地与表中各记录的关键字相比较，直到在表中找到某个记录的关键字与 K 值相等，表明查找成功；否则，若查遍了表中的所有记录却仍未找到与 K 值相等的关键字，表明查找失败。

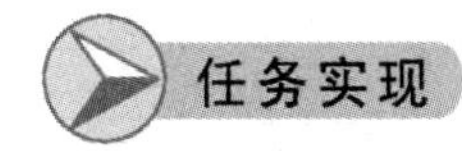

1. 分析

任务 9.2 中的顺序表里的数据元素只有一个数据项，该数据项即关键字。本任务中待查找的给定值为 0，将顺序表的数据元素从左到右搜索，搜索到的第一个关键字为 0 的数据元素即为待删除的数据元素。

顺序表的删除操作和插入操作类似。若要删除顺序表的第 i 个元素 a_i，则长度为 n 的顺序表（a_0，…，a_{i-1}，a_i，a_{i+1}，…，a_{n-1}）将变成长度为 $n-1$ 的顺序表（a_0，…，a_{i-1}，a_{i+1}，…，a_{n-1}）。执行删除操作时，只要把元素 a_{i+1}、…、a_{n-1} 分别向前移动一个位置即可。

2. 流程图

应用任务 9.3 中删除指定元素的 delete_data 函数的流程图如图 9-8 所示。

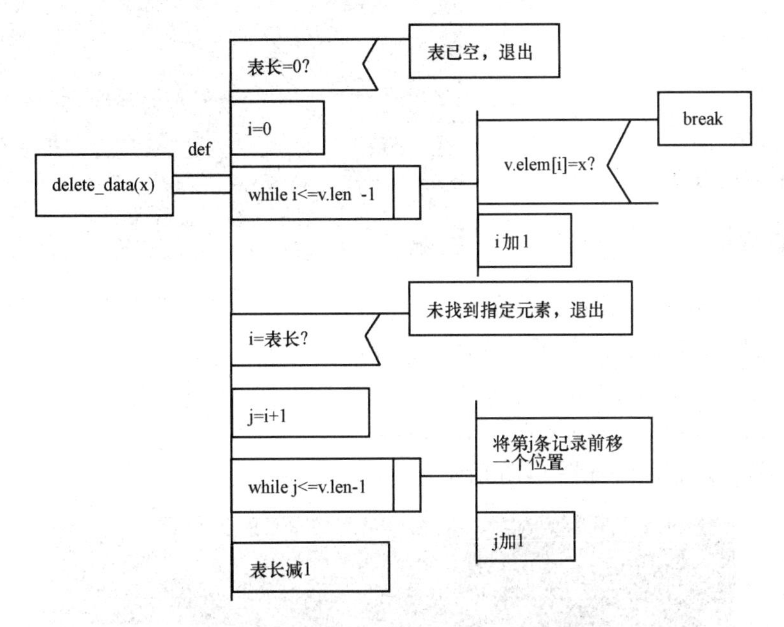

图 9-8　顺序表中删除指定元素的流程图

3. 源程序

相对于应用任务 9.2 增加的 delete_data 函数及修改过的 main 函数如下：

```
void delete_data(int x)
{
  int i,j;
  if(v.len==0)
  {
    printf( "表已空!\n" );
    return;
  }
  for(i=0;i<v.len;i++)
     if(v.elem[i]==x)
        break;
  if(i==v.len)
```

```
        printf("未找到元素%d!\n",x);
    for(j=i+1;j<=v.len-1;j++ )
        v.elem[j-1]=v.elem[j];
    v.len = v.len-1;
    printf("成功删除第一个元素%d!\n",x);
}

void main()
{
    v.len=0;                /*顺序表初始化,即将顺序表的表长置为 0  */
    create();
    output();
    insert();
    output();
    delete_data(0);
    output();
}
```

4. 运行结果

运行结果如图9-9所示。

```
请输入线性表元素值（值为正整数），以回车键分隔，以0结束输入：
2
5
4
6
1
3
0

线性表元素为：2 5 4 6 1 3
成功插入2个0元素！

线性表元素为：2 5 0 4 6 0 1 3
成功删除第一个元素0!

线性表元素为：2 5 4 6 0 1 3
Press any key to continue
```

图9-9 应用任务9.3的运行结果

任务拓展

在完成上述任务的基础上继续搜索，完成同样的任务，直到顺序表的表尾，并在屏幕中输出删除后的结果。

实现提示：与应用任务 9.3 不同的是，删除操作需在每次查找到指定值的情况下进行。实现时将一重循环改成二重循环即可。注意每删除一个元素后需将外层循环的循环变量退一格才能继续查找。运行结果如图9-10所示。

图9-10 应用任务9.3拓展的运行结果

应 用 任 务 9.4

在已建立的顺序表中，运用简单选择排序法按元素值由小到大排序，并在屏幕中输出排序后的结果。

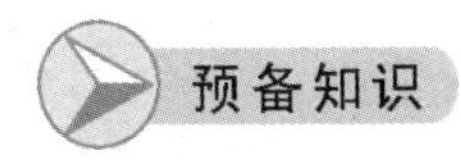

预备知识

1. 排序技术

排序（sorting）又称分类，意指把一批杂乱无章的数据序列重新排列成有序序列。排序的依据可以是记录的主关键字，也可以是次关键字，甚至是若干数据项的组合。为了讨论方便，把排序所依据的数据项统称排序关键字，简称关键字。

按待排序记录数量的多少，及排序过程中涉及的存储介质不同，将排序方法分为两大类：内部排序和外部排序。内部排序是指待排序的记录存放在计算机内存中；外部排序是指待排序的记录数量很大，以致内存容纳不下而存放在外存储器之中，排序过程需要访问外存。我们主要讨论内部排序，应用任务 9.4 中先介绍简单选择排序和冒泡排序。

2. 简单选择排序

简单选择排序（simple selection sort）也称为直接选择排序，是一种较容易理解的方法。它是通过依次从待排序的记录序列中选择出关键字值最小的记录、关键字值次小的记录……并分别将它们定位到相应位置来实现排序的。

简单选择排序的基本思路为（对 n 个数据进行从小到大排序）

（1）第一趟：从 n 个记录（第 0 个记录、第 1 个记录、…、第 n–1 个记录）中寻找关键字值最小的，假如是第 z 个记录，则将第 z 个记录与第 0 个记录对换。

（2）第二趟：从 n–1 个记录（第 1 个记录、…、第 n–1 个记录）中寻找关键字值次小的，假如是第 z 个记录，则将第 z 个记录与第 1 个记录对换。

（3）依次类推，对 n 个数据进行排序，共需要进行 n–1 趟选择和对换。

若有一组关键字（42，38，64，91，14，25），按从小到大的顺序排序，其排序过程如图 9-11 所示（画箭头的地方表示交换）。

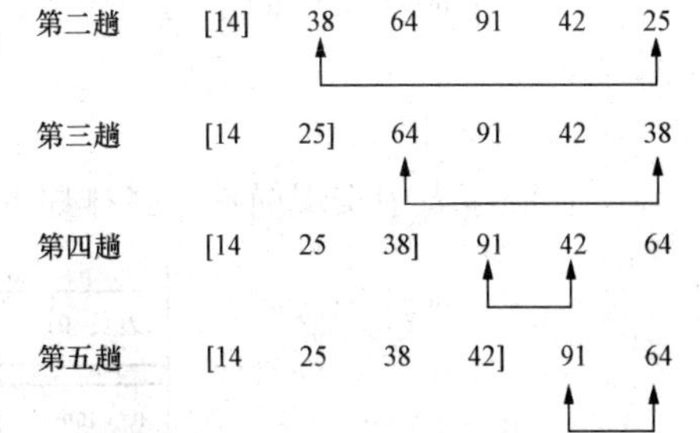

图 9-11 简单选择排序过程示意图

3. 冒泡排序

冒泡排序（bubble sort）是根据记录的关键字大小，将相邻两个记录进行交换来实现排序的。

例如，要将数据按照从小到大的顺序排序，则将关键字值较大的记录向序列的后部移动，关键字值较小的记录向前移动。在排序过程中，关键字值较小的记录经过与其他记录的对比交换，像水中的气泡向上冒出一样，移到序列的首部，故称此方法为冒泡排序法。

冒泡排序分向上冒和向下冒两种。假设采用向上冒来实现排序，其基本思路为（对 n 个数据进行从小到大排序）

（1）第一趟：让 j 依次取 n–1、n–2、…、1，每次将第 j 个记录的关键字与第 j–1 个记录的关键字比较，如果前者小于后者，则把第 j 个记录与第 j–1 个记录进行交换，否则不进行交换。经过这一趟比较和交换，关键字最小的记录就像最轻的气泡一样换到了最上面（即数组下标为 0 的位置上）。

（2）第二趟：让 j 依次取 n–1、n–2、…、2，重复上述的比较对换操作，最终数组下标为 1 的位置上存放的是剩余的 n–1 条记录中最小的记录。

（3）依次类推，对 n 个数据进行排序，共需要进行 n–1 趟比较对换。

若有一组关键字（42，38，64，91，14，25），按从小到大进行排序，其排序过程如图 9-12 所示。图中画箭头的表示记录发生过交换，每一趟处理中均有一个最小的关键字浮上来，已排好序的关键字在一对方括号里面。当进行到第四趟时，可以发现在关键字的两两比较过程中，并未发生记录交换，表明关键字已经有序。因此没有必要进行下面第五趟处理，此时可以提前结束。

初始状态	第1趟	第2趟	第3趟	第4趟	最后结果
42	42	[14]	[14]	[14]	[14]
38	38	42	[25]	25	25
64	64	38	42	[38]	38
91	91	64	38	42	42
14	14	91	64	64	64
25	25	25	91	91	[91]

图 9-12 冒泡排序过程示意图

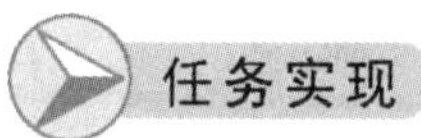

1. 分析

用两重循环实现简单选择排序。外层循环控制排序的趟数，内层循环进行元素的比较和移动。

2. 流程图

在顺序表中实现简单选择排序的 select_sort 函数的流程图如图 9-13 所示。

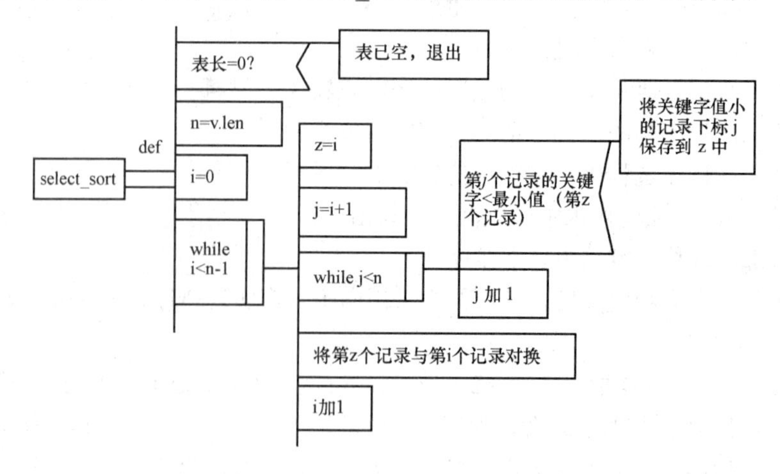

图 9-13 顺序表中简单选择排序的流程图

3. 源程序

顺序表中数据的存储结构与任务 9.1 相同。实现简单选择排序的 select_sort 函数及 main 函数如下：

```
void select_sort( )
{
   int i,j,z;
   int n;
   Elemtype x;
   if(v.len==0)
   {
       printf("表已空!\n");
       return;
   }
   n=v.len;
   for( i=0;i<n-1;i++)              /*  外层循环为 n-1 次 */
   {
      z=i;
      for(j=i+1;j<n;j++)
         if( v.elem[j]< v.elem[z] )
            z=j;                    /* 记下待排序序列中最小关键字的记录序号*/
      x=v.elem[i];
      v.elem[i]=v.elem[z];
      v.elem[z]=x;                  /* 将当前序列中最小关键字记录与第 i 条记录交换 */
   }
   printf("简单选择排序成功!\n");
}

void main()
{
   v.len=0;                         /*顺序表初始化,即将顺序表的表长置为 0  */
   create();
   output();
   select_sort();
   output();
}
```

4. 运行结果

运行结果如图 9-14 所示。

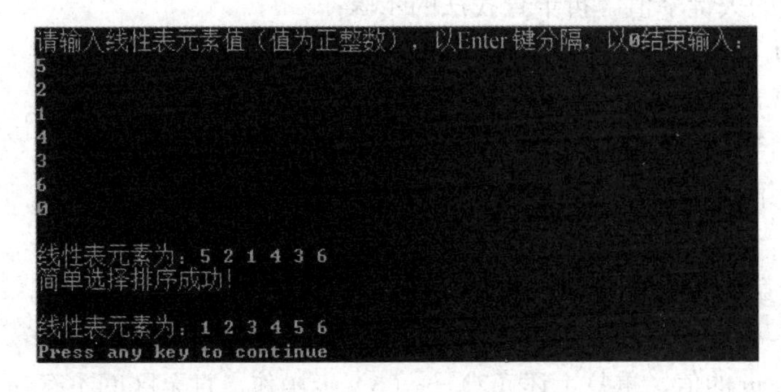

图 9-14　任务 9.4 的运行结果

任务拓展

运用冒泡排序法完成同样的任务。

提 示

用两重循环实现冒泡排序。外层循环控制排序的趟数，内层循环进行元素的两两比较和交换。可设置 tag 值来判断有无进行交换，若某一趟未进行交换操作，就表明此时待排序记录序列已经成为有序序列，可以提前结束排序。运行结果参考图 9-14。

应 用 任 务 9.5

在已排序的顺序表中，运用折半查找法查找某个元素值。所需查找的元素值由键盘输入，并在屏幕中输出查找的结果（成功或失败）。

预备知识

对有序顺序表可以采用折半查找（binary search）的方法。折半查找又称二分查找，它不像顺序查找那样，从第 1 个记录开始逐个顺序搜索，而是每次把要找的给定值 k 与中间位置记录的关键字值进行比较。比较后有三种可能的结果：

（1）若相等，则表明查找成功，结束查找。

（2）若 k 小于中间位置记录的关键字值，由于各记录的关键字值是由小到大排列的，因此，如果要查找的记录存在，则必定在有序表的左半部分。于是，对左半部分继续使用折半查找进行搜索，但搜索区间缩小了一半。

（3）若 k 大于中间位置记录的关键字值，如果要查找的记录存在，则必定在有序表的右半部分。于是，对右半部分继续使用折半查找进行搜索，搜索区间也缩小了一半。

这样在查找过程中，搜索区间不断对分并以指数级缩小，因而查找速度明显快于顺序查找。

任务实现

1. 分析

设有序顺序表的表长为 n，low、high 和 m 分别指向数据区间的下界、上界和中间位置，k 为给定需要查找的关键字值。折半查找法的步骤：

（1）令 low=0，high=n−1，计算 m=（low+high）/2。

（2）让 k 与第 m 个数据记录的关键字值进行比较。

（3）若结果相等，则查找成功，结束查找。

（4）若 k 小于第 m 个数据记录的关键字值，则 k 应该在区间的左半部，调整 high 的取值，使 high=m−1。

（5）若 k 大于第 m 个数据记录的关键字值，则 k 应该在区间的右半部，调整 low 的取值，使 low=m+1。

（6）重新计算 m 的值，重复上述（2）～（5）步操作，直至区间不存在（low>high）时，表明查找失败。

若有一组关键字（5，12，31，43，47，73，81，101），要查找的值 k=73，其折半查找过程如图 9-15 所示。开始时，low=0、high=7、m=[（0+7）/2]=3，由于 k 大于中间记录的关键字值 43，所以下一步查找的区间必定在右半部。调整 low=4，重新计算 m=[（4+7）/2]=5，此时中间记录的关键字值 73 正是我们要查找的 k，所以查找成功，所找到的记录序号为 5。

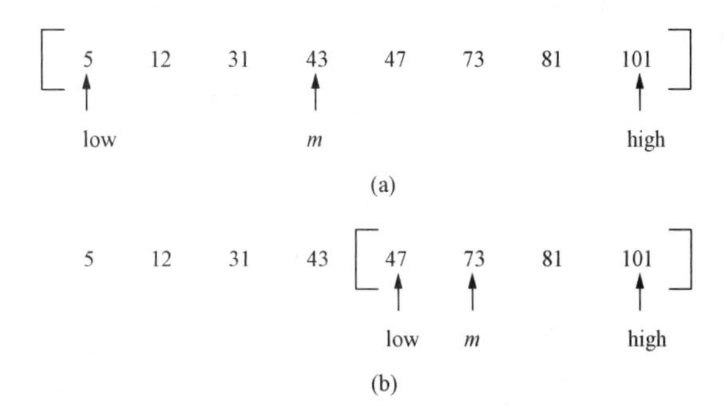

图 9-15　折半查找过程示意图

（a）第 1 次查找；（b）第 2 次查找

2. 流程图

有序顺序表中进行折半查找的 search_binary 函数的流程图如图 9-16 所示。

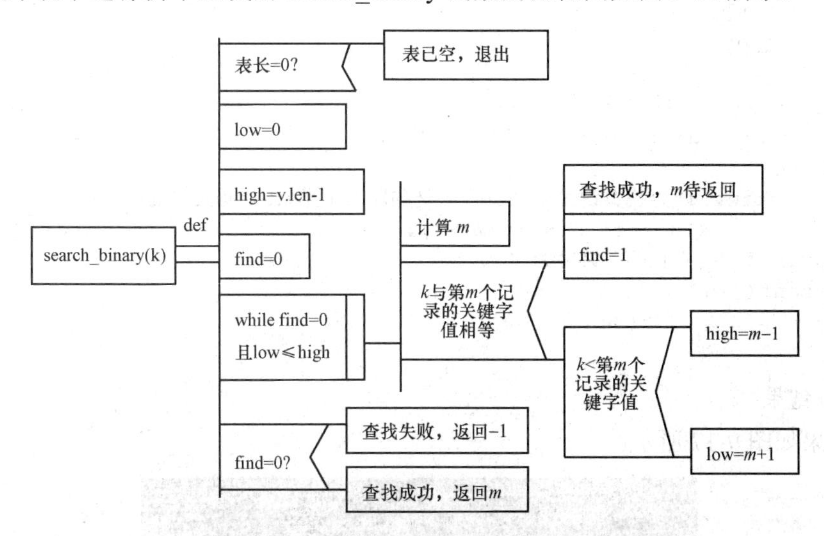

图 9-16　有序顺序表中折半查找的流程图

3. 源程序

顺序表中数据的存储结构与任务 9.1 相同。实现折半查找的 search_binary 函数及主函数如下：

```
int  search_binary(int  k)
{
   int m,low,high,find;
   low=0;
   high=v.len-1;
```

```
    find=0;
    while( find==0 && low<=high )
    {
        m=(low+high)/2;
        if( k==v.elem[m])
            find=1;
        else if( k<v.elem[m] )
            high=m-1;
        else
            low=m+1;
    }
    return((find==0)? -1 : m );
}

void main()
{
    int x;
    v.len=0;                    /*顺序表初始化,即将顺序表的表长置为 0  */
    create();
    output();
    select_sort();              /*先排序,然后才能进行折半查找  */
    output();
    printf("请输入待查找的关键字,输入 0 结束查找:");
    scanf("%d",&x);
    while(x!=0)
    {
        if(search_binary(x)==-1)
            printf("查找关键字%d 失败!\n",x);
        else
            printf("查找关键字%d 成功!它是顺序表中第%d 个元素!\n"
                ,x,search_binary(x)+1);
        printf("待查找的关键字为:");
        scanf("%d",&x);
    }
}
```

4. 运行结果

运行结果如图 9-17 所示。

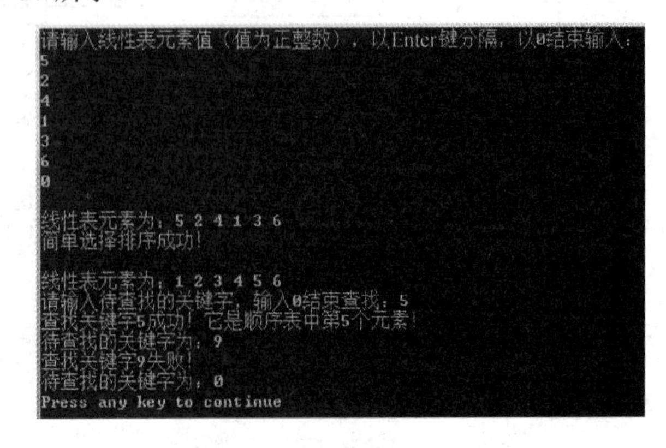

图 9-17 任务 9.5 的运行结果

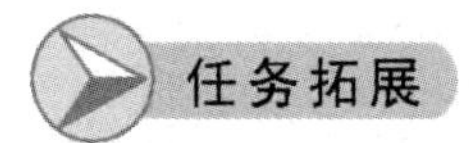

请读者用递归方法改写折半查找算法。

实 训

【实训目的】

（1）掌握线性表的定义。

（2）掌握线性表的存储和文件读写。

（3）掌握线性表的排序方法。

【实训要求】

（1）根据题目要求绘制程序流程图。

（2）编写源程序。

（3）上机调试程序。

（4）撰写实验报告。

【实训内容】

【A 类】从数据文件 mydata1.dat 中读入学生的学号、姓名、课程号、课程名、成绩，存储在顺序线性表中，并按学号由小到大排序，并将排序的结果存储在另一个文件 mydata2.dat 中。（学号、课程号可设为整型）

【B 类】从数据文件 mydata1.dat 中读入学生的学号、姓名、课程号、课程名、成绩，存储在顺序线性表中，并按课程号由小到大排序，对于相同课程，成绩由高到低排序，并将排序结果存储在另一个文件 mydata3.dat 中。

第10章　指　　针

【知识点】

（1）指针和指针变量的概念。

（2）指针变量的定义、赋值及其运算。

（3）指针与数组、字符串。

（4）指针与结构体。

【能力点】

（1）调试程序的能力。

（2）阅读和编写简单程序的能力。

（3）流程图的绘制能力。

应用任务 10.1

定义一个整型指针，并将该指针指向一个整型变量，从键盘输入一个整数，屏幕输出指针内容和指针值。

预备知识

1. 指针的概念

在计算机中，所有的数据都是存放在内存中。一般把内存的一个字节称为一个内存单元，为了正确地访问这些内存单元，系统为每个内存单元编了号，内存单元的编号称为内存地址，简称地址，在C语言中，地址被形象地称为指针，一般用十六进制数表示。

定义一个变量后，系统会给该变量分配一定数目的连续内存单元，如char型变量占有1个内存单元，int型变量占2个内存单元，float型变量占4个内存单元，把变量分配到的连续内存单元的首个内存单元的地址称为变量的地址。

例如，在程序中，如果定义了如下的整型变量：

```
int x,y;
```

假设x变量的地址为20A0，y变量的地址为20A2，若程序中有如下语句：

```
x=12;y=20;
```

则系统实际上就把12存储到地址为20A0开始的两个连续内存单元中，把20存储到地址为20A2开始的两个连续内存单元中，变量x和y在内存中的情况如图10-1所示。

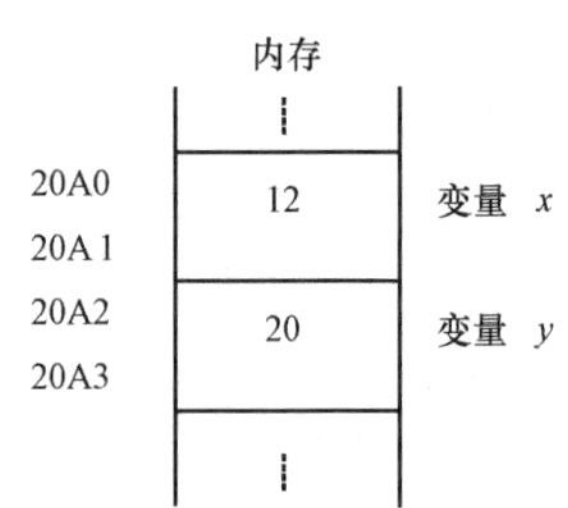

图10-1　变量在内存中的情况

所以，一个变量包含两个概念：①变量地址:即变量得到的连续内存单元的首个内存单元地址；②变量的值：存储在内存中的数据值。也就是说，变量地址和变量的值是一个变量的两个完全不同的概念。

2. 指针变量的定义

如果一个变量的值为地址，则称该变量为指针变量，指针变量的定义形式为

类型标识符　*指针变量名;

这里做两点说明：

（1）类型标识符是基本数据类型或声明过的数据类型。

（2）指针变量名是合法的标识符。

3. 指针变量的赋值

由于指针变量的值是地址值，所以凡是地址值就能赋给相应类型的指针变量，其一般形式如下：

指针变量名=地址值;

这里也需要做几点说明：

（1）通过取地址运算符“&”获取一个变量的地址后赋给对应类型的指针变量，例如程序中有如下代码：

```
int x=2,*p;
p=&x;
```

则 p 是一个指针变量，p 的值是 *x* 变量的地址。

（2）由于数组名是地址常量，所以数组名可直接赋给对应类型的指针变量，例如程序中有如下代码：

```
int x[5],*p;
p=x;
```

则 p 是一个指针变量，p 的值是数组 *x* 的首地址。

（3）一类指针变量只能存储相同类型变量的地址，例如在程序中有如下代码：

```
int x=2;
float *p;
p=&x;
```

则会出现编译错误。

（4）一个指针变量存储一个变量的地址，常称该指针变量指向该变量。

（5）可以把符号常量 NULL（NULL 在头文件 stdio.h 中有定义）赋给任意类型的指针变量，此时称该指针变量的值为空或称该指针变量指向空。注意：“p 的值为 NULL”与“未给 p 赋值”是两个完全不同的概念。指针变量未赋值时，可以是任意值，如使用该任意值，将造成意外错误。而指针变量赋 NULL 值后，可以使用，只是它不指向具体的变量而已。

（6）通常不允许直接把一个数值赋给指针变量。因此，下面的赋值是错误的：

```
int *p;
p = 1000;(错误)
```

4. 指针运算符“*”

指针运算符“*”，也称“间接访问”运算符，其运算规则是获取指针所指向的内存中的值，代码如下：

```
int x=2,*p;
p=&x;
printf("%d",*p);
```

则输出值为2，*p等同于*x*变量。

5. 指针值和指针内容

指针值是指针所指内存单元的地址，如 p或&x，指针内容是指针所指内存单元存放的数据，如 *p或*x*。

任务实现

1. 分析

根据应用任务10.1的要求，首先定义两个变量，其中一个为指针变量，如int a，*p，由于指针变量只能指向同类型的变量，故它们的类型都应为整型。然后可用scanf函数从键盘输入一个整数，并把变量a的地址赋给对应的指针变量，即p=&a。最后输出*p和p的值，即为指针内容和指针值。

2. 流程图

应用任务10.1的程序流程图如图10-2所示。

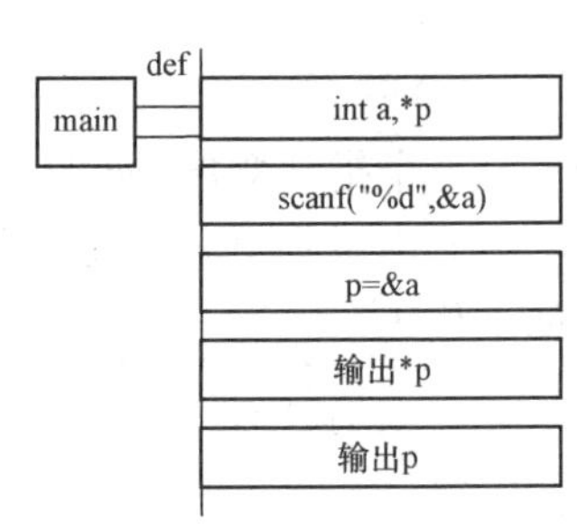

图10-2 应用任务10.1程序流程图

3. 源程序

```
#include "stdio.h"
void main()
{
int a,*p;                         //p为指针变量
printf("请输入一个整数:");
scanf("%d",&a);
p=&a;                             //指针指向a变量
printf("指针内容为:%d\n",*p);
printf("指针值为:  %ld\n",p);
}
```

4. 运行结果

如输入一个整数12，其运行结果如图10-3所示。

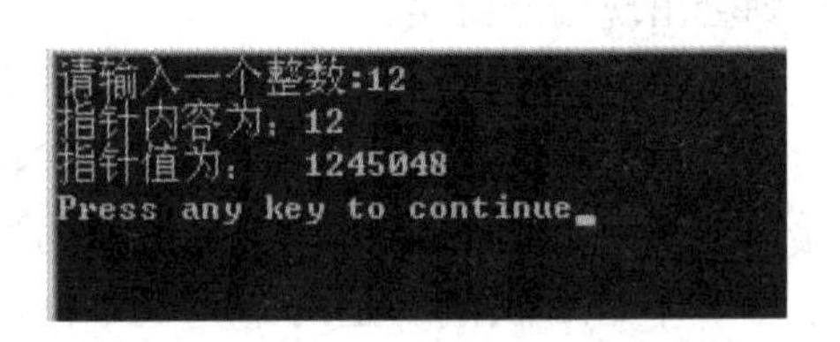

图10-3 应用任务10.1的运行结果

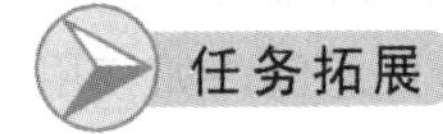

任务拓展

定义一个实型指针，并将该指针指向一个实型变量，从键盘输入一个实数，屏幕输出指针内容和指针值。

应用任务 10.2

定义一个整型指针，并将该指针指向一个整型数组（已初始化），则：①屏幕输出当前指针内容和当前指针值；②将指针向后移动一个单元，屏幕输出指针内容和指针值；③用指针输出数组中的所有内容。

预备知识

因为指针变量也是一个变量，所以也能进行某些运算，但由于其值是地址值，故运算的种类是很有限的，例如指针变量参与乘法或除法运算就没有任何意义。下面阐述一些有关指针变量的常用运算。

1. 指针变量加减一个整数

例如，程序中有如下代码：

```
int  a[3]={12,20,15},*pa;
pa = a;
pa = pa + 2;
printf("%d",*pa);
```

则输出值为“15”，而不是 20，分析其原因：假设数组 a 在内存的分配情况如图 10-4 所示，pa=a 语句即把数组 a 的首地址赋给 pa，pa 变量的值即为 20A0，pa=pa+2 其执行的实际情况是把 20A0+2*int 型所占字节数=20A0+2*2=20A4 赋给 pa（这种运算规则是 C 语言的规定），此时 pa 指向 a[2]这个元素，所以输出值为 15。

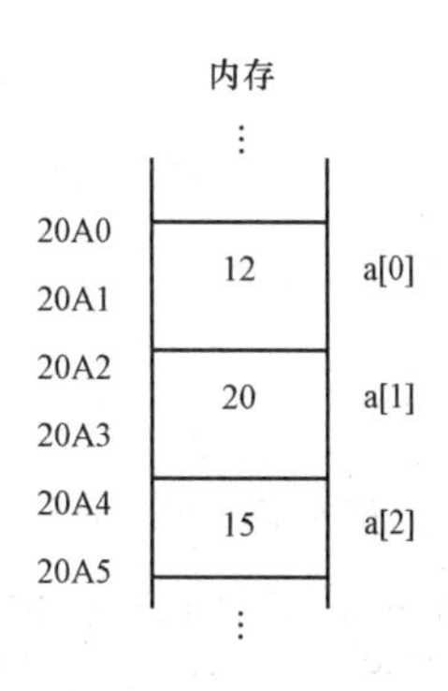

图 10-4 数组 a 在内存中的示意图

指针变量加减一个整数，一般用于数组与字符串数据等，在运算时要避免地址的溢出现象。

2. 两个指针变量间的减法运算

两个指针变量间的减法运算一般用于指向同一个数组，相减所得之差是两个指针所指数组元素之间相差的元素个数。

例如，若 p1 指向 a[1]，p2 指向 a[5]，则 p2−p1=5−1=4。

注 意

p1+p2 并无任何实际意义。

任务实现

1. 分析

根据应用任务 10.2 的要求，定义一个指针变量 p 指向数组 a（已初始化），并通过指针的移动输出指针值和指针内容，所以在定义指针变量时，要求类型与数组类型相同，如：int a[5]={3，6，2，10，7}，*p。由于数组名是数组所占内存单元的起始地址，所以可以赋给指针变量，如 p=a，此时指针变量指向数组的首元素。根据数组元素在内存中连续存储性及指针的运算规则，p++指向数组的下一个元素，p— 指向数组的上一个元素，所以可以通过指针的加减运算来改变指针变量的指向，再利用指针运算符“*”可输出数组元素的值。

2. 流程图

应用任务 10.2 的程序流程图如图 10-5 所示。

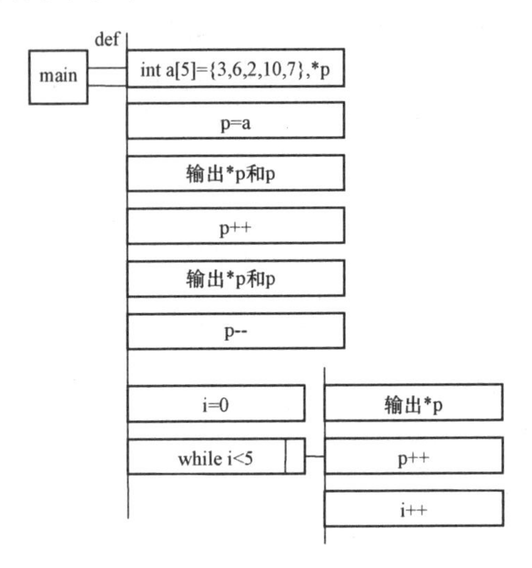

图 10-5 应用任务 10.2 程序流程图

3. 源程序

```
#include "stdio.h"
void main()
{
    int a[5]={3,6,2,10,7},*p;
    p=a;
    printf("指针内容及当前的指针值分别为:%d,%ld\n",*p,p);
    p++;
    printf("指针向后移单元后的内容及指针值分别为:%d,%ld\n",*p,p);
    p--;
    printf("用指针输出数组中的内容为:");
    for(int i=0;i<5;i++)
        printf("%d,",*p++);
    printf("\n");
}
```

4. 运行结果

运行应用任务 10.2 的源程序，其运行结果如图 10-6 所示。

```
指针内容及当前的指针值分别为: 3,1245036
指针向后移单元后的内容及指针值分别为: 6,1245040
用指针输出数组中的内容为: 3,6,2,10,7,
Press any key to continue
```

图 10-6 应用任务 10.2 的运行结果

说明：程序中，指针 p++，是 p 指向下一个单元，而不是增加 1。程序中，p 的值实际上由 1245036 增加到 1245040，增加了 4。

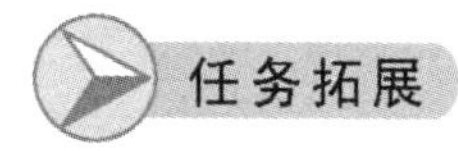

任务拓展

定义一个实型指针，并将该指针指向一个实型数组，完成上述任务。

应 用 任 务 10.3

定义一个字符指针，并将该指针指向一个字符数组，键盘输入 10 个字符，并在屏幕上输出。

任务实现

1. 分析

应用任务 10.3 要求定义一个指针变量指向一个字符数组（字符从键盘输入），所以在定义指针变量时，要求类型为 char，如 char c[10]，*p。由于指针变量的值本身是地址值，所以利用 scanf 函数时，可直接利用指针变量的值，如 scanf（"%c"，p+i），对地址值的改变可利用指针变量的加减运算来实现。

2. 流程图

应用任务 10.3 的程序流程图如图 10-7 所示。

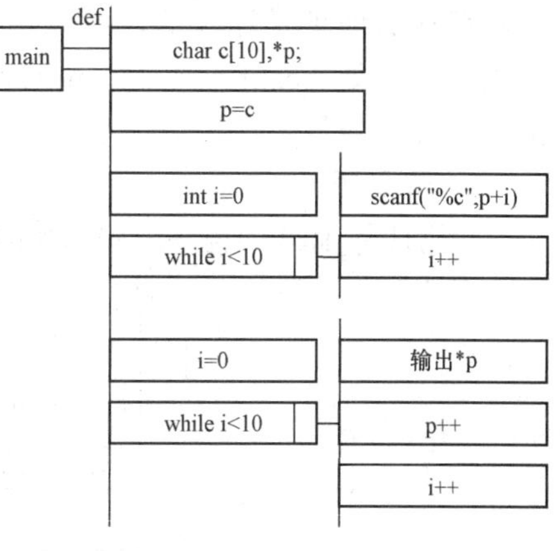

图 10-7　应用任务 10.3 程序流程图

3. 源程序

```
#include "stdio.h"
void main()
{
    char c[10],*p;
    int i;
    p=c;
    printf("请输入 10 个字符:");
    for(i=0;i<10;i++)
        scanf("%c",p+i);
    printf("输出:");
    for(i=0;i<10;i++)
        printf("%c",*p++);
    printf("\n");
}
```

4. 运行结果

运行应用任务 10.3 的源程序，其运行结果如图 10-8 所示。

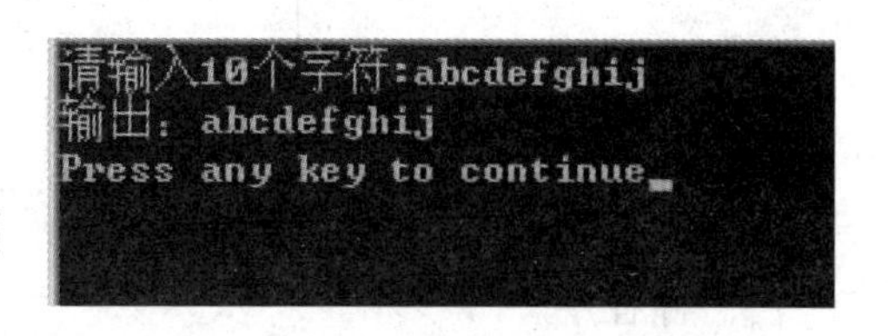

图 10-8　应用任务 10.3 的运行结果

任务拓展

定义一个字符指针，并将该指针指向一个字符数组，键盘输入一个字符串，并在屏幕上输出。

实现提示：

（1）由于字符串长度不定，所以建议定义一个符号常量，再利用该符号常量决定字符数组的元素个数，如：

```
# define N 100
char c[N];
```

（2）因为字符串长度不定，所以建议使用 while 循环，循环结束的条件是遇到字符串结束符'\0'。

应 用 任 务 10.4

定义一个整型指针，并将该指针指向一个（4×3）二维整型数组，键盘输入 12 个整数，并在屏幕上输出。

任务实现

1. 分析

应用任务 10.4 要求定义一个指针变量指向（4×3）二维整型数组（数据从键盘输入），所以在定义指针变量时，要求类型为整型，如 int a[4][3]，*p。由于二维数组元素的内存存储地址是连续的，所以用 scanf 函数时，可直接利用指针变量的值，无需考虑行的变化，如 scanf（"%d"，p+i），但在输出时因要考虑输出的形式，故要考虑行的变化。

2. 流程图

应用任务 10.4 的程序流程图如图 10-9 所示。

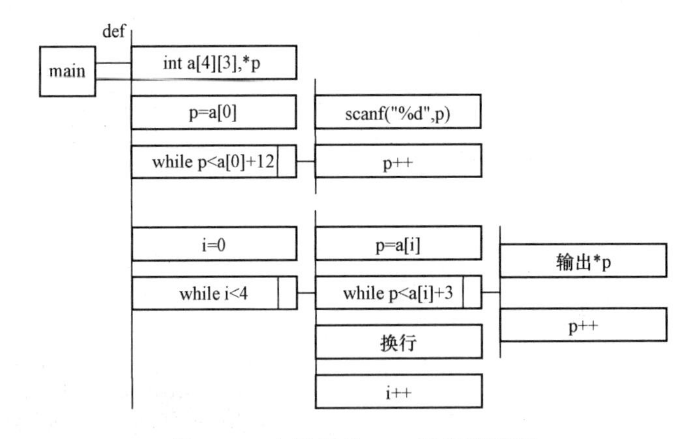

图 10-9　应用任务 10.4 程序流程图

3. 源程序

```
#include "stdio.h"
void main()
{
    int i,a[4][3],*p;
    printf("请输入二维整型数组(4×3)的 12 个整数:");
    for(p=a[0];p<a[0]+12;p++)
        scanf("%d",p);
    printf("\n 该二维整型数组为\n");
```

```
    for(i=0;i<4;i++)
    {
        for(p=a[i];p<a[i]+3;p++)
            printf("%4d",*p);
        printf("\n");
    }
}
```

4. 运行结果

运行应用任务10.4的源程序，其运行结果如图10-10所示。

图10-10　应用任务10.4的运行结果

任务拓展

求两个 $m \times n$ 矩阵和，要求：

（1）m、n 由键盘输入。

（2）输入矩阵的元素值时同样不允许用循环嵌套，输出不做此限制。

（3）矩阵输出需在屏幕上分行显示。

实现提示：利用数组地址的连续性和指针的运算。

应用任务10.5

定义一个整型指针，动态分配一个整型单元，键盘输入一个整数，并在屏幕上输出，然后释放该单元。

预备知识

前面的章节都是通过定义变量或数组来获取内存单元的，实际上还可以通过malloc函数来获取连续的内存单元。

1. malloc函数的原型

函数原型：`void *malloc( unsigned int  size );`

在Turb0 C2.0中，malloc函数在头文件malloc.h或 alloc.h中声明 ，在Visual C++ 6.0中，malloc函数在头文件malloc.h或者stdlib.h中声明。在使用malloc函数前，一定要先引入对应的头文件，否则C编译系统无法识别该函数。

2. malloc函数的功能

功能：在内存的动态存储区中分配一块长度为size字节的连续区域。

函数的返回值：如果成功，返回所分配内存区域的首地址，否则，返回空NULL。

3. malloc 函数的调用形式

```
(类型说明符*)malloc(size)
```

（类型说明符*）表示把返回值强制转换为该类型指针；size 是一个无符号数，表示字节数。

例如

```
long *p;
p=(long *)malloc(4)
```

为了方便计算一种数据类型所需的字节数，可以使用关键字 sizeof（注意，sizeof 不是函数），其使用形式如下：

```
sizeof(数据类型名)
```

例如

```
p=(long *)malloc(sizeof(long))
```

则能从动态存储区中获取4B的内存。

4. free 函数的调用形式

```
free(指针)
```

例如

```
free(p);
```

其功能是释放由指针 p 所指的由 malloc()函数动态分配的内存单元，归还给系统。

任务实现

1. 分析

应用任务 10.5 要求定义一个整型指针，动态分配一个整型单元，键盘输入一个整数，并在屏幕上输出，所以可利用 malloc 函数申请一定字节数据的内存单元，内存单元的起始地址可用指针变量来存储，如 p=（int *）malloc（sizeof（int））；最后利用指针变量来输出该起始地址的内存单元值。

2. 流程图

应用任务 10.5 的程序流程图如图 10-11 所示。

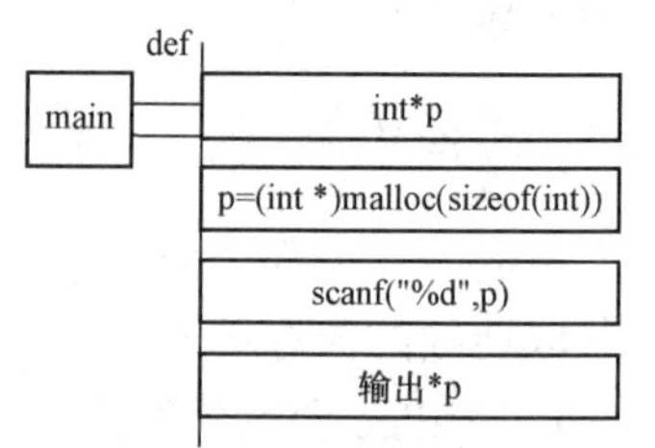

图 10-11 应用任务 10.5 程序流程图

3. 源程序

```
#include "stdio.h"
#include "malloc.h"
void main()
{
    int *p;
    p=(int *)malloc(sizeof(int));
    printf("请输入一个整数:");
    scanf("%d",p);
    printf("\n 输入的整数为:%d\n",*p);
    free(p);
}
```

4. 运行结果

运行应用任务 10.5 的源程序，如输入“12”，其运行结果如图 10-12 所示。

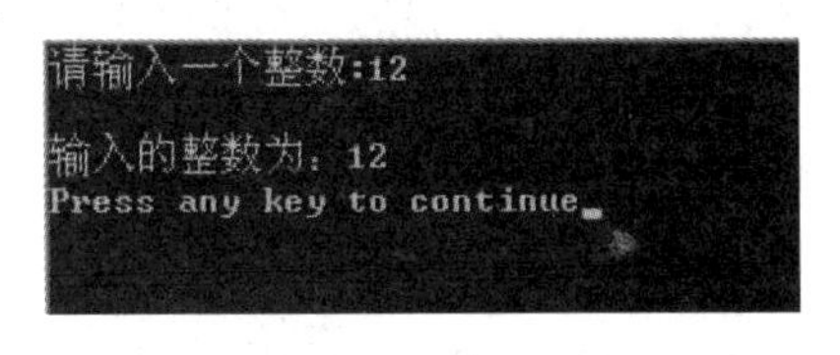

图 10-12　应用任务 10.5 的运行结果

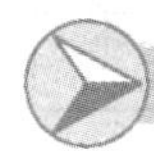

任务拓展

从键盘输入一个正整数 *n*，然后输入 *n* 个字符存入内存（要求不用字符数组），然后按倒序输出这 *n* 个字符。

实现提示：定义 1 个字符指针变量，指向用 malloc 函数申请到 *n* 个字节的内存单元的首地址，输出完成后再释放指针所指单元。

应 用 任 务 10.6

定义一个包含年、月、日的结构体类型以及该类型的指针，动态分配一个结构体单元，键盘输入年、月、日三个整数，并在屏幕上输出“某年某月某日”。

预备知识

1. 指向结构体的指针变量的定义

当指针变量的类型是结构体时，该指针变量能存储结构体的内存起始地址，指向结构体的指针变量定义的一般形式如下：

```
struct  结构体名   *指针变量名;
```

当利用 malloc 函数申请结构体长度的内存单元时，可直接把 malloc 函数的返回值赋给结构体类型的指针变量，则该指针变量来管理该块内存单元。malloc 函数申请结构体的内存单元并赋给指针变量的一般形式如下：

```
struct 结构体名 *指针变量名;
指针变量名=(struct 结构体名 *)malloc(sizeof(struct 结构体名));
```

2. 利用指针变量引用结构体的成员

指针变量引用结构体成员有以下两种形式：

形式一：(*指针变量名).成员名;

形式二：指针变量名->成员名;

任务实现

1. 分析

应用任务 10.6 的要求：动态分配内存来存储结构体的数据，并用指针变量来引用结构中的成员，所以首先定义一个结构体类型，然后用该结构体类型定义一个指针变量，利用 malloc 函数申请动态内存单元，内存单元的数目由 sizeof（struct 结构体名）来获取，把 malloc 函数的返回值赋给指针变量，最后通过指针变量引用结构体中的成员。

2. 流程图

应用任务 10.6 的流程图如图 10-13 所示。

def

main

Date *p(在定义main前先定义结构类型Date)

p=(struct Date *)malloc(sizeof(struct Date))

输入：p->year、p->month、p->day

输出：p->year、p->month、p->day

图 10-13　应用任务 10.6 程序流程图

3. 源程序

```
#include "stdio.h"
#include "malloc.h"
struct  Date
{
    int year;
    int month;
    int day;
};
void main()
{
    Date *p;
    p=(struct Date *)malloc(sizeof(struct Date));
    printf("请输入三个整数,分别表示年 月 日:");
    scanf("%d %d %d",&p->year,&p->month,&p->day);
    printf("%d 年%d 月%d 日\n",p->year,p->month,p->day);
    free(p);
}
```

4. 运行结果

运行应用任务 10.6 的源程序，如输入“2013　12　31”，其运行结果如图 10-14 所示。

图 10-14　应用任务 10.6 的运行结果

从键盘输入一个正整数 n，然后输入 n 个学生的出生日期存入内存（不允许使用结构体数组，所需内存单元通过定义结构体指针后动态分配），然后从内存读取后在屏幕上显示。

实　训

【实训目的】

（1）掌握指针的概念，指针变量的定义、引用。

（2）掌握指针变量运算的应用。

（3）掌握结构体的定义及引用。

（4）掌握 malloc 函数的引用。

（5）具备分析简单问题并进行设计的能力。

（6）具备根据分析和设计进行编写程序的能力。

【实训要求】

（1）根据题目要求绘制程序流程图。

（2）编写源程序。

（3）上机调试程序。

（4）撰写实验报告。

【实训内容】

（1）（A类）定义一个整型指针，指向一个一维整型数组，从键盘输入10个整数，用冒泡排序法将输入的整数由小到大排列（必须用指针访问数组单元），并在屏幕上输出排序结果。

（2）（B类）定义一个（4×5）二维表，表的每一个单元格存放一个字符串。键盘分行输入若干字符串，每个字符串用逗号隔开。要求在屏幕上以表格形式输出该二维表（每一列的宽度按该列最长字符串计算，必须用指针访问数组单元，数组单元中存放字符串的空间可动态分配，最多可放40个字符）。

输入：

```
cat,dog,good-luck,,happy
1,2,5,16,32
do not use,,that,right,student
date,,year,month,day
```

图10-15　程序运行效果图

屏幕输出形式如图10-15所示。

实现提示：定义一个数组存储每行每列的字符数，然后统计出每列的宽度，输出时字符数达不到列宽时补空格。

第11章 链　表

【知识点】

（1）链表的基本概念。

（2）链表的建立和输出。

（3）链表结点的插入与删除。

（4）链接存储结构上的排序和查找。

【能力点】

（1）调试程序的能力。

（2）阅读和编写简单程序的能力。

（3）流程图的绘制能力。

应用任务 11.1

从键盘输入若干个正整数（以0结束输入），通过动态建立链表，存储所输入的整数，然后在屏幕上输出。

预备知识

1. 链表的定义

以前我们存放像多个学生这样的信息时，总是利用数组。但如果预先不能准确地把握学生人数时，就很难确定数组的大小。确定小了，学生数据存放不下；反之，则浪费内存空间。而且当学生留级、退学之后也不能把该元素占用的空间从数组中释放出来。

在应用任务10.5中，我们已经知道可以采用动态分配的办法为一个指针指向的变量分配内存空间。那么，当我们要存放多个学生信息时，可以每分配一块空间用来存放一个学生的数据，有多少个学生就可以申请分配多少块内存空间。而且不需要时，还可以用free函数释放所申请的空间。因此，用动态存储的方法可以很好地解决上述问题。

但是，与数组占用连续的内存区域不同，在使用动态存储方法时，申请分配的内存空间之间不一定是连续的。所以，不连续的内存空间之间必须用一种方法把它联系起来。由此，我们引入链表。

链表是一种物理存储单元上非连续、非顺序的存储结构，数据元素的逻辑顺序是通过链表中的指针链接次序实现的。链表中每一个元素称为结点。链表由一系列结点组成，结点可以在运行时动态生成。每个结点包括两个部分：一个是存储数据元素的数据域，另一个是存储下一个结点地址的指针域。

链表根据指针域的不同和结点构造链的方法不同，主要有单链表、单向循环链表、双向链表和双向循环链表等。每一种又有带附加头结点结构和不带附加头结点结构两种。附加头结点是指头指针所指的是不存放数据元素的结点。

2. 链表结点类型的定义和引用

要表示链表的结点，需定义一个结构体，用来保存单链表结点的数据，这个结构体中含有一个特殊的成员，该成员定义为指向该结构体本身的指针变量。

在单链表中，每个结点的数据域可以包含若干个数据项，而只有一个指针域，所以也称为线性链表。单链表结点的一般示意图如图 11-1 所示。

图 11-1　单链表的结点示意图

应用任务 11.1 中定义的结点类型如下：

```
typedef  struct  node
{
    int data;                  /*数据域*/
    struct node *next;         /*指针域*/
}Node;
```

结构体可以嵌套定义，不允许递归定义。但是 next 成员定义成指向自身的指针是允许的，*千万不可漏掉。

结点类型定义好之后，结点和结点之间怎么联系起来呢？联系的关键在于指针。

通过指针域可以实现结点与结点之间的联系。在第 1 个结点的指针域内存入第 2 个结点的首地址，在第 2 个结点的指针域内又存放第 3 个结点的首地址，依次类推，直到最后一个结点。最后一个结点因无后续结点连接，其指针域可赋值为 NULL。

图 11-2 是单链表（含有附加头结点）的示意图。图 11-2（a）是有（a_1、a_2、…、a_n）n 个数据结点的情况；图 11-2（b）是不含数据结点的情况。

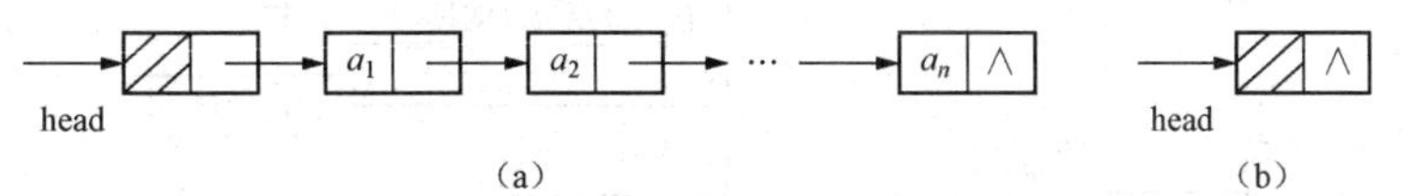

图 11-2　单链表（含有附加头结点）示意图

（a）有几个数据结点示意图；（b）不含数据结点示意图

在图 11-2 中，head 称为头指针，指向附加头结点。附加头结点的数据域可以存放链表中结点的个数，也可以闲置不作他用。后面的每个结点都分为两部分：一个是数据域，存放各种实际的数据，如学号 no、姓名 name 和成绩 score 等；另一个是指针域，存放下一个结点的首地址。

附加头结点的引入只是为了对链表的算法实现简单化，也可以不用附加头结点。图 11-3 是不含附加头结点的单链表的示意图。

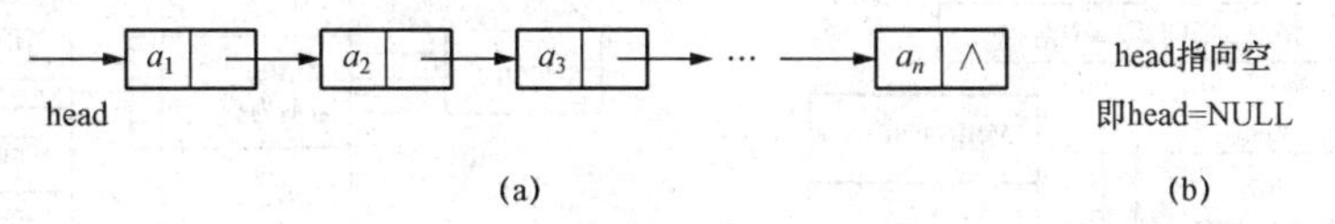

图 11-3　单链表（不含附加头结点）示意图

（a）有几个数据结点示意图；（b）不含数据结点示意图

从图11-3中可以看出，当不用附加头结点时，head指针的指向是变化的，可以为空（NULL），也可以指向元素 a_1。若要删除 a_1，则head指针又将指向 a_2。而从图11-2可发现，不管什么情况，head指针总是指向附加头结点。这也是我们在处理数据时一般都使用带头结点单链表的原因。

当有附加头结点时，单链表为空的条件是head->next == NULL。而无附加头结点时，单链表为空的条件是head== NULL。

从图11-2和图11-3不难看出，所有数据用“一根带方向的链”把它们联系在一起了，而head相当于链首，沿着head依次往下走，可以找到所有的元素。所以，在单链表中，头指针head是非常重要的，对单链表的各种操作都是从头指针开始的。

任务实现

1. 分析

建立链表就是在程序执行过程中，通过循环不断地开辟结点空间和输入结点数据，并建立起结点之间前后相链的关系。当输入的数据为0时，结束循环。

无论是带头结点的单链表，还是不带头结点的单链表，都可以通过头插法和尾插法来建立。头插法就是采用将新结点链到链首的方法来建立结点之间的链接关系；尾插法就是每次将新结点链到链尾。本任务利用头插法建立一个带附加头结点的单链表。

对链表结点的输出，要从第一个结点开始，依次遍历链表，直到最后一个结点为止。

对链表中的信息进行处理后，一般需释放链表所占的内存空间。该操作与输出链表信息类似，从附加头结点开始，依次释放结点空间，直到最后一个结点为止。

2. 流程图

create函数用来建立链表，其流程图如图11-4所示。

output函数用来输出链表，其流程图如图11-5所示。

term函数用来释放链表空间，其流程图如图11-6所示。

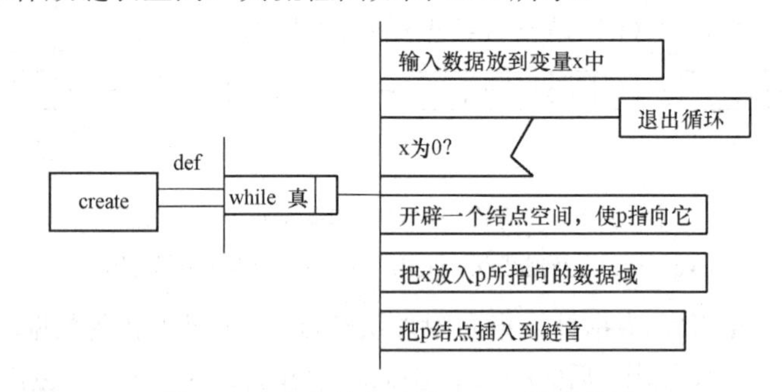

图11-4　建立链表函数create的流程图

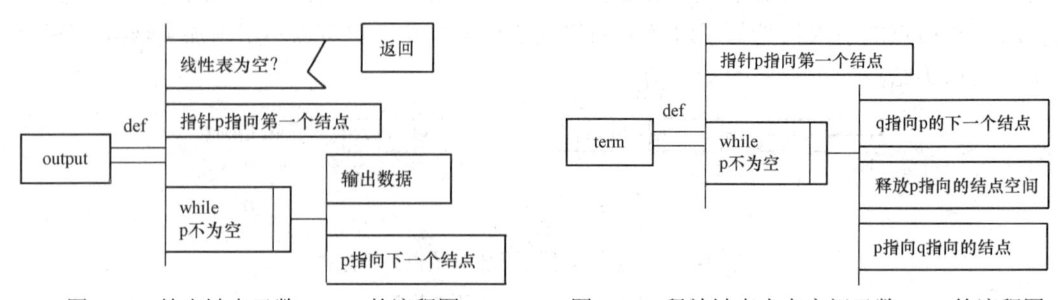

图11-5　输出链表函数output的流程图　　图11-6　释放链表内存空间函数term的流程图

3. 源程序

```
#include "stdio.h"
#include "malloc.h"

typedef  struct  node
{
   int  data;
   struct node  *next;
}Node;

void create( Node *head )
{
   Node *p;
   int  x;
   while( 1 )
   {
       printf( " 请输入一个正整数( 退出请输 0 ):" );
       scanf( "%d",&x );
       if( x == 0 )
          break;
       p =( Node *)malloc( sizeof( Node ));
       p->data = x;
       /* 插入 */
       p->next = head->next;
       head->next = p;
   } /* End of while(1)*/
}

void  output( Node  *h )
{
    Node *p;
    if(h->next==NULL)
    {
       printf( "链表为空。\n" );
       return;
    }
    printf("链表的元素为:" );
    p = h->next;
    while( p != NULL )
    {
       printf("%d  ",p->data );
       p = p->next;
    }
    printf( "\n" );
}

void  term( Node  *h )
{
    Node *p,*q;
    p = h;
    while( p != NULL )
    {
        q = p->next;
        free( p );
        p = q;
    }
}
```

```
void main( )
{
    Node  *head ;
    /* 生成带附加头结点的空链表 */
    head =( Node *)malloc( sizeof( Node ));
    if(head==NULL)
        return;
    head->next = NULL;
    create( head );  /* 建立有数据的链表 */
    output( head );  /* 输出链表 */
    term( head );    /* 释放链表的内存空间 */
}
```

4. 运行结果

运行结果如图 11-7 所示。

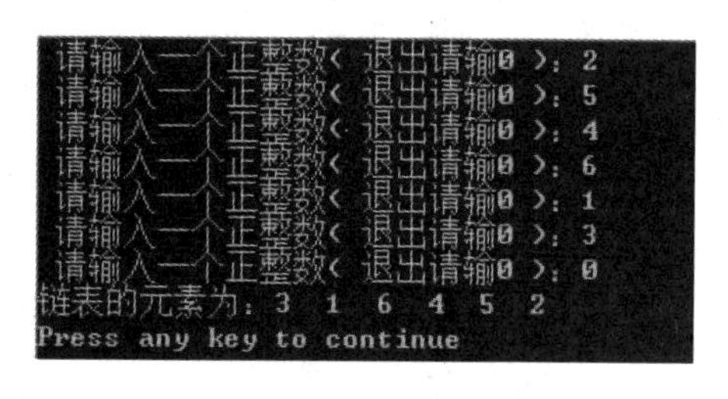

图 11-7 应用任务 11.1 的运行结果

任务拓展

建立不带头结点的链表完成上述任务。

提 示

(1) 用头插法建立无头结点的单链表。当用头插法插入元素时，首先要判断头指针是否为空，若为空，则直接将新结点的地址 p 赋给头指针 head，然后使新结点的 next 域指向空，即 head=p; p->next=NULL。若表中已经有元素了，则将新结点的 next 域指向首结点，然后将新结点的指针赋给 head，即 p->next=head; head=p。

(2) 用尾插法建立无头结点的单链表。当用尾插法插入元素时，首先设置一个尾指针 tail 以便随时指向最后一个结点，初始化 tail 和头指针一样，即 tail=head。插入元素时，首先判断链表是否为空，若为空，则直接将新结点的地址 p 赋给头指针 head，若不为空，则将最后一个结点的 next 域指向新结点，即 tail->next=p，然后将新结点的 next 域指向空，并且使 tail 指向新结点，即 p->next=NULL; tail=p。

不带头结点链表的输出与带头结点的链表类似，只需更改判断链表为空的条件即可。

请根据上述提示画出建立链表的流程图，并写出相应的源程序。

应 用 任 务 11.2

在已建立的链表中，由左向右开始搜索，如发现前驱元素大于后继元素，则停止搜索，并在两元素之间插入一个元素，元素值为 0。然后在屏幕上输出插入后的结果。

任务实现

1. 分析

应用任务 11.2 要求在链表中插入结点。不像在顺序表中插入新结点需要进行元素的大量移动，链表中结点的插入只需改变结点之间的链接关系即可。

在单链表的两指定结点（假设分别由指针变量 p、q 指示）之间插入新结点（由 r 指示）的方法很简单，插入过程如图 11-8 所示，只需使用如下的赋值语句就可以了。

```
r->next = q;
p->next = r;
```

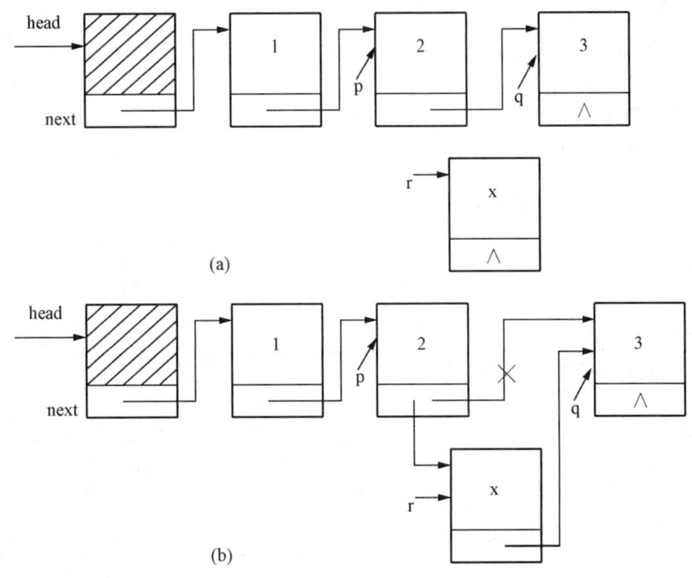

图 11-8　单链表结点的插入过程示意图

（a）插入前；（b）插入后

在应用任务 11.1 的基础上，通过调用 insert 函数来实现插入 0 元素的操作，使得 0 元素之前的结点有序。

2. 流程图

Insert 函数的流程图如图 11-9 所示。

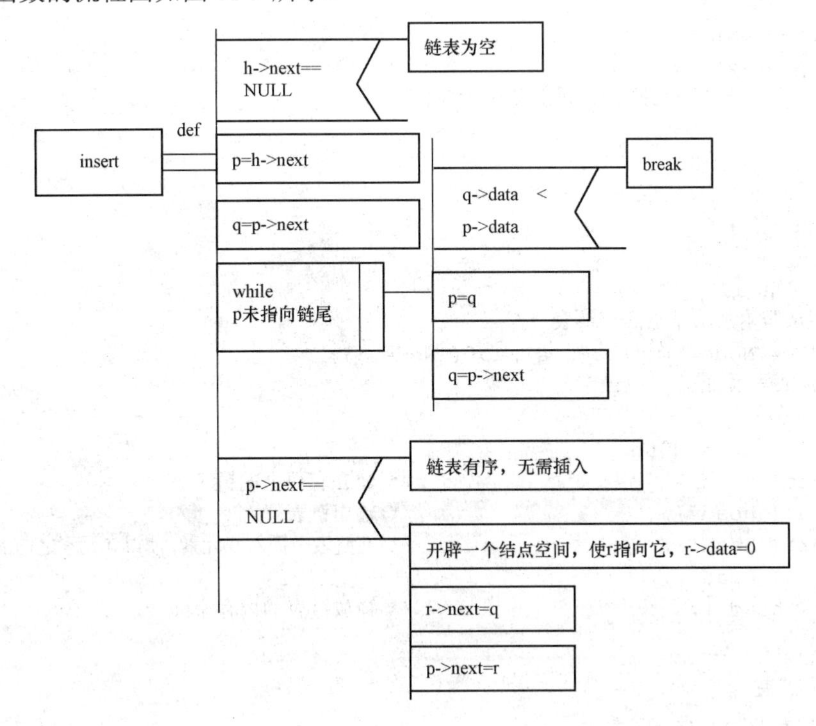

图 11-9　链表中插入 0 元素的流程图

3. 源程序

增加的 insert 函数及 main 函数如下：

```
void insert(Node *h)
{
    Node *p,*q,*r;
    if(h->next==NULL)
    {
      printf( "链表为空。\n" );
      return;
    }
    p=h->next;
    q=p->next;
    while(p->next!=NULL)
    {
        if(q->data<p->data)
            break;
        p=q;
        q=p->next;
    }
    if(p->next==NULL)/* 已经到链尾 */
        printf("链表已有序!\n");
    else
    {
        r=( Node *)malloc( sizeof( Node ));
        if(r==NULL)
            return;
        r->data=0;
        r->next=q;
        p->next=r;
        printf("成功插入 0 元素!\n");
    }
}

void  main( )
{
   Node  *head ;
   /* 生成带附加头结点的空链表 */
   head =( Node *)malloc( sizeof( Node ));
   if(head==NULL)
      return;
   head->next = NULL;
   create( head );                /* 建立有数据的链表 */
   output( head );                /* 输出链表 */
   insert( head );                /* 在链表中插入 0 元素,使得 0 元素之前的结点有序 */
   output( head );
   term( head );                  /* 释放链表的内存空间 */
}
```

4. 运行结果

运行结果如图 11-10 所示。

任务拓展

在完成上述任务的基础上继续搜索，并完成同样的任务，直到链表的表尾，并在屏幕中输出插入后的结果。

提 示

与应用任务 11.2 不同的是，插入 0 元素的操作需在每次遇到 q->data<p->data 的情况下进行。由此，0 元素可将顺序表分隔成若干有序的部分。

请读者根据上述提示画出 insert 函数的流程图，并写出相应的源程序。

运行结果如图 11-11 所示。

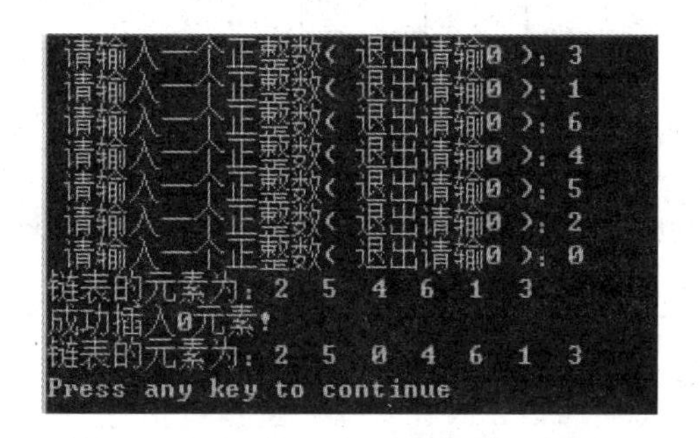

图 11-10　应用任务 11.2 的运行结果

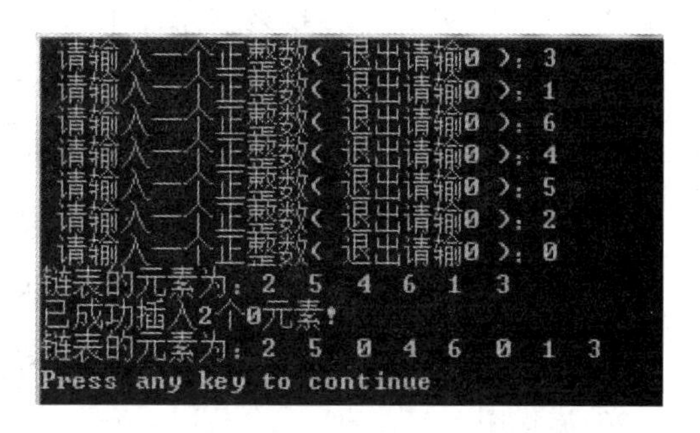

图 11-11　应用任务 11.2 拓展的运行结果

应 用 任 务 11.3

在刚插入的链表中，由左向右开始搜索，如发现元素值为 0，则停止搜索，并将该元素删除，然后在屏幕中输出删除后的结果。

预备知识

在第 9 章的任务里我们已经掌握了在顺序表中进行顺序查找和折半查找的技术。而在链接存储结构线性表（单链表）中，不管是数据有序还是数据无序，都只能采用顺序查找法，即只能从链表的第 1 个数据结点开始依次查找。

如果链表中的数据无序，则从链表的第 1 个数据结点开始，逐一检查链表中每个结点的值，直至找到要找的结点或者考察到了链表的末结点后仍未找到。

如果链表中的数据有序，则按顺序查找时，发现结点的值比要查找的值大（或小）时，就可提早得出结论了。

任务实现

1. 分析

应用任务 11.3 首先需要在链表中找到指定元素 0，然后将该结点删除。用 delete_data 函数来实现删除指定元素的操作。与在顺序表中删除结点不同，在链表中删除结点无需进行元素的移动，只需改变结点之间的链接关系即可。

假设结点 p 是结点 q 的前驱结点，则删除 q 所指示结点的操作如图 11-12 所示。在执行删除时，用 p->next = q->next；来修改指针的指向，然后再用语句 free（q）；来回收结点 q 所占用的空间。

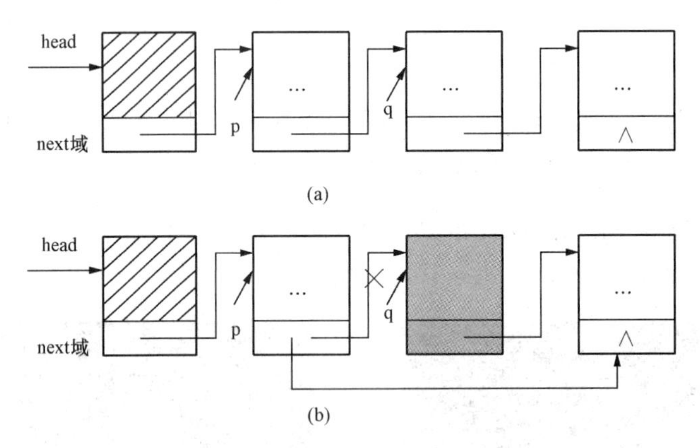

图 11-12　单链表结点的删除过程示意图

（a）删除前；（b）删除后

由此可见，在单链表中，为了删除一个结点，我们必须知道它的前驱结点。

2. 流程图

delete_data 函数的流程图如图 11-13 所示。

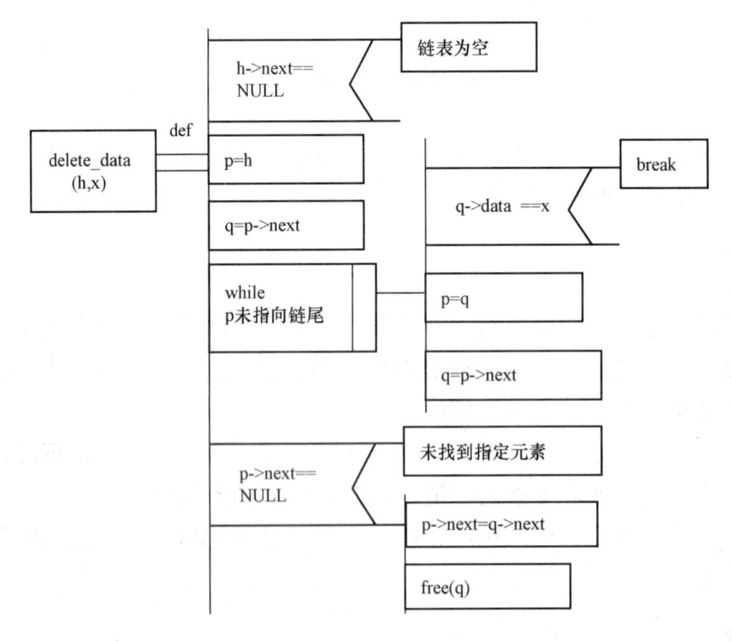

图 11-13　删除链表中指定元素的流程图

3. 源程序

增加的 delete_data 函数及 main 函数如下：

```
void delete_data(Node *h,int x)
{
   Node *p,*q;
   if(h->next==NULL)
   {
      printf( "链表为空。\n" );
      return;
   }
   p=h;
   q=p->next;
   while(p->next!=NULL)
   {
      if(q->data==x)
         break;
      p=q;
      q=p->next;
   }
   if(p->next==NULL)
      printf("链表中没有%d 元素!\n",x);
   else
   {
      p->next=q->next;
      free(q);
      printf("已成功删除第一个%d 元素!\n",x);
   }
}

void  main( )
{
   Node  *head ;
   /* 生成带附加头结点的空链表 */
   head =( Node *)malloc( sizeof( Node ));
   if(head==NULL)
      return;
   head->next = NULL;
   create( head );            /* 建立有数据的链表 */
   output( head );            /* 输出链表 */
   insert( head );            /* 在链表中插入 0 元素,使得 0 元素之前的结点有序 */
   output( head );
   delete_data(head,0);
   output( head );
   term( head );              /* 释放链表的内存空间 */
}
```

4. 运行结果

运行结果如图 11-14 所示。

```
请输入一个正整数( 退出请输0 ): 3
请输入一个正整数( 退出请输0 ): 1
请输入一个正整数( 退出请输0 ): 6
请输入一个正整数( 退出请输0 ): 4
请输入一个正整数( 退出请输0 ): 5
请输入一个正整数( 退出请输0 ): 2
请输入一个正整数( 退出请输0 ): 0
链表的元素为: 2 5 4 6 1 3
成功插入0元素!
链表的元素为: 2 5 0 4 6 1 3
已成功删除第一个0元素!
链表的元素为: 2 5 4 6 1 3
Press any key to continue
```

图 11-14　应用任务 11.3 的运行结果

任务拓展

在完成上述任务的基础上继续搜索，并完成同样的任务，直到链表的表尾，并在屏幕中输出删除后的结果。

提 示

与应用任务 11.3 不同的是，删除操作需在每次查找到指定值的情况下进行。当 p 指针未指向链尾时，判断 q->data 是否为 0（q 指针为 p 指针指向结点的后继结点指针），若为 0，则删除 q 指针所指向的结点，释放 q 指针指向的空间；接着 p 指针和 q 指针继续向链尾前进，直到 p 指针指向链尾为止。

请读者根据提示画出改写过的 delete_data 函数的流程图，并写出相应的源程序。

运行结果如图 11-15 所示。

```
请输入一个正整数( 退出请输0 ): 3
请输入一个正整数( 退出请输0 ): 1
请输入一个正整数( 退出请输0 ): 6
请输入一个正整数( 退出请输0 ): 4
请输入一个正整数( 退出请输0 ): 5
请输入一个正整数( 退出请输0 ): 2
请输入一个正整数( 退出请输0 ): 0
链表的元素为: 2 5 4 6 1 3
已成功插入2个0元素!
链表的元素为: 2 5 0 4 6 0 1 3
已成功删除2个0元素!
链表的元素为: 2 5 4 6 1 3
Press any key to continue
```

图 11-15　应用任务 11.3 拓展的运行结果

应用任务 11.4

在已建立的链表中，运用插入排序法按元素值由小到大排序，并在屏幕中输出排序后的结果。

预备知识

在链接存储结构（单链表）上的直接插入排序的最终结果就是把对象集合按关键码大小依次链接地存储在一个链表中。

链接存储结构（单链表）的直接插入排序算法首先将第 1 个记录看作只有一个记录的有序子序列，然后将第 2 个记录插入到该有序子序列中，再插入第 3 个记录……，直到插入最后一个记录为止。每趟插入，总是从链表的表头开始搜索适当的插入位置。

任务实现

1. 分析

图 11-16 给出了链接存储结构（单链表）的直接插入排序算法的示例图。图中，t 指向本次排序过程所处理的对象，s 指向下一次要处理的对象。排序过程分成两步：第 1 步寻找插入位置，第 2 步完成插入过程。寻找插入位置过程中用到 u 和 v 指针，插入到 u 指向的对象的后面、v 指向的对象的前面（即 u 指向 v 的前驱结点）。

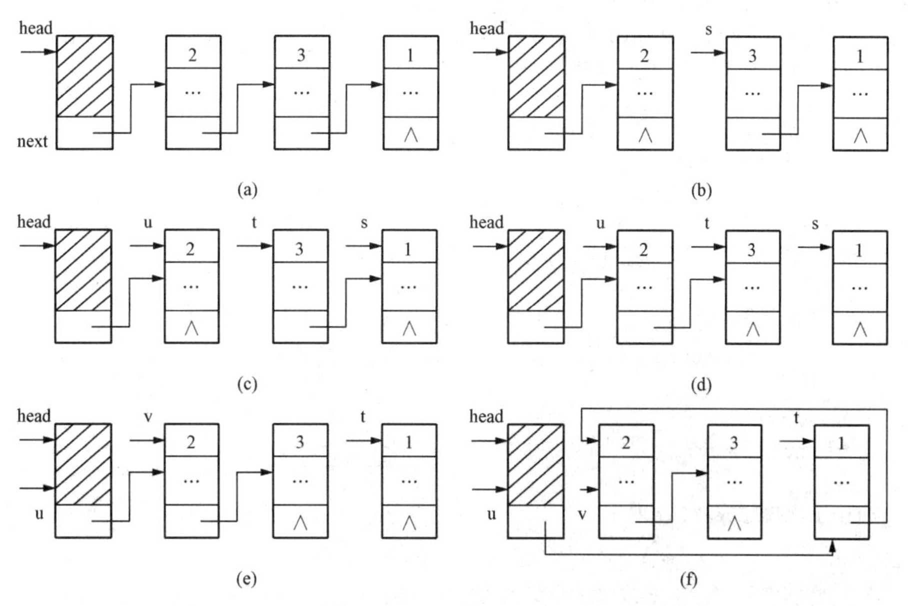

图 11-16　链接存储结构的直接插入排序过程示意图

（a）排序前；（b）初始状态（只有附加结点和第一个元素结点）；（c）第一次排序过程中的状态（寻找到插入位置）；（d）第一次排序后的状态（插入后）；（e）第二次排序过程中的状态（寻找到插入位置）；（f）第二次排序后的状态（插入后）

2. 流程图

直接插入排序 l_sort 函数的流程图如图 11-17 所示。

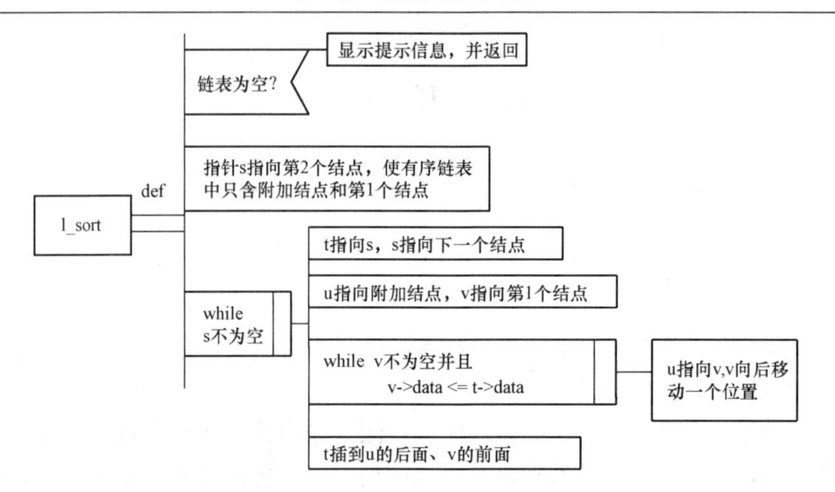

图 11-17 链接存储结构的直接插入排序算法的流程图

3. 源程序

增加的 l_sort 函数及 main 函数如下:

```
void  l_sort( Node *h )
{
    Node *t,*s,*u,*v;
    if( h->next == NULL )
        return;
    s = h->next->next;
    h->next->next = NULL;
    while( s != NULL )
    {
        t = s;
        s = s->next;
        u=h;
        v=h->next;
      while( v!=NULL && v->data <= t->data )
        {
            u=v;
            v=v->next;
        }
        u->next = t;
        t->next = v;
    }
    printf("排序成功!\n");
}

void  main( )
{
    Node  *head ;
    /* 生成带附加头结点的空链表 */
    head =( Node *)malloc( sizeof( Node ));
    if(head==NULL)
        return;
    head->next = NULL;
```

```
    create( head );              /*建立有数据的链表 */
    output( head );              /*输出链表 */
    l_sort( head );
    output( head );
    term( head );                /*释放链表的内存空间 */
}
```

4. 运行结果

运行结果如图 11-18 所示。

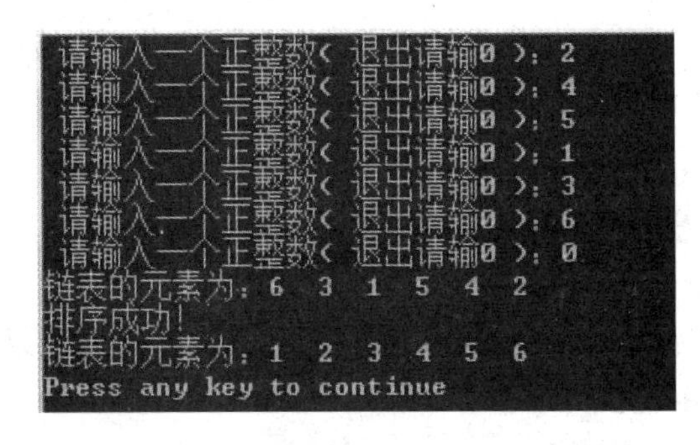

图 11-18　应用任务 11.4 的运行结果

任务拓展

在已排序的链表中，运用顺序查找法查找某个元素值。所需查找的元素值由键盘输入，并在屏幕上输出查找的结果（成功或失败）。

实现提示：如果链表中的数据已经由小到大排好序了，则从首结点开始按顺序查找时，如发现结点的值比要查找的值大，就可提早结束查找过程。程序运行结果如图 11-19 所示。

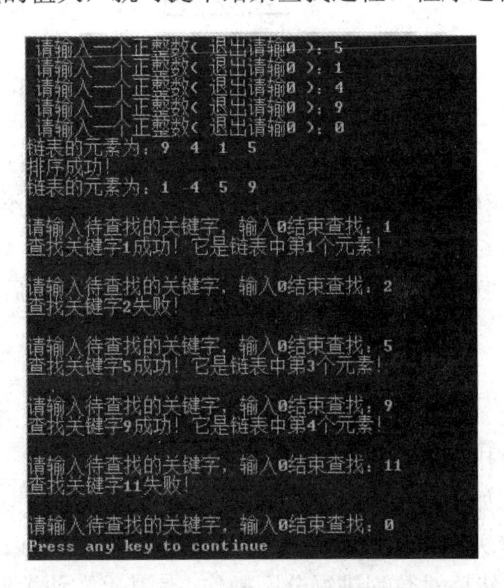

图 11-19　应用任务 11.4 拓展的运行结果

应用任务 11.5

将输入数据存储在双向链表中，运用快速排序法按元素值由小到大排序，并在屏幕上输出排序后的结果。

1. 双向链表

双向链表分为两种：带附加头结点的双向链表和不带附加头结点的双向链表。其结点的一般示意图如图 11-20 所示。

图 11-20　双向链表的结点示意图

根据应用任务 11.5 的要求，可将双向链表结点的数据结构描述为

```
typedef  struct  double_node
{
   struct double_node  *prior;                /*指向前驱结点的指针域*/
   int data;                                  /*数据域*/
   struct double_node  *next;                 /*指向后继结点的指针域*/
}Dnode;
```

双向链表（带附加头结点）的示意图如图 11-21 所示。

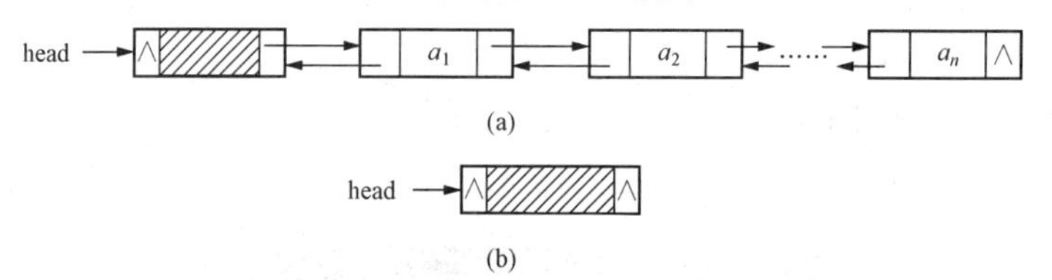

图 11-21　双向链表（带附加头结点）示意图

（a）有 n 个数据结点示意图；（b）不含数据结点示意图

从图 11-21 可以看出，双向链表的每个结点除了数据域（data）外，有两个指针域，一个（prior）指向它的直接前驱结点，另一个（next）指向它的直接后继结点。

双向链表（带附加头结点）为空的判断条件为（head->next == NULL）。

对于双向链表而言，任意一个结点，既能很方便地找到它的后继结点，也能很方便地找到它的前驱结点。

2. 快速排序

快速排序（Quicksort）是对冒泡排序的一种改进，由 C. A. R. Hoare 在 1962 年提出。实践证明，快速排序是所有排序算法中最高效的一种。

快速排序的基本思想如下：

假设有待排序的 n 个关键字组成数列。找出一个关键字（一般是数列的第一个元素的关键字）作为基准（pivot），然后对数列进行分区操作，使基准左边关键字的值都不大于基准值，基准右边的关键字值都不小于基准值，如此作为基准的元素调整到排序后的正确位置。分别对基准左边和右边的数列递归快速排序，将其他 $n-1$ 个元素也调整到排序后的正确位置。最后每个元素都是在排序后的正确位置，排序完成。

快速排序算法的核心是分区操作，即如何调整基准的位置以及调整返回基准的最终位置以便分治递归。

一趟快速排序，也就是一次分区的具体做法：附设两个指针 low 和 high，分别指向待排序数列的第一个和最后一个元素。设基准元素（一般为 low 指针指向的元素）的关键字值为 pivot，则首先从 high 所指位置起向前搜索到第一个关键字小于 pivot 的元素和基准元素交换，然后从 low 所指位置起向后搜索，找到第一个关键字大于 pivot 的元素和基准元素相互交换，重复这两步直至 low = high 为止。

若有一组关键字（67，23，89，35，28，90，10，24），按从小到大进行排序，其第一趟快速排序过程如图 11-22 所示（画箭头的地方表示交换）。

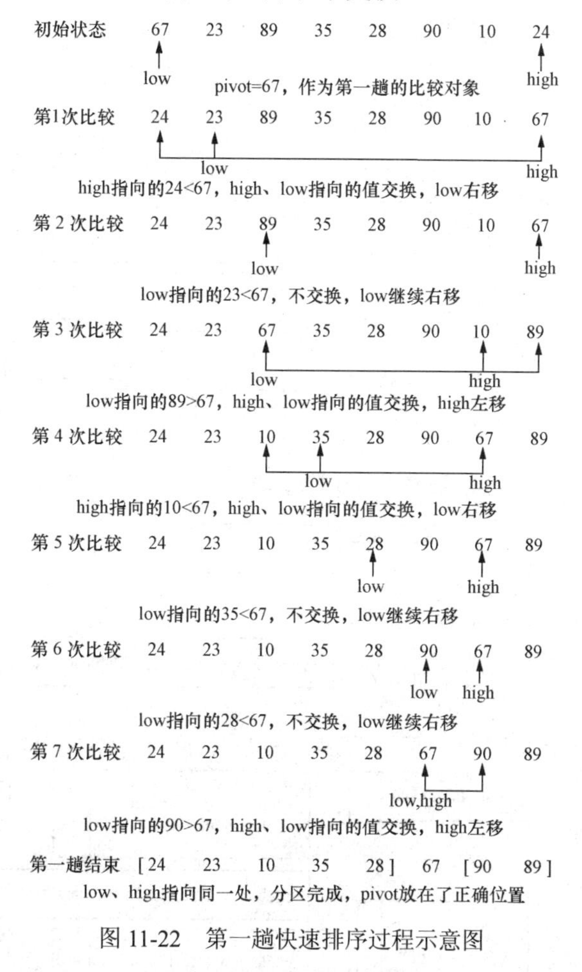

图 11-22　第一趟快速排序过程示意图

接下来就分别对关键字序列（24，23，10，35，28）及（90，89）进行快速排序，其排序过程此处不再赘述。

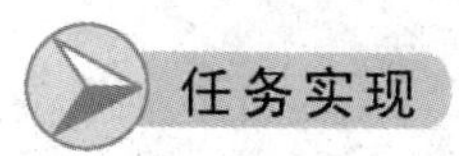

1. 分析

应用任务 11.5 首先要建立双向链表，其建立过程与建立单链表类似，所不同的是在建立结点链接关系时不仅要对结点的 next 域赋值，也要对 prior 域赋值。此处采用尾插法来建立带附加头结点的双向链表。

由于双向链表可以很方便地找到结点的前驱结点和后继结点，因而十分适合用于快速排序。整个快速排序的主体算法通过递归实现，其关键是找到基准元素的位置，对基准元素的左右子区间分别进行快速排序。low 和 high 指针分别指向每个子区间的首结点和尾结点。

基准元素的位置需要通过分区算法来获得，当 low=high 时，此次分区结束，low 值即为基准元素的位置。

双向链表的输出及内存空间回收均与单链表相同。

2. 流程图

建立双向链表的 createDuList 函数的流程图如图 11-23 所示。

分区算法 partion 函数的流程图如图 11-24 所示。

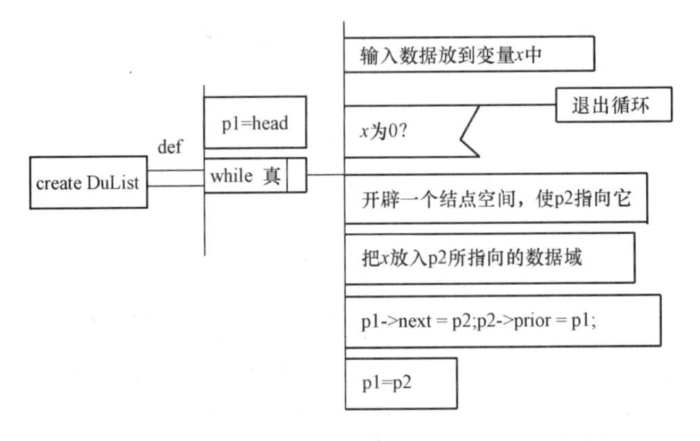

图 11-23　建立双向链表函数 createDuList 的流程图

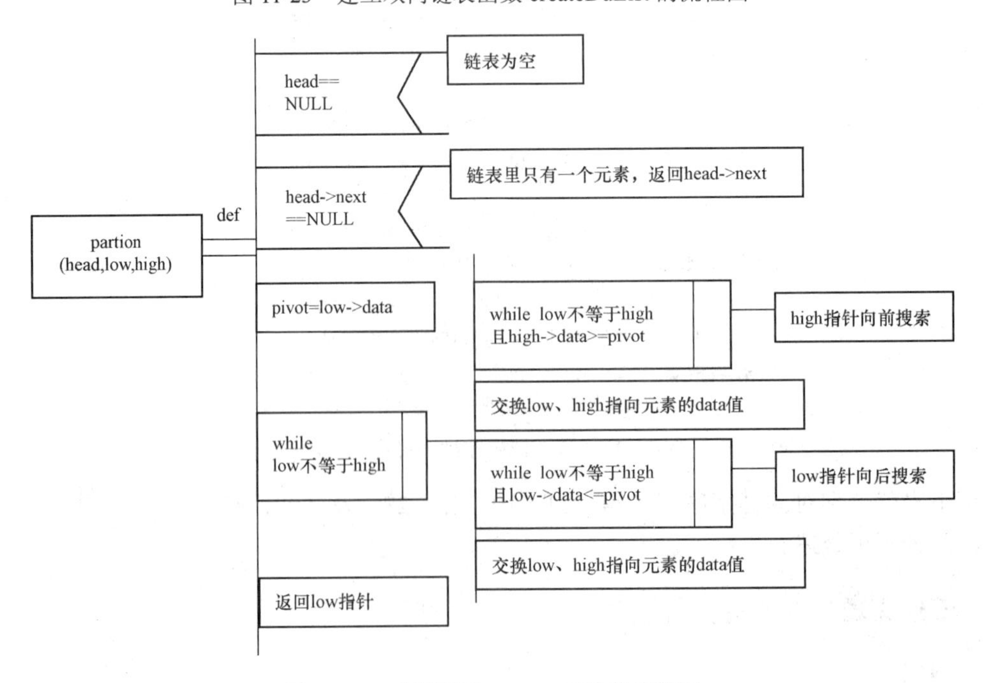

图 11-24　分区算法 partion 函数的流程图

3. 源程序

```
#include <stdio.h>
#include <stdlib.h>

//定义链表申请内存不够时报错信息
#define NO_MEMORY  printf("Error! Not enough memory!\n");exit(1);

//双向链表结构体定义
typedef struct double_node
{
 int data;
 struct double_node * next;
 struct double_node * prior;
}Dnode;

//建立双向链表
void createDuList(Dnode *head)
{
    Dnode * p1 = NULL;
    Dnode * p2 = NULL;
    int  x;

    p1 =  head;
    //用尾插法建立双向链表
    while( 1 )
    {
        printf( " 请输入一个正整数( 退出请输 0 ):" );
        scanf( "%d",&x );
        if( x == 0 )
            break;
        p2 =( Dnode *)malloc( sizeof( Dnode ));
        if( !p2 )
        {
            NO_MEMORY;
        }
        p2->data = x;
        p2->next = NULL;
        p1->next = p2;
        p2->prior = p1;
        p1 = p2;
    }
}
// 输出链表
void showDuList(Dnode * head)
{
    Dnode * tmp = head->next;
    if( head ->next == NULL )
        printf("链表为空\n");
    else
    {
        while( tmp )
```

```
        {
            printf("%d ",tmp->data);
            tmp = tmp->next;
        }
        printf("\n");
    }
}
// 回收链表空间
void destroyList(Dnode * head)
{
    Dnode * tmp = NULL;
     while( head )
     {
         tmp = head;
         head = head->next;
         free(tmp);
     }
}

//分区算法
Dnode * partion(Dnode * head,Dnode * low,Dnode * high)
{
    int t = 0;
    int pivot = 0;
    if( head->next ==NULL )
    {
      printf("错误,链表为空!\n");
      exit(1);
    }
    if( head->next->next ==NULL )
    {
        return head->next;              //就一个元素
    }

    pivot = low->data;
    while( low != high )
    {
                                        //从后面往前换
        while( low != high && high->data >= pivot )
        {
            high = high->prior;
        }
                                        //交换 high low
        t = low->data;
        low->data = high->data;
        high->data = t;

        //从前往后换
        while( low != high && low->data <= pivot )
```

```
        {
            low = low->next;
        }
        //交换 high low
        t = low->data;
        low->data = high->data;
        high->data = t;
    }
    return low;
}

//快速排序
void quick_sort(Dnode * head,Dnode * low,Dnode * high)
{
    Dnode * pivotPos = NULL;
    pivotPos = partion(head,low,high);
    if( low != pivotPos )
    {
        quick_sort(head,low,pivotPos->prior);
    }
    if( high != pivotPos )
    {
        quick_sort(head,pivotPos->next,high);
    }
}

void main()
{
    Dnode * head = NULL;
    Dnode * high = NULL;
    Dnode * tmp = NULL;

    head =(Dnode *)malloc(sizeof(Dnode));
    if( !head )
    {
      NO_MEMORY;
    }
   ( head)->prior = NULL;
   ( head)->next = NULL;             //双向链表初始化

    createDuList( head);             //建立双向链表
    printf("Before sorting:\n");
    showDuList(head);                //输出链表

    tmp = head->next;
    while( tmp->next )
    {
        tmp = tmp->next;
    }
```

```
    high = tmp;                              //找到最后一个结点的指针用于快排

    quick_sort(head,head->next,high);        //快速排序
    printf("After sorting:\n");
    showDuList(head);
    destroyList(head);
    head = NULL;
}
```

4. 运行结果

运行结果如图 11-25 所示。

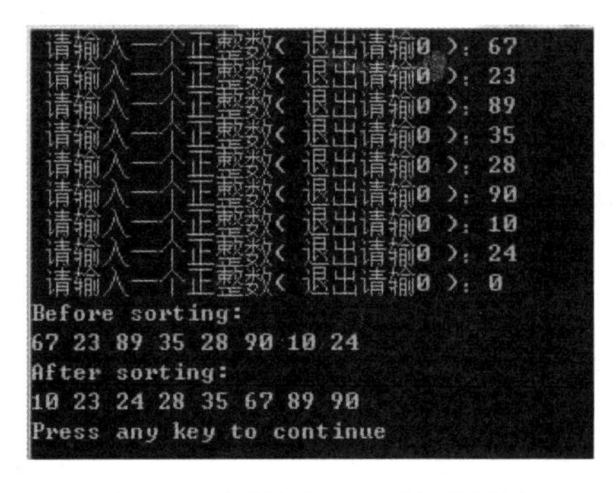

图 11-25 应用任务 11.5 的运行结果

任务拓展

在已排序的双向链表中，运用顺序查找法查找某个元素值。所需查找的元素值由键盘输入，并在屏幕上输出查找的结果（成功或失败）。（可根据所输入的数与链表中位数的大小确定从哪端开始查找，以提高查找效率）

实现提示：中位数是一个线性表中中间位置的元素值。如果线性表中有 n 个元素，中位数是第 $n/2+1$ 个元素值，其中 $n/2$ 取整。为了快捷查找，可先把中位数的值放在头结点单元中。

实 训

【实训目的】

（1）掌握链表结点的定义方法。

（2）掌握链表的建立、存储和输出。

（3）掌握链表结点的插入与删除方法。

（4）掌握链接存储结构上的排序和查找方法。

【实训要求】

（1）根据题目要求绘制程序流程图。

（2）编写源程序。

（3）上机调试程序。

（4）撰写实验报告。

【实训内容】

（1）（A类）从数据文件中读入图书的图书号、书名、作者姓名、出版日期、出版社、价格，存储在链表中，并用插入排序法按图书号由小到大排序，并将排序的结果存储在另一个文件中（图书号设为字符串类型）。

（2）（B类）从数据文件中读入图书的图书号、书名、作者姓名、出版日期、出版社、价格，将其存储在链表中，并完成以下任务：①输入某图书号，查找有无图书，若有则删除该图书；②按出版日期进行排序；③输入某日期，删除该日期之前出版的所有图书，并将最后结果存储在另一文件中（出版日期的格式为XXXX-XX-XX）。

第 12 章　栈

【知识点】

（1）栈的基本概念。

（2）栈的顺序存储。

（3）栈的链式存储。

（4）栈的基本操作。

【能力点】

（1）调试程序的能力。

（2）阅读和编写简单程序的能力。

（3）流程图的绘制能力。

应 用 任 务 12.1

建立一个顺序栈，从键盘输入 *n* 个整数（*n* 由键盘输入），依次压入栈中，然后依次从栈中弹出，并在屏幕上输出出栈的元素值。

预备知识

1. 栈的定义

食堂中就餐，拿饭盒时是按照由上到下的顺序拿，即总是拿一叠饭盒中最顶上的一个，放饭盒时按照相反的顺序放，即总是把饭盒放在一叠饭盒的最上面。在日常生活中，有很多这样的例子，这些例子有一些共同的特点：先进去后出来，简称“先进后出”（First In Last Out）或“后进先出”（Last In First Out）。反映在数据结构中，是只能在线性表的一端进行插入和删除操作，这种数据结构称为栈。在程序设计中，常常需要栈这样的数据结构，使得与保存数据时相反顺序来使用这些数据，这时就需要用一个栈来实现。

栈中允许插入、删除的这一端称为栈顶，另一个固定端称为栈底。当栈中没有元素时称为空栈。

表示栈时，可以用一个标识（top）来指示栈顶元素存放的位置，用一个标识（bottom）来指示栈底元素的存放位置。由于栈底位置相对不变，通常不用 bottom。

2. 栈的顺序存储

用顺序存储方式实现的栈称为顺序栈。

类似于顺序表的定义，顺序栈中的数据元素用一个预设的足够长度的一维数组（Elemtype data[MAXSIZE];）来存放。栈底位置通常设置在数组下标为 0 的单元。而栈顶是随着插入和删除而变化的，用一个变量（int top;）来作为栈顶的标识，指明当前栈顶的位置。数组 data 和栈顶标识 top 是栈的两个组成部分，需封装在一个结构体中组成一个整体。顺序栈的类型描述如下：

```
#define MAXSIZE  100
struct seqstack
{
  Elemtype  data[MAXSIZE];
  int  top;
};
struct  seqstack  *s;          /*  指向顺序栈的指针变量  */
```

3. 出栈和入栈

把一个元素存入栈顶，称为入栈，从栈顶取走一个元素，称为出栈。

顺序栈的入栈和出栈过程如图 12-1 所示。

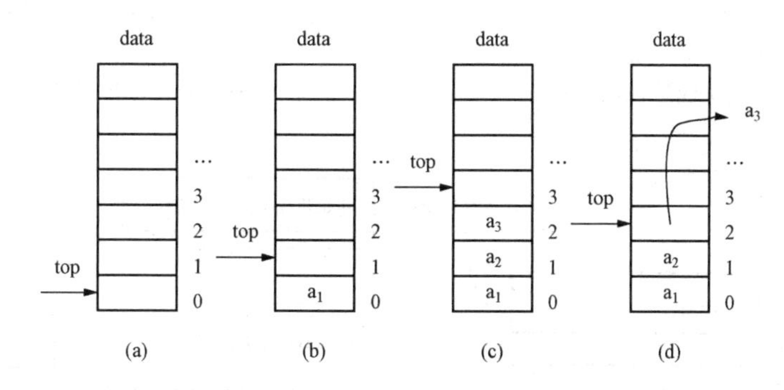

图 12-1　顺序栈的入栈、出栈示意图

（a）初始状态（top=0）；（b）a_1 入栈后（top=1）；（c）a_2、a_3 入栈后（top=3）；（d）一个元素出栈后（top=2）

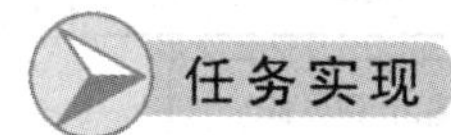

1. 分析

（1）在该任务中所存储的数据为整型数值，所以定义栈的类型为整型栈，数据结构描述如下：

```
#define MAXSIZE  100
struct seqstack
{
  int  data[MAXSIZE];
  int  top;
};
```

（2）在主函数 main 中定义栈的指针变量 s，用来存储栈的信息。

```
struct  seqstack  *s;
```

（3）编写栈的进栈函数 int　push_seqstack（struct seqstack *s，int　x)，在该函数中存储的信息为整数，所以 *x* 的类型定义为 int 类型。

（4）编写栈的出栈函数 int　pop_seqstack（struct seqstack *s，int　*x)，与进栈函数一样，*x* 的数据类型定义为 int 类型。

2. 流程图

顺序栈建栈流程图如图 12-2 所示。

顺序栈入栈流程图如图 12-3 所示。

顺序栈出栈流程图如图 12-4 所示。

主函数流程图如图 12-5 所示。

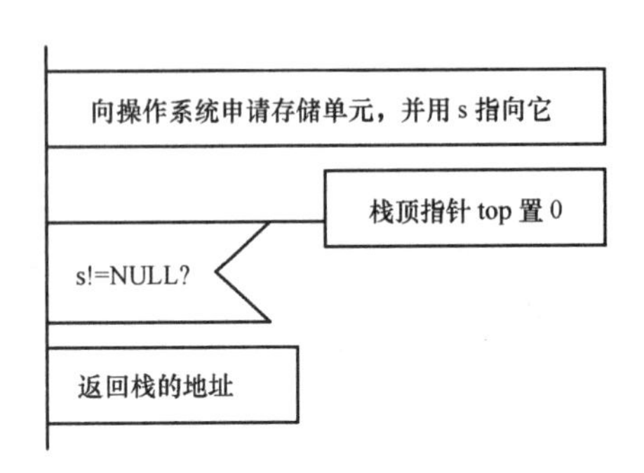

图 12-2　顺序栈建栈流程图

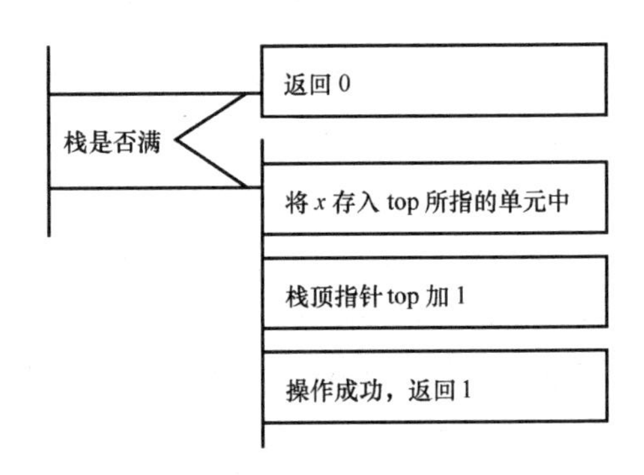

图 12-3　顺序栈入栈流程图

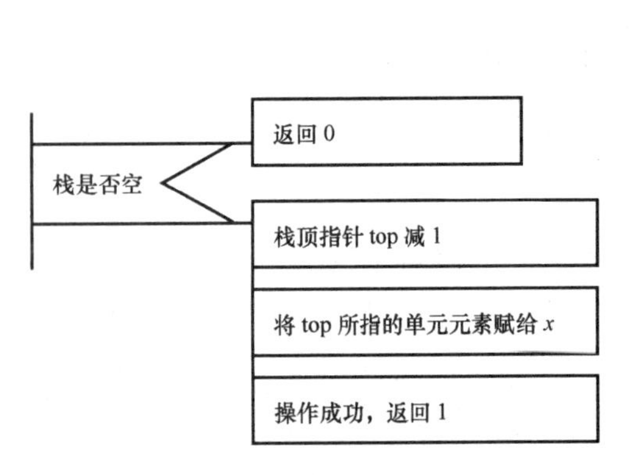

图 12-4　顺序栈出栈流程图

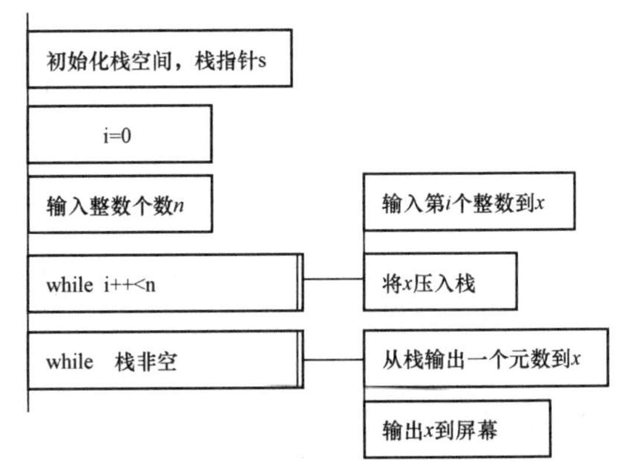

图 12-5　应用任务 12.1 主函数的流程图

3. 源程序

```
#include "stdio.h"
#include "stdlib.h"
/*建栈*/
struct  seqstack  *init_seqstack( )
{
 struct seqstack  *s;
 s=(struct seqstack *)malloc(sizeof(struct seqstack));
 if(s!=NULL)
    s->top= 0;
 return s;
}

/* 检查栈是否满的函数 */
int  full_seqstack(struct seqstack *s)
{
   if(s->top==MAXSIZE)
```

```
        return 1;
    else
        return 0;
}
/*检查栈是否为空函数*/
int  empty_seqstack(struct seqstack *s)
{
    if(s->top==0)
        return 1;
    else
        return 0;
}
/*入栈函数 */
int  push_seqstack(struct seqstack *s,Elemtype  x)
{
    if(full_seqstack(s))
        return 0;
    else
    {
        s-> data [s->top]=x;
        s->top++;
        return 1;
    }
}

/*出栈函数*/
int  pop_seqstack(struct seqstack *s,Elemtype  *x)
{
    if(empty_seqstack(s))
        return 0;
    else
    {
        s->top--;
        *x=s-> data [s->top];
        return 1;
    }
}

/* 销毁栈函数*/
void  destroy_seqstack(struct seqstack *s)
{
    free(s);
}


/*主函数*/
int main()
{
    struct  seqstack  *s;
    int i,n,x;
    s=init_seqstack();

    printf("请输入数据个数( >0 且<=100 ):");
    scanf("%d",&n);
    i=0;
    while(i++<n)
```

```
    {
       printf("请输入数据%d:",i);
       scanf("%d",&x);
       push_seqstack(s,x);
    }

    while(!empty_seqstack(s))
    {
       pop_seqstack(s,&x);
       printf("出栈:%d\n",x);
    }
    destroy_seqstack(s);
    return 0;
}
```

4. 运行结果

运行结果如图 12-6 所示。

图 12-6 应用任务 12.1 的运行结果

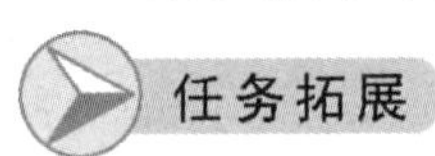

修改栈的元素类型为字符型栈，输入一个字符串，实现将字符串的倒序输出。

应 用 任 务 12.2

输入一个四则混合运算的表达式（不含有小括号，输入#结束），利用栈判断是否存在语法错误（用顺序栈实现）。

任务实现

1. 分析

（1）四则运算语法分析过程中，需要用一个字符型的栈来存储四则运算表达式中的每一个运算符，同时将表达式中所有的算数转换为字符‘a’进行处理，算符转换为‘*’进行处理。如：12+35/4-2*5，转换为 a*a*a*a*a 处理。

（2）四则运算表达式语法检查原理分析。在四则运算表达式语法分析中，操作规则见表 12-1。

表 12-1 四则运算表达式操作规则

编号	次栈顶元素	栈顶元素	当前元素	操作
01	a	*	a	*出栈
02		#	a	a 进栈
03		其他元素	a	出错
04		#	-	进栈 a，模拟被减数，转到*处理过程
05		a	*	进栈
06		其他元素	*	出错
07	#	a	#	成功
08	其他元素	a	#	出错
09		其他元素	#	出错

根据表 12-1 对表达式 12/3+2#的处理过程：（转换为 a*a*a#）

1）栈初始化：# 进栈。

2）根据规则编号 02：‘a’ 进栈。

3）根据规则编号 05：‘*’ 进栈。

4）根据规则编号 01：‘*’ 出栈。

5）根据规则编号 05：‘*’ 进栈。

6）根据规则编号 01：‘*’ 出栈。

7）根据规则编号 07：成功，表达式语法正确。

（3）对于负号的处理。只有表达式的第一个操作数可以带负号。处理时，将一元运算符负号转换为两元运算符减号，比如“–5”转换为 0–5。

2. 流程图

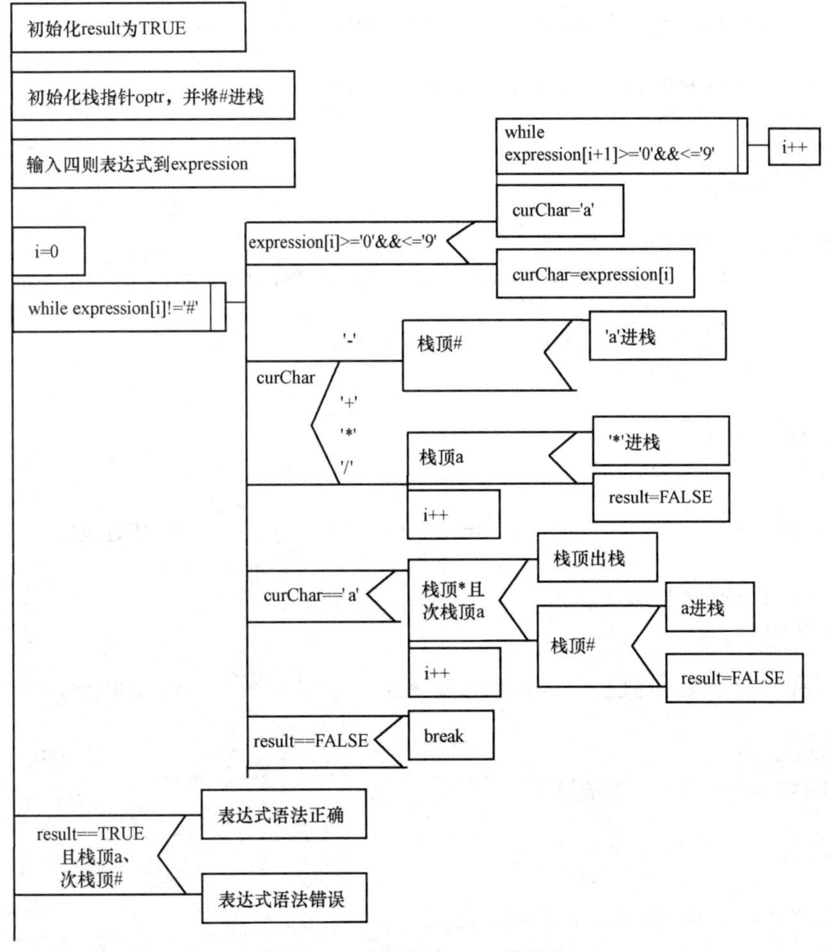

图 12-7　应用任务 12.2 流程图

3. 源程序

```
#include<stdio.h>
#include<stdlib.h>
#define TRUE 1
#define FALSE 0
```

```
#define MAXSIZE 100
struct optStack                                          // 定义字符栈
{
    char opt[MAXSIZE];
    int top;
};
struct optStack *init_optstack()
{
    struct optStack *s;
    s=(struct optStack *)malloc(sizeof(struct optStack));
    if(s!=NULL)
        s->top=0;
    return s;
}
/* 检查栈顶是否是某字符*/
int  optstackFirst_IsChar(struct optStack *s,char x)
{
    if(s->top-1>=0 && s->opt[s->top-1]==x)
        return TRUE;
    else
        return FALSE;
}
/* 检查次栈顶是否是某字符 */
int  optstackSecond_IsChar(struct optStack *s,char x)
{
    if(s->top-2>=0 && s->opt[s->top-2]==x)
        return TRUE;
    else
        return FALSE;
}

void  push_optstack(struct optStack *s,char x)       /*元素进栈*/
{
    s->opt[s->top]=x;
    s->top++;
}
char  pop_optstack(struct optStack *s)               /*元素出栈*/
{
    s->top--;
    return s->opt[s->top];
}
int main()
{
    int result=TRUE;
    int i=0;
    struct optStack *optr;
    char expression[100];                            /*存放表达式字符数组*/
    char curChar;                                    /*当前符号变量*/
    optr=init_optstack();
    push_optstack(optr,'#');
    scanf("%s",expression);
```

```
    while(!(expression[i]=='#'))
    {
        if(expression[i]>='0' && expression[i]<='9')
                                                /*将数值作为字符 'a' 进行处理*/
        {
            while(expression[i+1]>='0' && expression[i+1]<='9')
                i++;
            curChar='a';
        }
        else
            curChar=expression[i];

        switch(curChar)
        {
            case '-':                           //负号时,额外进栈一个 'a',当作被减数
                if( optstackFirst_IsChar(optr,'#'))
                        push_optstack(optr,'a');
            case '+':
            case '*':
            case '/':
                if(optstackFirst_IsChar(optr,'a'))
                    push_optstack(optr,'*');
                else
                    result=FALSE;
                i++;
                break;
            default:
                break;
        }

        if(curChar=='a')
        {
            if(optstackSecond_IsChar(optr,'a')&&
optstackFirst_IsChar(optr,'*'))
                pop_optstack(optr);
            else if(optstackFirst_IsChar(optr,'#'))
                push_optstack(optr,'a');
            else
                result=FALSE;
            i++;
        }
        if(result==FALSE)break;
    }
    if(result &&
    optstackSecond_Ischar(optr,'#')&&
    optstackFirst_Ischar(optr,'a'))
        printf("表达式语法正确\n");
    else
        printf("表达式语法错误\n");
    return 0;
}
```

4. 运行结果

运行结果如图 12-8 所示。

```
请输入四则运算表达式：12/3+6#
表达式语法正确
Press any key to continue
```

图 12-8 应用任务 12.2 的运行结果

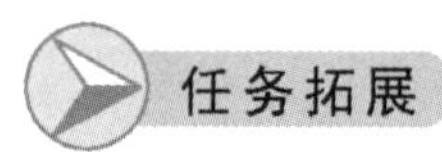

修改程序，使输入四则混合运算表达式含有小括号，并以#结束。判断输入的表达式是否有语法错误。

实现提示：分析含有小括号表达式语法的操作规则见表 12-2。

表 12-2 含小括号表达式语法的操作规则

编号	次栈顶元素	栈顶元素	当前元素	操作
01		（ 或* 或 #	（	当前元素进栈
02		其他元素	（	出错
03	（	a	）	a 和（出栈，a 转为当前元素循环
04	其他元素	a	）	出错
05		其他元素	）	出错
06	a	*	a	*出栈
07		（ 或 #	a	a 进栈
08		其他元素	a	出错
09		（ 或 #	-	进栈 a，模拟被减数，转到*处理过程
10		a	*	进栈
11		其他元素	*	出错
12	#	a	#	成功
13	其他元素	a	#	出错
14		其他元素	#	出错

根据表 12-2 对表达式 12/（3+2）#的处理过程：（转换为 a*（a*a）#）

（1）栈初始化：# 进栈。

（2）根据规则编号 07：'a'进栈。

（3）根据规则编号 10：'*'进栈。

（4）根据规则编号 01：'（'进栈。

（5）根据规则编号 07：'a'进栈。

（6）根据规则编号 10：'*'进栈。

（7）根据规则编号 06：'*'出栈。

（8）根据规则编号 03：'a'与'（'出栈，将'a'作为当前符再处理。

（9）根据规则编号 06：'*'出栈。

（10）根据规则编号 12：成功，表达式语法正确。

应 用 任 务 12.3

建立一个链栈，从键盘输入 *n* 个整数（*n* 由键盘输入），依次压入栈中，然后依次从栈中弹出，并在屏幕上输出出栈的元素值。

预备知识

1. 栈的链式存储

用链式存储结构实现的栈称为链栈。

通常链栈用单链表表示，因此其结点结构与单链表的结构相同，在此用 stack_node 表示，即有

```
struct stack_node                    /*链栈的结点类型 */
{
   Elemtype data;
   struct stack_node *next;
};
struct  stack_node  *top;            /*  top 为链栈的栈顶指针   */
```

对于链栈，出于操作上的考虑，一般把栈底设在链尾，把栈顶设在链首，并采用不带附加头结点的单链表来表示。链栈的入栈和出栈过程如图 12-9 所示。

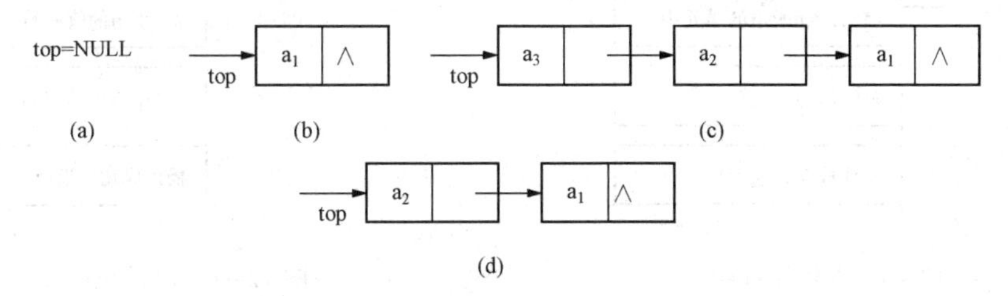

图 12-9　链栈的入栈、出栈示意图

（a）初始状态；（b）a_1 入栈后；（c）a_2、a_3 入栈后；（d）一个元素出栈后（出栈元素为 a_3）

2. 链栈的入栈和出栈

栈顶指针指向链首，入栈则是在链首插入一个结点［见图 12-9（c）］，出栈则是在链首删除一个结点［见图 12-9（d）］。

3. 链栈的清除或销毁

清除链栈，则是将链栈中的所有结点依次删除，并释放所有结点。对于链栈而言，销毁与清除的效果完全相同。

任务实现

1. 分析

（1）在该任务中所存储的数据为整型数值，所以定义栈的类型为整型栈，数据结构描述如下：

```
struct stack_node
{
   int data;
   struct stack_node *next;
};
```

（2）在主函数 main 中定义栈的指针变量 top，用来存储栈的信息。

```
struct  stack_node  *top;
```

（3）编写栈的进栈函数 int push_linkstack（struct stack_node **top，int x），在该函数中存储的信息为整数，所以 *x* 的类型定义为 int 类型。

（4）编写栈的出栈函数 int pop_linkstack（struct stack_node **top，int *x），与进栈函数一样，*x* 的数据类型定义为 int 类型。

2. 流程图

链栈入栈流程图如图 12-10 所示。

链栈出栈流程图如图 12-11 所示。

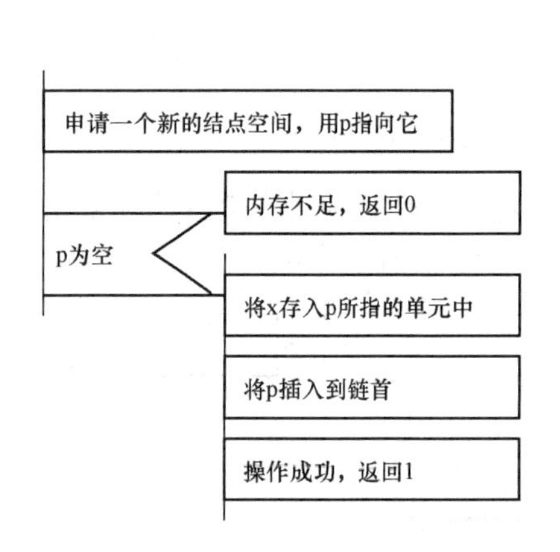

图 12-10 入栈流程图

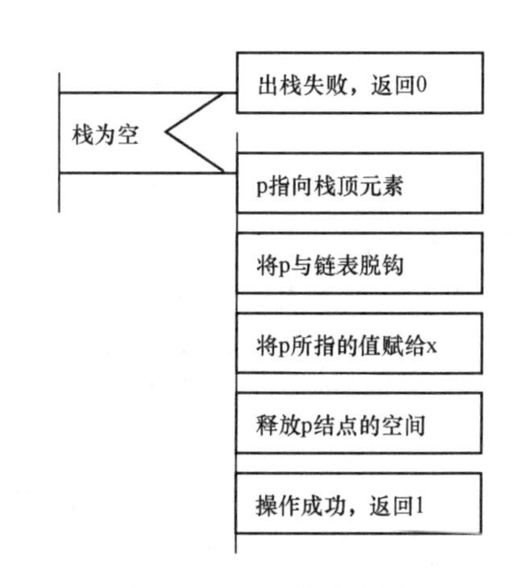

图 12-11 出栈流程图

清除链栈流程图如图 12-12 所示。

主函数流程图如图 12-13 所示。

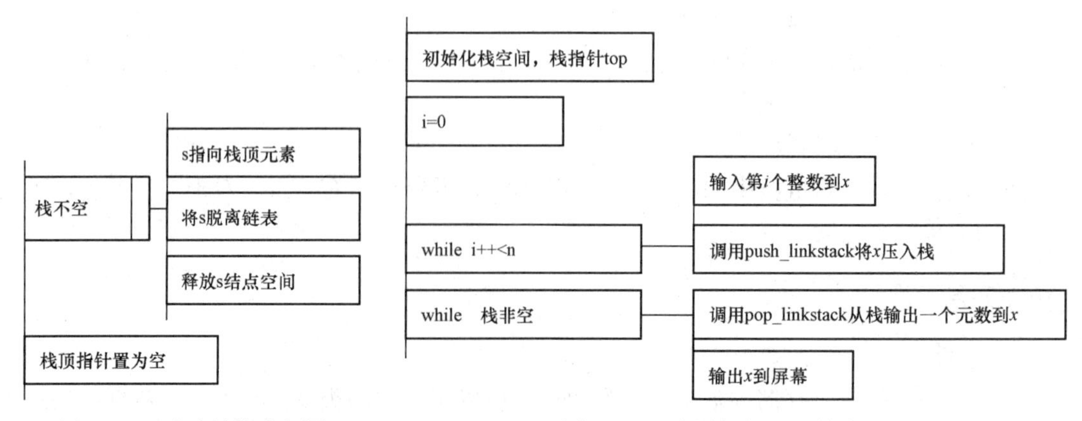

图 12-12 清除链栈流程图

图 12-13 应用任务 12.3 的流程图

3. 源程序

```
#include "stdio.h"
#include "stdlib.h"

struct stack_node
{
  int data;
  struct stack_node *next;
};
struct  stack_node  *init_linkstack()                    //建立链栈
{
  return NULL;
}

int push_linkstack(struct stack_node **top,int  x)       //入栈函数
{
  struct stack_node *p;
  p=(struct stack_node *)malloc(sizeof(struct stack_node));
  if(p==NULL)
     return 0;
  else
  {
     p->data=x;
     p->next=*top;
     *top=p;
     return 1;
  }
}
int  pop_linkstack(struct stack_node **top,int *x)       //出栈函数
{
  struct stack_node *p;
  if(*top==NULL)
     return 0;
  else
  {
     p=*top;
     *top=(*top)->next;
     *x=p->data;
     free(p);
     return 1;                                           /*栈顶元素存入*x,返回*/
  }
}

void clear_linkstack(struct stack_node **top)            //清除或销毁栈
{
   struct stack_node *s;
   while(*top!=NULL)
   {
      s=*top;
      *top=(*top)->next;
      free(s);
```

```
    }
    *top=NULL;
}


void main()
{
    struct  stack_node  *top;
    int i,n,x;
    top=init_linkstack();

    printf("请输入数据个数:");
    scanf("%d",&n);
    i=0;
    while(i++<n)
    {
        printf("请输入数据%d:",i);
        scanf("%d",&x);
        push_linkstack(&top,x);
    }

    while(top!=NULL)
    {
        pop_linkstack(&top,&x);
        printf("出栈:%d\n",x);
    }
}
```

4. 运行结果

运行结果如图 12-14 所示。

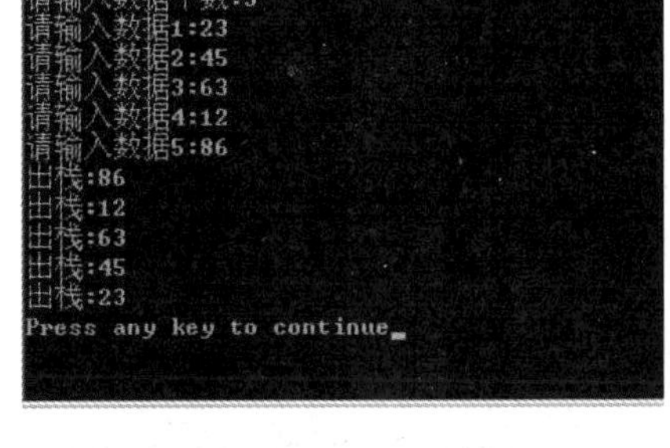

图 12-14　应用任务 12.3 程序运行结果图

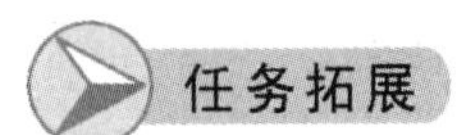

修改任务 12.3 的程序，建立一个带表头结点的链栈，链栈栈顶指针指向表头结点，完成相同的任务。

应 用 任 务 12.4

输入两个数字字符串，利用栈分别将这两个字符串转换为相应的整数（用链栈实现），屏幕输出它们的和。

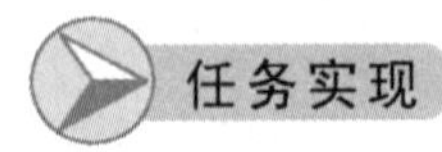

1. 分析

（1）在进行数字字符串到数值转换时，可以用一个字符型的栈来存储输入的字符型字符串，所以定义栈的数据结构描述如下：

```
struct stack_node
{
   char data;
```

```
    struct stack_node *next;
};
```

（2）在主函数 main 中定义两个栈的指针变量 top1 与 top2，用来存储两个输入的字符型数字，并编写栈的初始化函数 struct　stack_node　*init_linkstack()，代码如下：

```
struct  stack_node  *init_linkstack()
{
    return NULL;
}
```

（3）编写进栈函数 int push_linkstack（struct stack_node **top, char　x），实现将字符存储到栈里。

（4）编写出栈函数 int　pop_linkstack（struct stack_node **top, char *x），实现字符的出栈。

（5）字符串到整数的转换方法。例如：输入的字符串为“123”，则 1 存放在栈底位置，3 存储在栈顶位置，出栈时的顺序为 3->2->1，最终得到的整数结果为 3*1+2*10+1*100。

2. 流程图

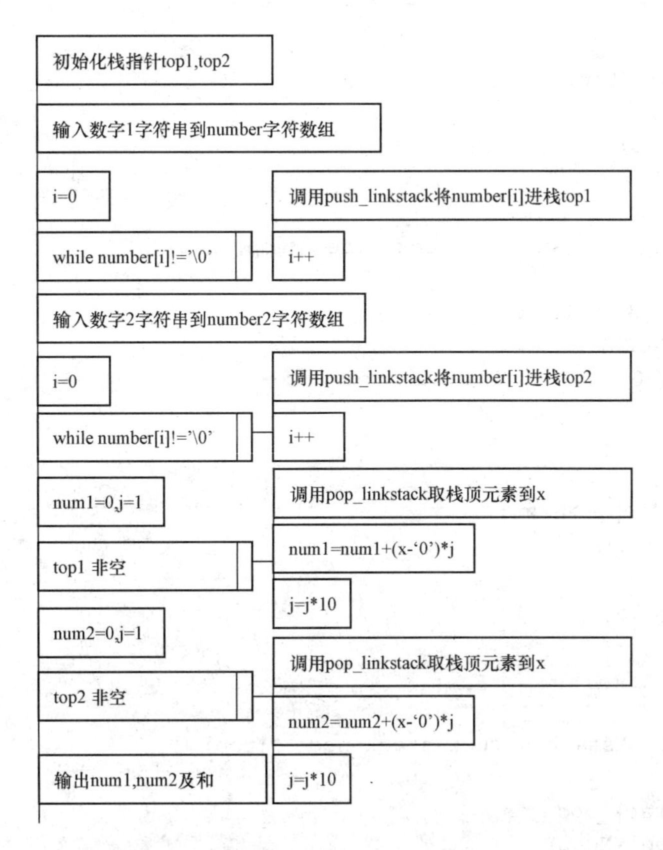

图 12-15　应用任务 12.4 流程图

3. 源程序

```
#include "stdio.h"
#include "stdlib.h"
```

```
struct stack_node
{
   char data;
   struct stack_node *next;
};
struct  stack_node  *init_linkstack()
{
   return NULL;
}

int push_linkstack(struct stack_node **top,char  x)
{
   struct stack_node *p;
   p=(struct stack_node *)malloc(sizeof(struct stack_node));
   if(p==NULL)
      return 0;
   else
   {
      p->data=x;
      p->next=*top;
      *top=p;
      return 1;
   }
}
int  pop_linkstack(struct stack_node **top,char *x)
{
   struct stack_node *p;
   if(*top==NULL)
      return 0;
   else
   {
      p=*top;
      *top=(*top)->next;
      *x=p->data;
      free(p);
      return 1;
   }
}

void clear_linkstack(struct stack_node **top)
{
    struct stack_node *s;
    while(*top!=NULL)
    {
       s=*top;
       *top=(*top)->next;
       free(s);
    }
    *top=NULL;
```

```
}


void main()
{
struct  stack_node  *top1,*top2;
char number[10],x;
int i,j,num1,num2;

top1=init_linkstack();
top2=init_linkstack();

printf("请输入第 1 个数字:");
scanf("%s",number);
i=0;
while(number[i]!='\0')
{
    push_linkstack(&top1,number[i++]);
}

printf("请输入第 2 个数字:");
scanf("%s",number);
i=0;
while(number[i]!='\0')
{
    push_linkstack(&top2,number[i++]);
}

num1=0;j=1;
while(top1!=NULL)
{
    pop_linkstack(&top1,&x);
    num1=num1+(x-'0')*j;j*=10;
}
num2=0;j=1;
while(top2!=NULL)
{
    pop_linkstack(&top2,&x);
    num2=num2+(x-'0')*j;j*=10;
}

printf("%d+%d=%d\n",num1,num2,num1+num2);
}
```

4. 运行结果

运行结果如图 12-16 所示。

```
请输入第1个数字:123
请输入第2个数字:345
123+345=468
Press any key to continue
```

图 12-16 应用任务 12.4 的程序运行结果图

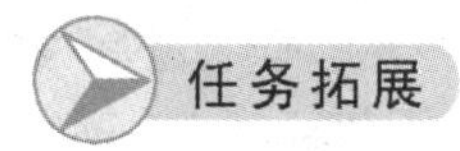

修改任务 12.4 程序，求 *n* 个数字串的和（*n* 从键盘输入）。

实　　训

【实训目的】

（1）掌握栈的定义。

（2）掌握栈的顺序存储。

（3）掌握建栈、入栈、出栈等基本操作。

【实训要求】

（1）根据题目要求绘制程序流程图。

（2）编写源程序。

（3）上机调试程序。

（4）撰写实验报告。

【实训内容】

（1）（A 类）输入一个加减两则混合运算的表达式（算数均为整数，不含括号，输入#结束），利用栈判断计算表达式的值（用顺序栈实现）。

实现提示：参照任务 12.2，在原有字符栈的同时，再增设一个整数栈，存放操作数。当对操作数'a'在字符栈处理时，同时将该操作数在整数栈进行相应的操作。对运算符，不需转换为'*'，直接操作。因此，请读者先对操作规则表进行相应地修改。

（2）（B 类）输入一个加减两则混合运算的表达式（算数均为整数，含括号，输入#结束），利用栈判断计算表达式的值（用顺序栈实现）。

实现提示：参照任务 12.2 拓展部分，在原有字符栈的同时，再增设一个整数栈，存放操作数。当对操作数'a'在字符栈处理时，同时将该操作数在整数栈进行相应的操作。对运算符，不需转换为'*'，直接操作。 因此，请读者先对操作规则表进行相应地修改。

第13章 队　　列

【知识点】

（1）队列的基本概念。

（2）队列的顺序存储及基本操作。

（3）循环队列。

（4）队列的链式存储及基本操作。

【能力点】

（1）分析简单问题并进行设计的能力。

（2）根据分析和设计进行编写程序的能力。

（3）应用队列解决实际问题的能力。

应用任务13.1

建立一个空间长度为20的顺序队列，从键盘输入 n 个整数（n 由键盘输入，$n<20$），依次入队，待输入完成后依次出队，直到队列空为止。屏幕输出出队的元素值。

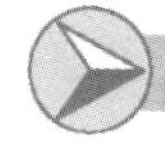

预备知识

1. 队列的定义及特点

在食堂排队买饭，排在队首的买完后走掉，新来的排在队尾。在日常生活中，这样的例子还有很多，例如：在车站排队买票、在银行排队存取款、在商店排队购物等。这些例子有一些共同的特点：先进去先出来，简称先进先出（First In First Out）。

对排队过程的数学抽象称为队列（queue）。队列是一种先进先出的线性表，简称为FIFO表。它只允许在表的一端进行插入，而在表的另一端删除元素。在队列中，允许插入的一端称为队尾（rear），允许删除的一端则称为队首（front）。当队列中没有元素时称为空队列。对队列的修改是依据先进先出的原则进行的，即新来的成员总是加入队尾（不允许"加塞"），每次离开的成员总是队首上的（不允许中途离队）当前"最老的"成员离队。

如图13-1所示是一个有5个元素的队列。如果入队的顺序依次为 a_1、a_2、a_3、a_4、a_5，则出队时的顺序将依然是 a_1、a_2、a_3、a_4、a_5。

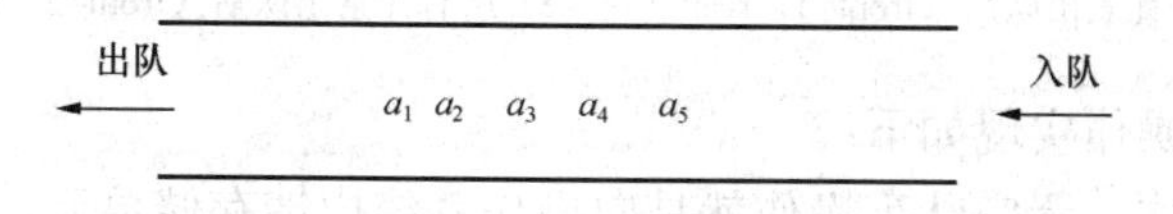

图13-1　队列示意图

表示队列时，可以用一个头指针（front）来指示队首元素存放的位置，用一个尾指针（rear）来指示队尾元素的存放位置。

在程序设计中，常常需要与保存数据时相同顺序来使用这些数据，这时就需要用到队列这样的数据结构。

2. 队列的操作

与栈一样，队列有四种基本操作：置空队列、入队、出队和销毁队列。置空队列操作是构造一个空的队列，即向操作系统申请存储单元，并对队列进行初始化；入队操作是在队尾插入元素；出队操作是在队首删除元素；销毁队列操作是向操作系统归还存储单元。

3. 队列的顺序存储结构及其操作实现

用顺序存储方式实现的队列称为顺序队列。

和其他数据结构一样，队列的顺序存储就是队列的数据用数组来存储。队列包括数据区、队首指针、队尾指针三部分。顺序队列的类型定义如下：

```
#define  MAXSIZE  200            /*队列的最大容量*/
struct  sequeue
{
  Elemtype  data[MAXSIZE];       /*队列数据区,Elemtype 是指队列中元素的类型*/
  int       front;               /*队首指针*/
  int       rear;                /*队尾指针*/
};
```

定义一个指向队列的指针变量：

```
struct  sequeue  *q;
```

顺序队列的入队和出队过程如图 13-2 所示。

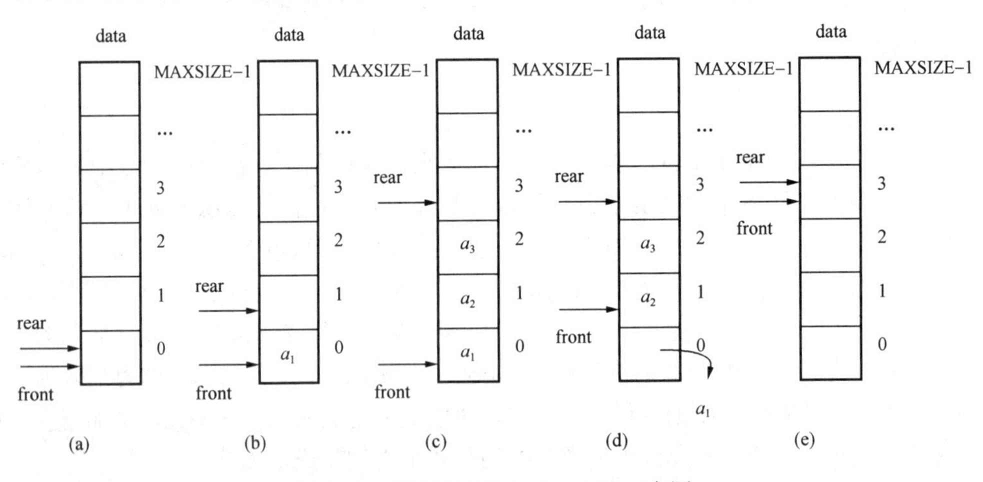

图 13-2 顺序队列的入队、出队示意图

（a）初始状态（front=0，rear=0）；（b）a_1入队后（front=0，rear=1）；（c）a_2、a_3入队后（front=0，rear=3）；（d）一个元素出队后（front=1，rear=3）；（e）所有元素出队后（front=3，rear=3）

顺序队列的基本操作实现如下：

（1）置空队列操作。置空队列操作就是向操作系统申请存储单元，并将队列初始化为空队列。顺序队列中置空队列操作的相应语句如下：

```
q=(struct sequeue *)malloc(sizeof(struct  sequeue));
q->front=0;
q->rear=0;
```

（2）入队操作。与入栈一样，入队操作同样会遇到队列的 data 数组满了，还在执行入队操作，发生上溢出。解决的办法是在进行入队操作执行之前进行队列是否满的检查。如未满，则进行入队操作，否则输出队列上溢信息。从图 13-2 可以看出，队列为满的条件是 q->rear==MAXSIZE。

顺序队列中元素 x 入队操作的相应语句如下：

```
if ( q->rear!=MAXSIZE )
{
    q->data[q->rear]=x;
    q->rear=q->rear+1 ;
}
```

（3）出队操作。出队操作是删除队首元素。按照日常生活的排队规则，当队首队员离开队列后，队列中所有的队员向前移动一个位置。但由于每个人都是一个生命体，当前面空出一个位置时都会自动向前移动一个位置。而队列的元素是不能自动移动，而是程序指令让所有的元素向前移动。所以每当删除一个元素，就需要把所有的元素向前移动一位，占用了不少的计算机时间资源。较好的解决办法是将队首位置移动，保持队列中元素位置不变，类似列车和飞机上移动售货车。即队列每删除一个元素，队首指针 front 向后移一位。

与出栈一样，出队操作也会遇到下溢现象，即当队列中没有元素时仍然执行出队操作。因此需检查队列是否为空，再执行出队操作。从图 13-2 可以看出，队列为空的条件是队首指针和队尾指针相遇，即它们指向同一单元（q->front==q->rear）。

顺序队列中对队列执行出队操作并将出队的元素存到 *x* 中的语句如下：

```
if (q->front!=q->rear)
{
    x= q->data[q->front];
    q->front=q->front+1 ;
}
```

（4）销毁队列操作。销毁队列就是释放队列指针，归还存储单元。顺序队列中销毁队列操作的相应语句如下：

```
free(q);
```

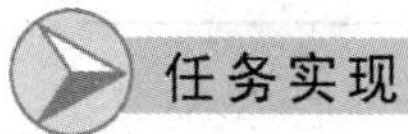

1. 分析

（1）顺序队列的类型定义前面已经介绍过了。队列中数据元素的类型为整型，定义如下：

```
typedef  int  Elemtype;
```

（2）分别用以下函数实现顺序队列的基本操作：

```
struct  sequeue  *initSequeue();          // 置空队列操作
int  fullSequeue(struct  sequeue *q);    //判断队列是否为满。若满,则返回 1,否则返回 0
int  inSequeue( struct sequeue *q ,Elemtype  x);          //入队操作
```

```
int  emptySequeue(struct sequeue *q);   //判断队列是否为空。若空,则返回1,否则返回0
int  outSequeue( struct sequeue *q ,Elemtype  *x);      //出队操作
void  destroySequeue( struct sequeue *q );              //销毁队列操作
```

（3）编写主函数 main：首先建立一个空间长度为 20 的顺序队列，然后从键盘输入 *n* 的值，接着输入 *n* 个整数并依次入队，待输入完成后依次出队并输出到屏幕上，直到队列为空，最后销毁队列。

2. 流程图

顺序队列置空队列操作函数 initSequeue 的流程图如图 13-3 所示。

顺序队列入队操作函数 inSequeue 的流程图如图 13-4 所示。

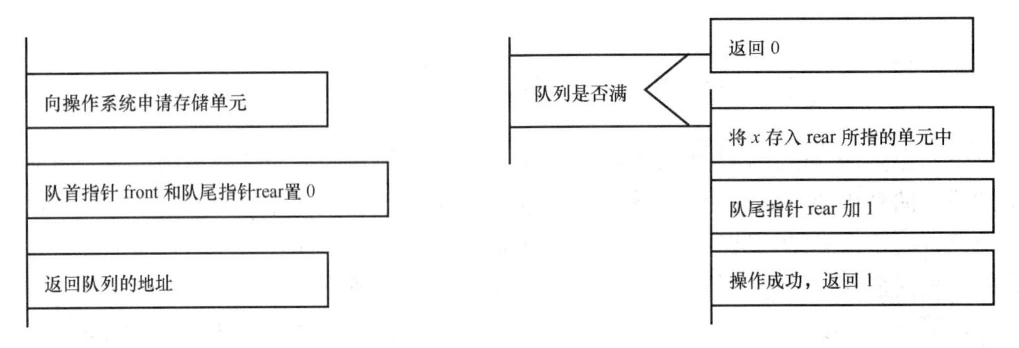

图 13-3　顺序队列置空队列流程图　　　　图 13-4　顺序队列入队流程图

顺序队列出队操作函数 outSequeue 的流程图如图 13-5 所示。

主函数 main 的流程图如图 13-6 所示。

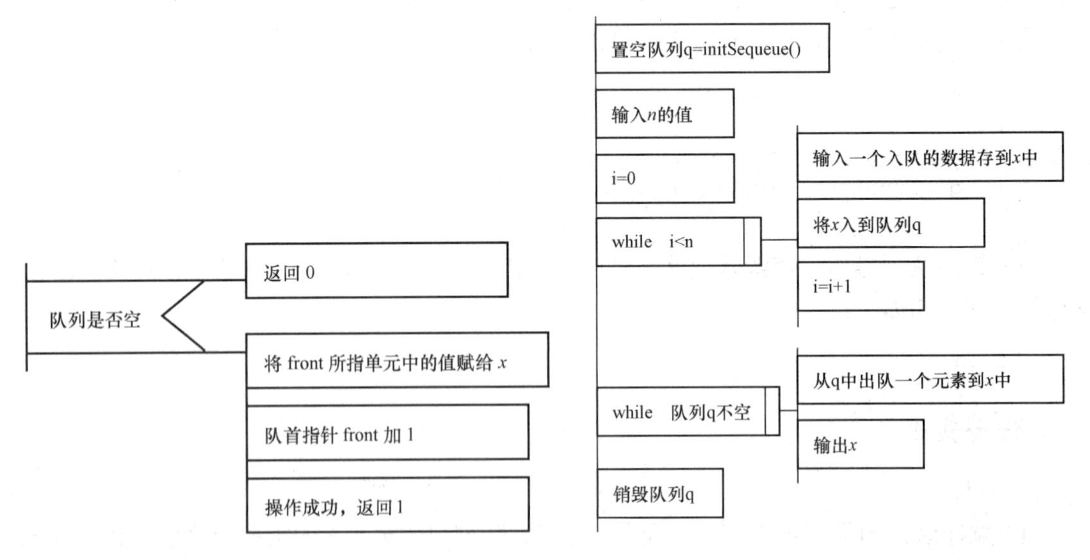

图 13-5　顺序队列出队流程图　　　　图 13-6　应用任务 13.1 主函数流程图

3. 源程序

```
#include  "stdio.h"
#include  "stdlib.h"
#define MAXSIZE  20
```

```
typedef  int  Elemtype;                    /* 队列中数据元素的类型 */
struct  sequeue
{
   Elemtype  data[MAXSIZE];                /* 队列数据区 */
   int       front;                        /* 队首指针 */
   int       rear;                         /* 队尾指针 */
};
struct  sequeue  *initSequeue()
{
   struct  sequeue  *q;
   q=(struct sequeue *)malloc(sizeof(struct  sequeue));
   q->front=0;
   q->rear=0;
   return q;
}
int  fullSequeue(struct sequeue *q)
{
   if(q->rear==MAXSIZE)
      return 1;
   else
      return 0;
}
int   inSequeue( struct sequeue *q ,Elemtype  x)
{
    if (fullSequeue(q))
    {
       printf("队列满,入队操作失败");
       return 0;   /*入队未完成 */
    }
    else
    {
       q->data[q->rear]=x;
       q->rear=q->rear+1 ;
       return 1;   /*入队完成*/
    }
}
int  emptySequeue(struct sequeue *q)
{
   if(q->front==q->rear)
      return 1;
   else
      return 0;
}
int   outSequeue( struct sequeue *q ,Elemtype  *x)
{
   if (emptySequeue(q))
   {
      printf("队列空,出队操作失败");
      return 0;                              /*出队未完成 */
   }
   else
   {
      *x= q->data[q->front];
      q->front=q->front+1 ;
      return 1;   /*出队完成*/
   }
```

```
}
void  destroySequeue( struct sequeue *q )
{
   free(q);
}
void  main( )
{
   struct  sequeue  *q;
   Elemtype  x;
   int n,i;
   q = initSequeue( );
   printf( "请输入 n 的值(大于 0,小于 20): " );
   do {
      scanf( "%d",&n );
      if(n<=0||n>=20)
         printf( "输入的值不符合要求。请重新输入(大于 0,小于 20): " );
   } while(n<=0||n>=20);
   for(i=0;i<n;i++)              // 从键盘输入 n 个整数,依次入队
   {
     printf( "请输入想入队列的数据:" );
     scanf( "%d",&x );
     inSequeue(q,x);
   }
   printf( "依次出队的数据为:\n" );
   while(!emptySequeue(q))       // 将队列中元素依次出队并输出到屏幕,直到队列为空
   {   outSequeue(q,&x);
       printf( "%d  ",x );
   }
   printf( "\n" );
   destroySequeue( q );
}
```

4. 运行结果

程序运行结果如图 13-7 所示。

```
请输入n的值 (大于0, 小于20) : 8
请输入想入队列的数据:1
请输入想入队列的数据:2
请输入想入队列的数据:3
请输入想入队列的数据:4
请输入想入队列的数据:5
请输入想入队列的数据:6
请输入想入队列的数据:7
请输入想入队列的数据:8
依次出队的数据为:
1  2  3  4  5  6  7  8
Press any key to continue
```

图 13-7 应用任务 13.1 的运行结果

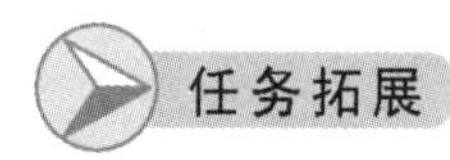

任务拓展

建立一个空间长度为 20 的顺序队列，从键盘输入 *n* 个整数（*n* 由键盘输入，*n*<20），依次入队，要求每入队三个整数，出队一个整数，直到所有的数据输入完毕。屏幕输出出队的元素值。

应用任务 13.2

建立一个空间长度为 20 的顺序队列，从键盘输入若干个整数，依次入队，要求每入队三个整数，出队一个整数，直到队满为止停止输入，屏幕输出队列中元素的个数。

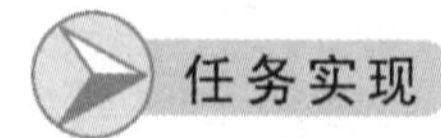

任务实现

1. 分析

只要对应用任务 13.1 稍做修改，就能实现应用任务 13.2。

（1）编写函数 void displaySequeue（struct sequeue *q），实现输出顺序队列中数据元素的

个数及元素值功能。

（2）修改 main 函数：首先建立一个空间长度为 20 的顺序队列，然后不断输入数据并入队。在输入入队数据前，先判断队列是否满，如果队满，则结束输入。在输入数据并入队的过程中进行计数。如果输入数据满三个，则出队一个元素并输出，同时将计数器置 0。当结束输入后，输出队列中的所有元素值及个数。最后销毁队列。

2. 流程图

顺序队列输出队列数据元素及个数函数 displaySequeue 的流程图如图 13-8 所示。

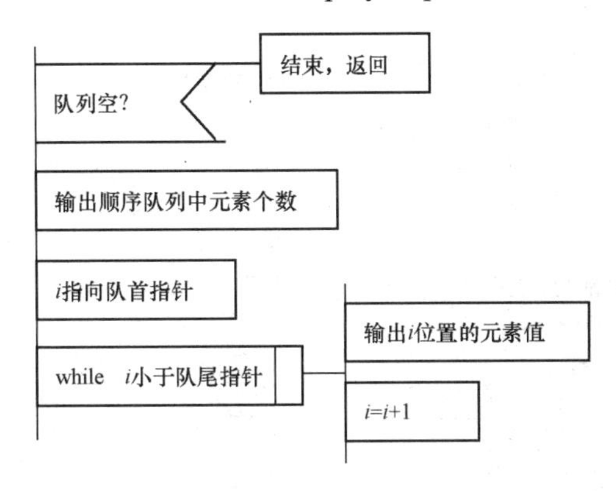

图 13-8　顺序队列输出队列流程图

主函数 main 的流程图如图 13-9 所示。

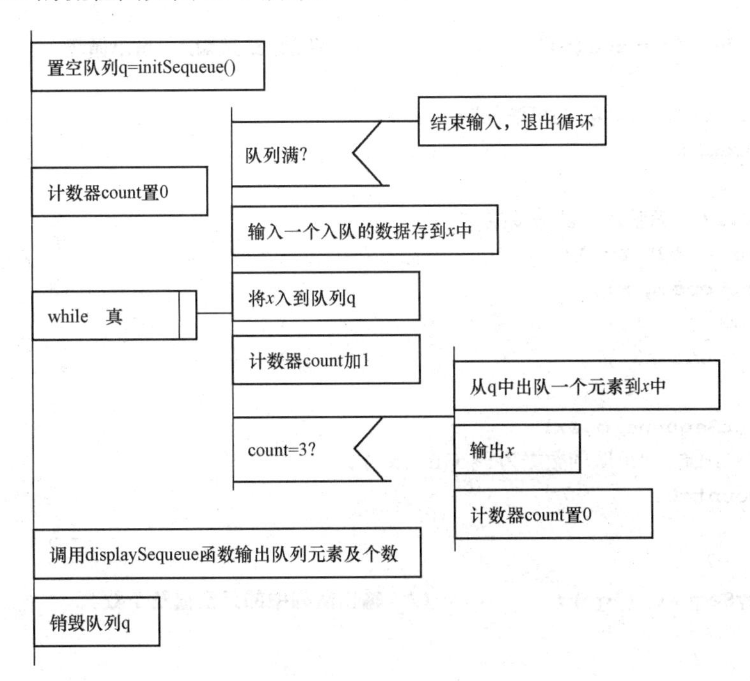

图 13-9　应用任务 13.2 主函数流程图

3. 源程序

在应用任务 13.1 的基础上增加 displaySequeue 函数，修改 main 函数。增加和变动部分的源程序如下：

```
void displaySequeue(struct sequeue *q)
{
    int i;
    if(emptySequeue(q))
    {
        printf("队列为空!\n");
        return;
    }
    printf("队列中共有%d 个数据,分别为:",q->rear-q->front );
    for(i=q->front;i<q->rear;i=i+1)
        printf("%d ",q->data[i]);
    printf("\n");
}
void  main( )//加粗部分是在应用任务 13.1 基础上修改的
{
    struct  sequeue  *q;
    Elemtype  x;
    int count;
    q = initSequeue( );
    count = 0;
    while(1)
    {
        if( fullSequeue(q))                //  队满,结束输入,退出循环
        {
            printf( "队满,结束输入\n" );
            break;
        }
        printf( "请输入入队的数据:" );
        scanf( "%d",&x );
        inSequeue(q,x);
        count++;
        if( count==3 )
        {
            outSequeue(q,&x);
            printf( "出队的数据为:%d\n",x );
            count=0;
        }
    }
    displaySequeue( q );              //  输出队列中的元素值及个数
    destroySequeue( q );
}
```

4. 运行结果

程序运行结果如图 13-10 所示。

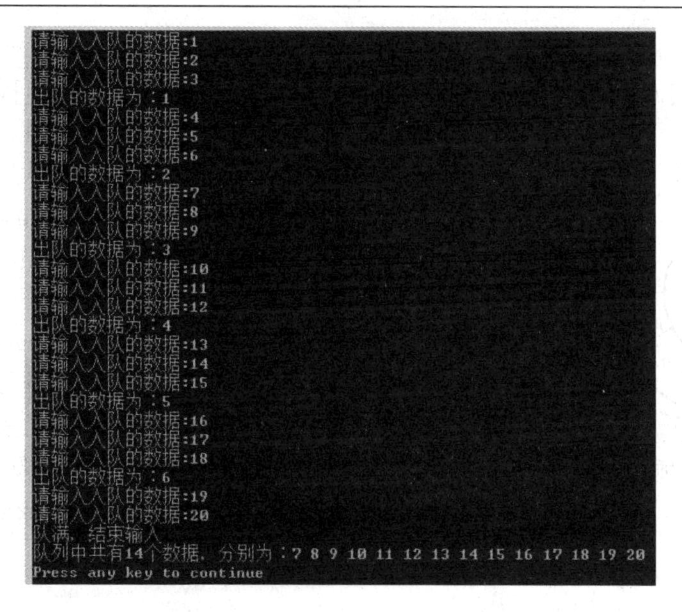

图 13-10　应用任务 13.2 的运行结果

任务拓展

利用循环队列解决顺序队列出现的“假溢出”现象。

实现提示：

1. 假溢出

运行应用任务 13.2 的程序，发现顺序队列存在这样一种现象：由于队首指针和队尾指针是同向移动的，当队尾指针已经移到了最后，再有元素入队就会出现溢出，而事实上此时队中并未真的“满员”，队首指针所经过的单元都是空单元，可以接受新的数据，这种现象称为“假溢出”。“假溢出”现象如图 13-11 所示（假设 MAXSIZE=6）。

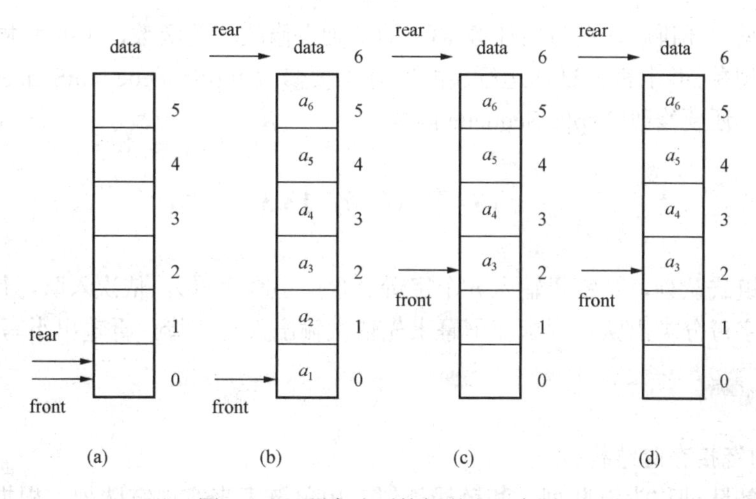

图 13-11　顺序队列的假溢出示意图

（a）初始状态（front=0，rear=0）；（b）a_1～a_6 入队后（front=0，rear=6）；

（c）出队 2 个元素后（front=2，rear=6）；（d）再要入队就发生假溢出

2. 循环队列

解决假溢出的方法之一是将队列的数据区 data[0]…data[MAXSIZE-1]看成头尾相接的循环结构，称为“循环队列”，其示意图如图 13-12 所示。

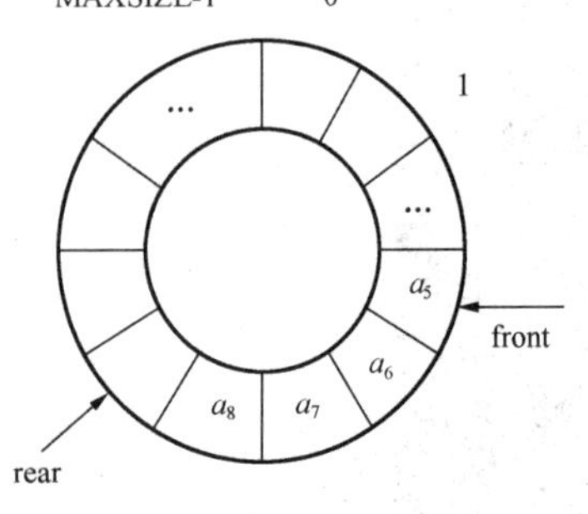

图 13-12　循环队列示意图

循环队列的实现是通过队首指针和队尾指针的循环来实现的。入队时的队尾指针加 1 操作修改为：q->rear=（q->rear+1）%MAXSIZE，出队时的队首指针加 1 操作修改为：q->front=（q->front+1）%MAXSIZE。循环队列队满的条件是插入一个元素后队尾指针与队首指针相遇，即 q->rear==q->front，如图 13-13（b）所示，而这与队列空的条件相同，如图 13-13（a）所示。为了区分开来，队列少占用一个元素空间，当队尾指针指向队首指针所指的前一个单元时视为队列满，如图 13-13（c）所示。这种情况下，队满的条件：（q->rear+1）%MAXSIZE ==q->front。

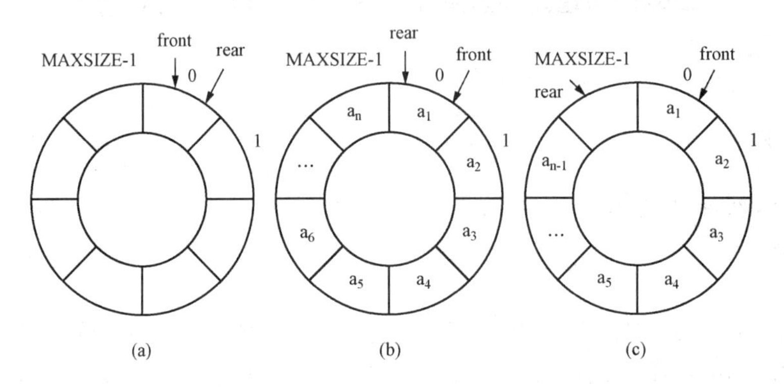

图 13-13　循环队列队空和队满示意图

（a）空队列；（b）实际队满；（c）视为队满

请读者根据上述讲解，在应用任务 13.2 的基础上修改相关函数，实现用循环队列解决出现的“假溢出”现象，并上机调试和运行。注意：除了要修改 fullSequeue 、inSequeue、outSequeue 这三个函数外，还要修改 displaySequeue 函数。

应 用 任 务 13.3

建立一个链式队列，从键盘输入 *n* 个字母（含大小写字母），依次入队，待输入完成后，然后按大小写字母分类出队，要求在屏幕上先依次输出大写字母，再输出小写字母。

1. 队列的链接存储结构

链式存储的队列称为链队列。和链栈类似，用单链表来实现链队列。根据队列的 FIFO 原则，为了操作上的方便，我们分别需要一个头指针和尾指针，并把二者封装在一个结构体中。链队列的数据结构描述如下：

```
struct queueNode              /*  链队列结点的类型  */
{
  Elemtype  data;
  struct  queueNode *next;
};
struct  lqueue                /*  将头尾指针封装在一起的链队列  */
{
  struct  queueNode   *front,*rear;
};
```

定义一个指向链队列的指针变量：

```
struct  lqueue  *q;
```

链队列的入队和出队过程如图 13-14 所示。

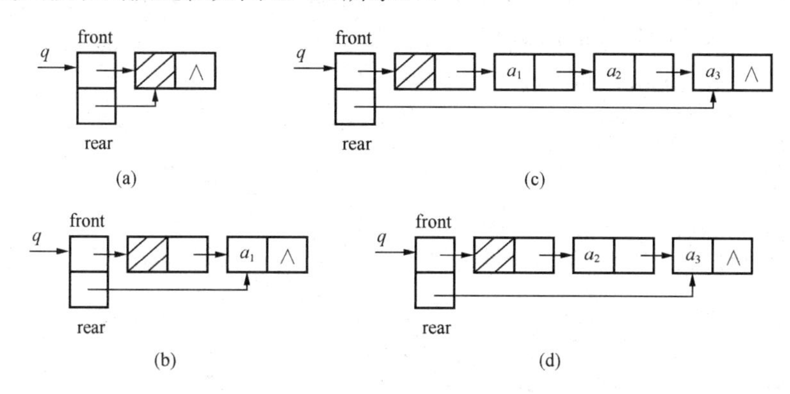

图 13-14　链队列的入队、出队示意图

（a）初始状态；（b）a_1 入队后；（c）a_2、a_3 入队后；（d）一个元素出队后（出队元素为 a_1）

2. 链队列的操作实现

（1）置空队列操作。置空队列操作就是建成如图 13-14（a）所示的空队列。链队列中置空队列操作的语句如下：

```
q=( struct lqueue *)malloc(sizeof(struct lqueue));
q->front=( struct queueNode *)malloc(sizeof(struct queueNode));
q->front->next=NULL;
q->rear=q->front;
```

（2）入队操作。对于链队列来说，一般不需要判断队列是否为满的操作。链队列的每次入队需要申请空间以存放新的元素，同时该新元素即成为队尾。链队列中将元素 x 入队的相应语句如下：

```
struct queueNode *s;
s=( struct queueNode*)malloc(sizeof(struct queueNode));
s->data=x;
s->next=NULL;
q->rear->next=s;
q->rear=s;
```

（3）出队操作。链队列每次出队列前要判断队列是否为空，如为空则输出“下溢”信息；若非空，则移出队首元素。链队列中判断队列是否为空，只需要判断 front 与 rear 两个指针是否相等（q->front==q->rear），如相等，则队列为空；如不相等则为非空。

对链队列执行出队操作并将出队的元素存到 x 中的语句如下：

```
struct queueNode *s;
if(q->front!=q->rear)
{
   s=q->front->next;
   q->front->next=s->next;
   *x=s->data;
   free(s);
   if(q->front->next == NULL)
      q->rear=q->front;
}
```

（4）销毁队列操作。对于链队列而言，销毁队列就是要将所有结点的存储单元都要释放。链队列中销毁队列操作的相应语句如下：

```
struct queueNode  *s,*t;
s=q->front;
while(s!=NULL)
{
   t=s;
   s=s->next;
   free(t);
}
free(q);
```

任务实现

1. 分析

（1）链队列的类型定义前面已经介绍过了。队列中数据元素的类型为字母，定义如下：

```
typedef  char  Elemtype;
```

（2）分别用以下函数实现链队列的基本操作：

```
struct  lqueue  *initLqueue();                        // 置空队列操作
int  inLqueue( struct lqueue *q ,Elemtype  x);        //入队操作
int  emptyLqueue(struct lqueue *q);      //判断队列是否为空。若空返回 1,否则返回 0
int  outLqueue( struct lqueue *q ,Elemtype  *x);      //出队操作
void  destroyLqueue( struct lqueue *q );              //销毁队列操作
```

（3）编写主函数 main：首先建立一个空链队列，然后从键盘输入 n 的值，接着输入 n 个字母并依次入队，待输入完成后依次出队。因为要求在屏幕上先依次输出大写字母，再输出小写字母，所以出队时，如果是大写字母，则直接输出，否则是小写字母，将其入队等待。当大写字母全部出队后，将小写字母依次出队并输出，直到队列为空，最后销毁队列。

2. 流程图

链队列置空队列操作函数 initLqueue 的流程图如图 13-15 所示。

链队列入队操作函数 inLqueue 的流程图如图 13-16 所示。

链队列出队操作函数 outLqueue 的流程图如图 13-17 所示。

主函数 main 的流程图如图 13-18 所示。

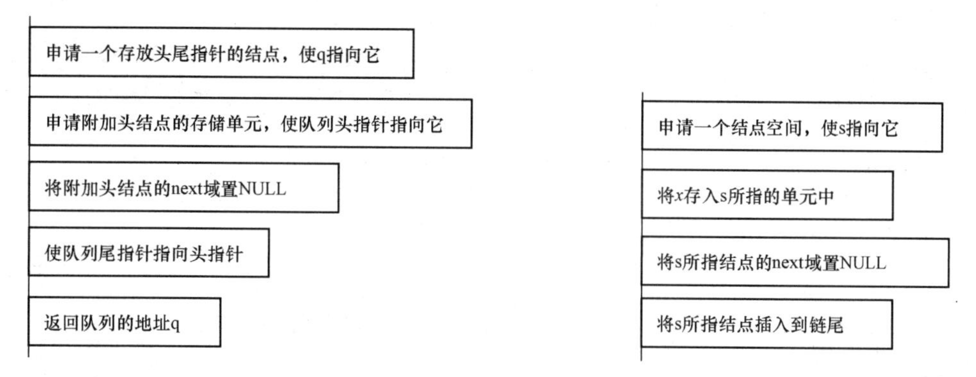

图 13-15　链队列置空队列流程图　　图 13-16　链队列入队流程图

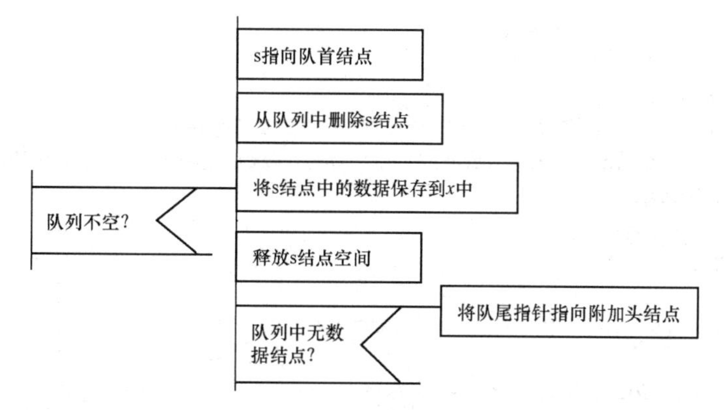

图 13-17　链队列出队流程图

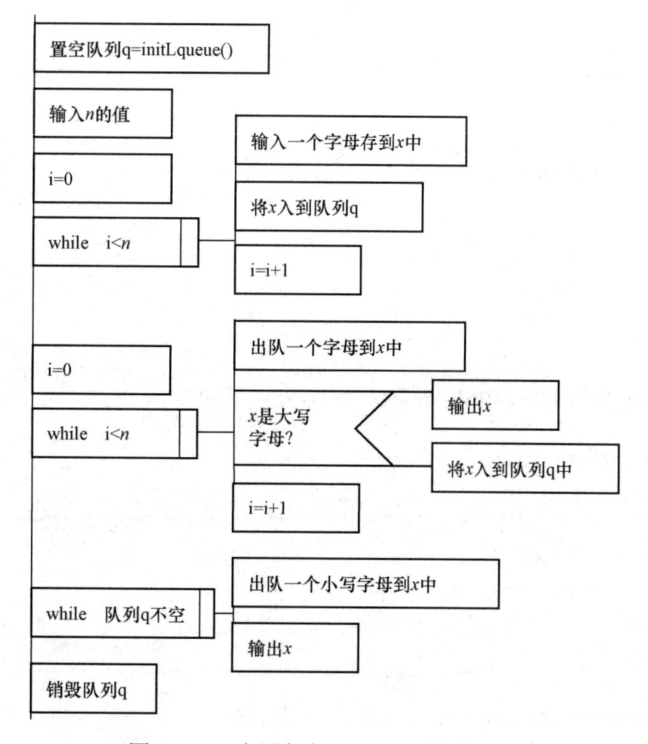

图 13-18　应用任务 13.3 主函数流程图

3. 源程序

```
#include  "stdio.h"
#include  "stdlib.h"
typedef  char  Elemtype;
struct queueNode              /*  链队列结点的类型  */
{
   Elemtype  data;
   struct  queueNode *next;
};
struct  lqueue                /*  将头尾指针封装在一起的链队列  */
{
   struct  queueNode   *front,*rear;
};
struct lqueue * initLqueue( )
{
   struct lqueue *q;
   q=( struct lqueue *)malloc(sizeof(struct lqueue));
   q->front=( struct queueNode *)malloc(sizeof(struct queueNode));
   q->front->next=NULL;
   q->rear=q->front;
   return q;
}
void inLqueue(struct lqueue *q,Elemtype  x)
{
   struct queueNode *s;
   s=( struct queueNode*)malloc(sizeof(struct queueNode));
   s->data=x;
   s->next=NULL;
   q->rear->next=s;
   q->rear=s;
}
int emptyLqueue(struct lqueue *q)
{
   if(q->front == q->rear)
      return 1;
   else
      return 0;
}
void outLqueue(struct lqueue *q,Elemtype  *x)
{
   struct queueNode *s;
   if(!emptyLqueue(q))
   {
      s=q->front->next;
      q->front->next=s->next;
      *x=s->data;
      free(s);
      if(q->front->next == NULL)
         q->rear=q->front;
   }
```

```
}
void  destroyLqueue( struct lqueue *q )
{
    struct queueNode  *s,*t;
    s=q->front;
    while(s!=NULL)
    {
       t=s;
       s=s->next;
       free(t);
    }
    free(q);
}
void  main( )
{
   struct  lqueue  *q;
   Elemtype  x;
   int n,i;
   q = initLqueue( );
   printf( "请输入 n 的值(大于 0): " );
   do {
      scanf( "%d",&n );
      if(n<=0)
         printf( "输入的值不符合要求。请重新输入(大于 0): " );
   } while(n<=0);
   for(i=0;i<n;i++)            // 从键盘输入 n 个整数,依次入队
   {
      fflush(stdin);           //  清空输入缓冲区
      printf( "请输入想入队列的数据:" );
      scanf( "%c",&x );
      inLqueue(q,x);
   }
   printf( "大写字母有:" );
   for(i=0;i<n;i++)            // 将元素依次出队,如果是大写字母则输出到屏幕,否则入队
   {   outLqueue(q,&x);
       if(x>='A'&&x<='Z')
          printf( "%c",x );
       else
          inLqueue(q,x);
   }
   printf( "\n" );
   printf( "小写字母有:" );
   while(!emptyLqueue(q))     // 将队列中的小写字母依次出队并输出,直到队列为空
   {   outLqueue(q,&x);
       printf( "%c",x );
   }
   printf( "\n" );
   destroyLqueue( q );
}
```

4. 运行结果

程序运行结果如图 13-19 所示。

图 13-19 应用任务 13.3 的运行结果

任务拓展

设有 n 个人依次围成一圈，从第 1 个人开始报数，数到第 m 个人出列，然后从出列的下一个人开始报数，数到第 m 个人又出列，…，如此反复到所有的人全部出列为止。设 n 个人的编号分别为 A、B、C、…、N，打印出出列的顺序。

应用任务 13.4

建立两个队列，分别存放天干和地支，然后输出天干地支五行对照表（即六十甲子顺序表，1. 甲子；2. 乙丑；3. 丙寅……）。

提示：天干为{甲、乙、丙、丁、戊、己、庚、辛、壬、癸}，地支为{子、丑、寅、卯、辰、巳、午、未、申、酉、戌、亥}，六十甲子顺序表见表 13-1。

表 13-1 六十甲子顺序表

顺序	干支	顺序	干支	顺序	干支	顺序	干支
1	甲子	16	己卯	31	甲午	46	己酉
2	乙丑	17	庚辰	32	乙未	47	庚戌
3	丙寅	18	辛巳	33	丙申	48	辛亥
4	丁卯	19	壬午	34	丁酉	49	壬子
5	戊辰	20	癸未	35	戊戌	50	癸丑
6	己巳	21	甲申	36	己亥	51	甲寅
7	庚午	22	乙酉	37	庚子	52	乙卯
8	辛未	23	丙戌	38	辛丑	53	丙辰
9	壬申	24	丁亥	39	壬寅	54	丁巳
10	癸酉	25	戊子	40	癸卯	55	戊午
11	甲戌	26	己丑	41	甲辰	56	己未
12	乙亥	27	庚寅	42	乙巳	57	庚申
13	丙子	28	辛卯	43	丙午	58	辛酉
14	丁丑	29	壬辰	44	丁未	59	壬戌
15	戊寅	30	癸巳	45	戊申	60	癸亥

任务实现

1. 分析

（1）用两个数组分别存放天干和地支，定义如下：

```
char HeavenlyStems[10][5]={ "甲","乙","丙","丁","戊","己","庚","辛","壬","癸" };
char EarthlyBranches[12][5]={"子","丑","寅","卯","辰","巳","午","未","申","酉
","戌","亥" };
```

（2）分别用两个队列来存放天干和地支，所以队列数据结点类型定义为字符串，定义如下：

```
typedef  char  Elemtype[5];  /*  队列元素类型为字符串  */
```

队列既可以采用顺序结构实现，也可以采用链式结构实现。我们采用链式结构，其类型描述与应用任务 13.3 相同，相应基本操作实现也与应用任务 13.3 大致相同，只不过处理的数据结点类型有所不同，对数据的处理部分要稍做修改。

（3）编写主函数 main：首先建立两个空队列，分别将天干和地支入队；然后依次将两个队列中元素出队，分别输出到屏幕后再入队，直到将六十甲子顺序表全部输出；最后销毁两个队列。

2. 流程图

主函数流程图如图 13-20 所示。

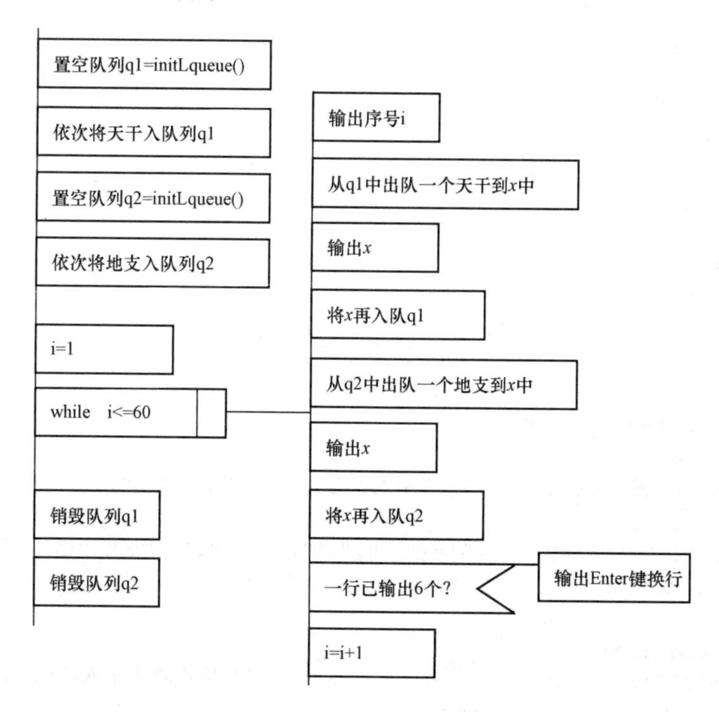

图 13-20　应用任务 13.4 主函数流程图

3. 源程序

```
#include  "stdio.h"
#include  "stdlib.h"
#include  "string.h"
```

```
typedef  char  Elemtype[5];                    /*  队列元素类型为字符串  */
struct queueNode                               /*  链队列结点的类型  */
{
  Elemtype  data;
  struct  queueNode *next;
};
struct  lqueue                                 /*  将头尾指针封装在一起的链队列  */
{
  struct  queueNode  *front,*rear;
};
void inLqueue(struct lqueue *q,Elemtype  x)
{
  struct queueNode *s;
  s=( struct queueNode*)malloc(sizeof(struct queueNode));
  strcpy(s->data,x);                           //  加粗部分是在应用任务 13.3 的基础上修改的
  s->next=NULL;
  q->rear->next=s;
  q->rear=s;
}
//  加粗部分是在应用任务 13.3 的基础上修改的
void outLqueue(struct lqueue *q,Elemtype  x)
{
  struct queueNode *s;
  if(!emptyLqueue(q))
  {
    s=q->front->next;
    q->front->next=s->next;
    strcpy( x,s->data );
    free(s);
    if(q->front->next == NULL)
      q->rear=q->front;
  }
}
void  main( )
{
  struct  lqueue  *q1,*q2;
  Elemtype  x;
  char HeavenlyStems[10][5]={ "甲","乙","丙","丁","戊","己","庚","辛","壬",
  "癸" };                                       //  天干
  char EarthlyBranches[12][5]={"子","丑","寅","卯","辰","巳","午","未","申",
  "酉","戌","亥" };                             //  地支
  int n,i;
  q1 = initLqueue( );
  for(i=0;i<10;i++)                             // 依次将天干入队列 q1
    inLqueue(q1,HeavenlyStems[i] );
  q2 = initLqueue( );
  for(i=0;i<12;i++)                             // 依次将地支入队列 q2
    inLqueue(q2,EarthlyBranches[i] );
  printf( "天干地支五行对照表:\n" );
  for(i=1;i<=60;i++)                            // 将两个队列中元素依次出队,输出到屏
                                                // 幕,然后再入队
```

```
    {   printf( "%2d.",i );
        outLqueue(q1,x);
        printf( "%s",x );
        inLqueue(q1,x);
        outLqueue(q2,x);
        printf( "%s   ",x );
        inLqueue(q2,x);
        if(i%6==0)printf( "\n" );
    }
    destroyLqueue( q1 );
    destroyLqueue( q2 );
}
```

说明：initLqueue 函数、emptyLqueue 函数和 destroyLqueue 函数与应用任务 13.3 中完全相同，此处省略。

4. 运行结果

程序运行结果如图 13-21 所示。

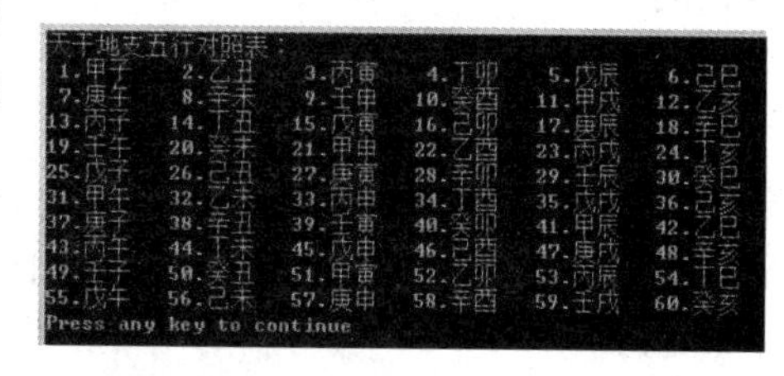

图 13-21　应用任务 13.4 的运行结果

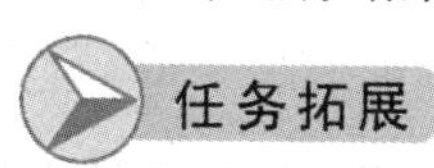

任务拓展

利用队列模拟舞伴配对问题：在舞会上，男、女各自排成一队。舞会开始时，依次从男队和女队的队头各出一人配成舞伴，如果两队初始人数不等，则较长的那一队中未配对者等待下一轮舞曲。假设初始男、女人数及性别已经固定，舞会的轮数从键盘输入。要求：在屏幕上输出每一轮舞伴配对名单，如果在该轮有未配对的，能够在屏幕上显示下一轮第一个出场的未配对者的姓名。

实现提示：题目要求如果有未配对的，能够在屏幕上显示下一轮第一个出场的未配对者的姓名，这就需要增加一个取队首元素的操作。函数定义如下：

```
void getLqueueHead(struct lqueue *q,Elemtype  x)
{
   struct queueNode *s;
   if(!emptyLqueue(q))
   {
      s=q->front->next;
      strcpy( x,s->data );
   }
}
```

请读者根据提示编写程序，并上机调试和运行。

实　　训

【实训目的】

（1）掌握队列的存储结构。

（2）掌握队列基本操作的实现。

（3）具备分析简单问题并进行设计的能力。

（4）具备根据分析和设计进行编写程序的能力。

（5）熟悉并具备应用队列解决实际问题的能力。

【实训要求】

（1）根据题目要求绘制程序流程图。

（2）编写源程序。

（3）上机调试程序。

（4）撰写实验报告。

【实训内容】

（1）（A 类）利用栈和队列判断一个字符串是否是回文。回文是指字符串的正序和逆序完全相同。

（2）（B 类）模拟食堂排队买饭，当学生人数一定时，计算出早、中、晚各至少开多少个窗口卖饭学生等待的时间最短。（已知该食堂学生早餐 400 人，平均每隔 6s 走进一个学生，每个学生平均打饭时间是 30s；午餐 800 人，平均每隔 2s 走进一个学生，每个学生平均打饭时间是 60s；晚餐 500 人，平均每隔 12s 走进一个学生，每个学生平均打饭时间是 60s。）

实现提示：

本实训项目中，对于早、中、晚餐，求解问题相同，解决的方法完全相同，可以归结为一个问题：该食堂有 m 个窗口，其中 k 个窗口卖饭。共有 n 个学生就餐，每隔 Ss 走进一个学生，学生打饭的时间长度为 Ts。问这种情况下学生在食堂排队等待的时间是多少？假定 k=1 时，学生等待的时间总和为 $s1$；k=2 时，学生等待的时间总和为 $s2$；当 k 增加到一定数量时，s_k 不再减小。此时 k 就是我们所求的解。

在实现中，k 个窗口则是 k 个队列，等待时间是指学生从入队到出队的时间差。每个学生的就餐时间信息可以用一个结构体来记录，包括四项：进入食堂顺序号，入队时间，开始打饭时间，出队时间（即结束打饭时间）。队列只记录排队学生的顺序号，学生进入食堂后，总是选择人数最少的队伍排队。

对于学生进入食堂以及入队、出队操作均以 s 为单位，按一定的时间间隔进行相应的操作。实现时，可用循环语句模拟，循环变量为时间 t。t 从 0 开始，增量 1，直到 n 个同学均出队，循环结束。

第14章　总结与提高

第2篇数据结构基础篇分6章围绕28个应用任务，主要介绍了：①结构体类型、指针类型；②线性表的顺序存储、链式存储；③栈、队列及其应用；④排序、查找的方法。通过这些知识的讲解和任务的实现，使读者进一步加强了调试程序的能力，具备了分析简单问题并进行设计的能力，根据分析和设计进行编写程序的能力，应用顺序线性表、链接存储线性表、栈、队列等数据结构解决实际问题的能力。

主要知识点

1. 数据类型

（1）结构体。

1）结构体类型的定义。

2）结构体变量的定义、赋值和初始化。

3）结构体数组。

（2）指针。

1）指针和指针变量的概念。

2）指针变量的定义、赋值及其运算。

3）指针与数组、字符串。

4）指针与结构体。

2. 线性表

（1）顺序线性表。

（2）链式线性表。

（3）栈。

1）顺序栈。

2）链栈。

（4）队列。

1）顺序队列。

2）循环队列。

3）链式队列。

3. 动态存储分配内存空间

（1）malloc 函数。

（2）free 函数。

4. 排序和查找

（1）冒泡排序法、简单选择排序法。

（2）顺序查找法、折半查找法。

说明：

知识点的详细内容可以参阅《程序设计基础教程（C 语言与数据结构）学习辅导与习题精选》中的第 4 章、第 5 章、第 7 章和第 8 章。

综 合 实 训

一、高级成绩管理系统

1. 任务内容

设计一个高级成绩管理系统，根据屏幕上显示的菜单，能完成学生成绩记录的输入和输出，能增加和删除学生成绩记录，能对学生成绩信息进行排序和查找。

2. 系统功能

高级成绩管理信息系统的主要功能是完成输入、输出、插入、删除、排序、查找以及将数据写入文件和从文件读数据等基本操作，即

（1）输入成绩记录：从键盘输入含有学生信息和课程信息的成绩记录。

（2）输出成绩记录：将含有学生信息和课程信息的成绩记录输出到屏幕上。

（3）将成绩记录保存到文件：将含有学生信息和课程信息的成绩记录存入磁盘文件。

（4）从文件中读取成绩记录：从磁盘文件中读取含有学生信息和课程信息的成绩记录。

（5）插入一个成绩记录：在原有成绩记录基础上增加一个记录。

（6）删除一个成绩记录：从成绩记录中删除一个指定的记录。

（7）对成绩记录进行排序：

1）对成绩记录按照学生的学号进行递增排序。

2）对成绩记录按照成绩总分进行递增排序。

（8）对成绩记录进行查找：

1）对成绩记录根据学生学号进行查找。

2）对成绩记录根据学生姓名进行查找。

3. 实现提示

（1）学生成绩记录应该包含有学生信息和课程信息，所以可以包括以下信息：学号、姓名、各门课程的成绩（假定 5 门）、总分和平均分，其中总分和平均分由计算机自动计算。

（2）对学生成绩记录的存储方式既可以采用顺序存储结构，也可以采用链式存储结构。

假如采用顺序存储结构，则学生成绩记录数据结构可以定义如下：

```
#define  COURSE_NUM       5          /*  课程门数           */
#define  NAME_MAX_LEN     20         /*  学生姓名最大长度   */
#define  STU_MAX_NUM      50         /*  学生最大人数       */
typedef  struct
{  int  num;                         /*   学号              */
   char name[ NAME_MAX_LEN ];        /*   姓名              */
   int  score[ COURSE_NUM ];         /*   各门课程的成绩    */
```

```
    int  total;                         /*  总分                */
    float average;                      /*  平均分              */
  } StuNode;
  typedef  struct  sequence
  {
    StuNode  data[STU_MAX_NUM];     /*  数组域,存放学生成绩记录    */
    int  len;                       /*  表长域,存放学生成绩记录数  */
  } Seq;
```

假如采用链式存储结构，则学生成绩记录数据结构可以定义如下:

```
#define  COURSE_NUM       5       /*  课程门数              */
#define  NAME_MAX_LEN    20       /*  学生姓名最大长度      */
typedef  struct  student
{  int  num;                      /*   学号                */
   char name[ NAME_MAX_LEN ];     /*   姓名                */
   int  score[ COURSE_NUM ];      /*   各门课程的成绩      */
   int  total;                    /*   总分                */
   float average;                 /*   平均分              */
   struct  student  *next;        /*   指针域              */
} StuNode;
StuNode  *head;
```

二、进出口合用的小型停车场车辆进出口管理

1. 任务内容

建立一个进出口合用的小型停车场系统，输入一个待停放或待出口车辆的信息，检查停车场内的情况，对车辆执行进停车场、出停车场等操作，并能实时显示停车场内的状态信息。

2. 系统功能

进出口合用的小型停车场系统的主要功能是对车辆执行进停车场、出停车场等操作，并能实时显示停车场内的状态信息，即

（1）输入一个待进停车场车辆信息，加入停车场数据中。

（2）输入一个待出停车场车辆信息，进行出停车场管理并进行计费。

（3）对本停车场内的车辆信息进行实时显示。

3. 实现提示

对于进出口合用的小型停车场系统而言，车辆进停车场和出停车场都在同一个门进行，这与栈的特点是一致的，所以可以采用栈结构来存储数据信息。栈实现时有顺序栈和链栈两种方式。下面给出用顺序栈实现的数据结构定义。

停车场管理系统要记录车辆的车牌号、进停车场的时间、停放车位信息。在出停车场时要根据停车时间计算出停车费用。所以数据结构定义如下:

```
#define  MAXSIZE    10       /* 停车场内的车位数             */
#define  price       0.1     /* 每车每分钟费用,单位:元       */
```

定义时间结构体,对进停车场的时间进行记录。

```
struct time
{
   int hour;
   int min;
};
```

定义进入停车场的每辆车的信息，由车牌号与进停车场时间构成。

```
struct automobile
{
   char LPN[20];
   struct time Time;
};
```

定义停车场的顺序栈结构，由车辆的结构体数组与栈顶指针构成。

```
struct parking
{
   struct automobile data[MAXSIZE];
   int  top;
};
```

三、进出口分设的小型停车场车辆进出口管理

1. 任务内容

建立一个进出口分设的小型停车场系统，输入一个待停放或待出口车辆的信息，检查停车场内的情况，对车辆执行进停车场、出停车场等操作，并能实时显示停车场内的状态信息。

2. 系统功能

进出口分设的小型停车场系统的主要功能与进出口合用的小型停车场系统功能完全相同。

3. 实现提示

对于进出口分设的小型停车场系统而言，车辆进停车场在一个门进行，而车辆出停车场则在另一个门进行，这与队列的特点一致，所以可以采用队列结构来存储数据信息。队列实现时有顺序队列和链队列两种方式。下面给出用顺序队列实现的数据结构定义。

定义停车场的队列结构，由车辆的结构体数组与队列首、尾指针构成。其余数据结构定义与进出口合用的小型停车场系统中的相同。

```
struct parking
{
  struct automobile data[MAXSIZE];
  int front;
  int rear;
};
```

第3篇

数据结构提高篇

第15章 树 及 应 用

【知识点】

（1）树的定义。

（2）二叉树的定义。

（3）二叉树的顺序存储和链式存储。

（4）二叉树的遍历。

（5）二叉排序树。

（6）堆排序。

【能力点】

（1）调试程序的能力。

（2）阅读和编写简单程序的能力。

（3）流程图的绘制能力。

应 用 任 务 15.1

编写程序输入二叉树结点信息（二叉树结点编号、结点名称，结点名称用大写字母表示），存储在一维数组中，并在屏幕上输出数组中的信息（数组中无效信息用"^"表示）。

预备知识

1. 树的定义

树是一种非线性数据结构，该结构除了起点以外，每个结点只有一个前驱结点，除终点以外，每个结点有一个或多个后继结点。在树结构中，起点只有一个，而且它没有前驱结点，把这个起点称为根结点；终点有多个，它没有后继结点，把这些终点称为叶结点；其他既有前驱结点又有后继结点的结点称为分支结点。

这种数据结构由于像一棵倒长的树，因此而得名。它也与人类家庭组织结构相类似，是一种分层的非线性结构，所以树中的结点又有这样的名称：每个结点的前驱结点称为父结点或双亲结点（parent）；每个结点的后继结点称为孩子结点或子结点（child），具有同一父结点的子结点互称为兄弟结点（brothers）。

图 15-1 中的树，根结点是 A，叶结点分别是 D、H、I、F、G；分支结点为 B、E、C。另外，结点 A 为结点 B、C 的父结点，或 B、C 为 A 的子结点，结点 B、C 互为兄弟结点。

每个结点孩子结点的个数称为该结点的度数，一棵树的度数为该树中所有结点的最大度

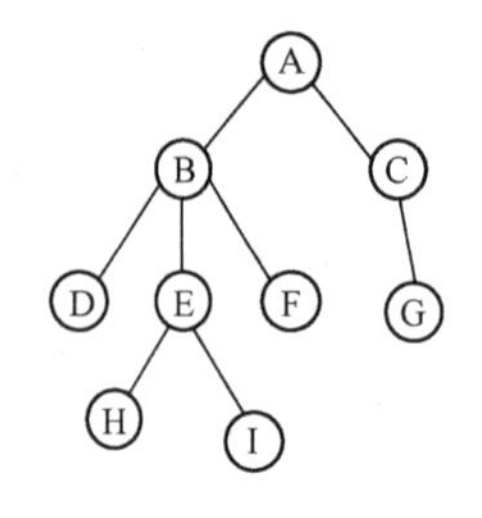

图 15-1　树结构示意图

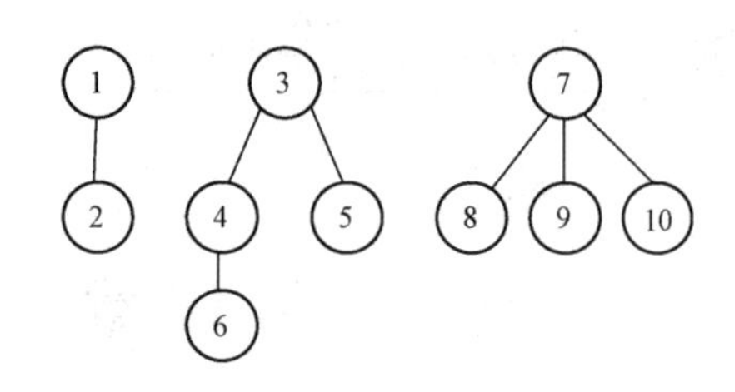

图 15-2　一个由 3 棵树组成的森林

数。图 15-1 中结点 B 的度数为 3，A、E 的度数为 2，C 的度数为 1，其他结点的度数为 0。所以该树的度数为 3，也称为三元树或三叉树。

树是一种分层的非线性结构，根结点为第 1 层，其子结点为第 2 层，依次类推可以得到每个结点所在的层数，树中结点的最大层数为树的深度或高度，图 15-1 的树的高度为 4。

2. 森林的定义

自然界中树和森林的关系可以简单归纳为：森林是由多棵树组成的一个整体。反映在数据结构中，森林是 m（m>0）棵不相交的树组成的集合，如图 15-2 所示。但在数据结构中，树和森林差别较小。任何一棵树，删去根结点就变成了森林。

3. 二叉树的定义

顾名思义，二叉树（binary tree）是度数不超过 2 的树，也是结构最简单的树。二叉树每个结点最多有两个孩子，根据树中的位置，左边的子结点称为左孩子，右边的子结点称为右孩子。但左右两个孩子的顺序是不能颠倒的。因此二叉树有五种基本形态，如图 15-3 所示，其中最左边的Φ为空树。

图 15-3　二叉树的五种基本形态

二叉树具有以下数学性质：

（1）二叉树第 i 层上至多有 2^{i-1} 个结点；

（2）高度为 h 的二叉树上至多有 2^h-1 个结点；

（3）高度为 h 的二叉树至少有 h 个结点。

（4）在任意二叉树中，若叶子结点（即度为 0 的结点）个数为 n_0，度为 1 的结点个数为 n_1，度为 2 的结点个数为 n_2，则有 $n_0=n_2+1$ 成立。

以上性质请读者自己证明。

4. 满二叉树和完全二叉树

一棵二叉树如果满足每层结点数都达到最大，则这棵树称为满二叉树。图 15-4 是高度为 3 的满二叉树。

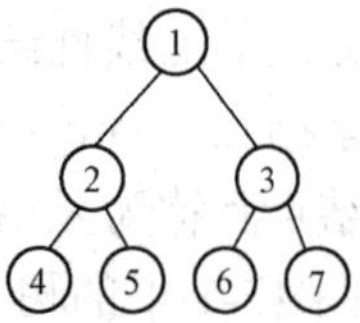

图 15-4　高度为 3 的满二叉树

一棵高度为 h 的二叉树，如果前 h–1 层是满二叉树，第 h 层的结点由左至右连续排列，则该树为完全二叉树。图 15-5（a）为完全二叉树，而图 15-5（b）、（c）为非完全二叉树。根据完全二叉树的定义，满二叉树也是完全二叉树。

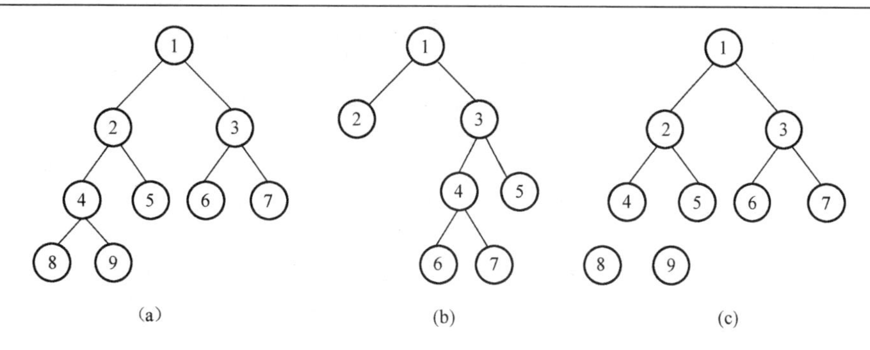

图 15-5 完全二叉树与非完全二叉树的比较

5. 二叉树的顺序存储

二叉树常用的存储结构有顺序存储结构和链式存储结构两种。

二叉树的顺序存储，就是用一组连续的存储单元（数组）存放二叉树中的结点。二叉树是一种非线性结构，用数组来存储二叉树，不仅要存储二叉树结点元素的值，还要存储结点之间的非线性关系。由于数组是线性结构，必须将结点排成一个适当的线性序列，使得这个结点的位置能反映出结点之间的非线性关系。

二叉树结点之间的非线性关系实质是结点间父子关系。对一棵 n 个结点的完全二叉树，从树根开始，自上而下，自左向右，按层逐个编号［见图 15-5（a)］，那么对于编号为 i（$1 \leqslant i \leqslant n$）的结点：

（1）当 $i=1$ 时，该结点为根结点，它无双亲结点；

（2）当 $i>1$ 时，该结点的双亲结点编号为 $\lfloor i/2 \rfloor$；

（3）若 $2i \leqslant n$，则结点 i 有编号为 $2i$ 的左孩子，否则结点 i 没有左孩子；

（4）若 $2i+1 \leqslant n$，则结点 i 有编号为 $2i+1$ 的右孩子，否则结点 i 没有右孩子。

对于完全二叉树而言，结点的编号是连续的，所以顺序存储结构比较适合完全二叉树的存储。对于普通二叉树，只要按照相同高度的完全二叉树来编号，也可以用数组来存储，如图 15-6 所示。

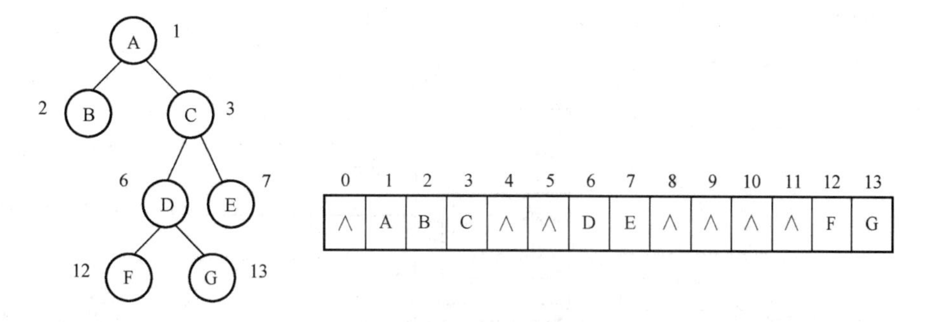

图 15-6 一棵普通二叉树的顺序存储示意图

显然，这种存储对于普通二叉树而言，将一棵二叉树当成相同高度的一棵完全二叉树来存储会造成空间的大量浪费，不宜用顺序存储结构。最坏的情况是右单支树，如图 15-7 所示，一棵深度为 k 的右单支树，只有 k 个结点，却需分配 2^k 个存储单元。

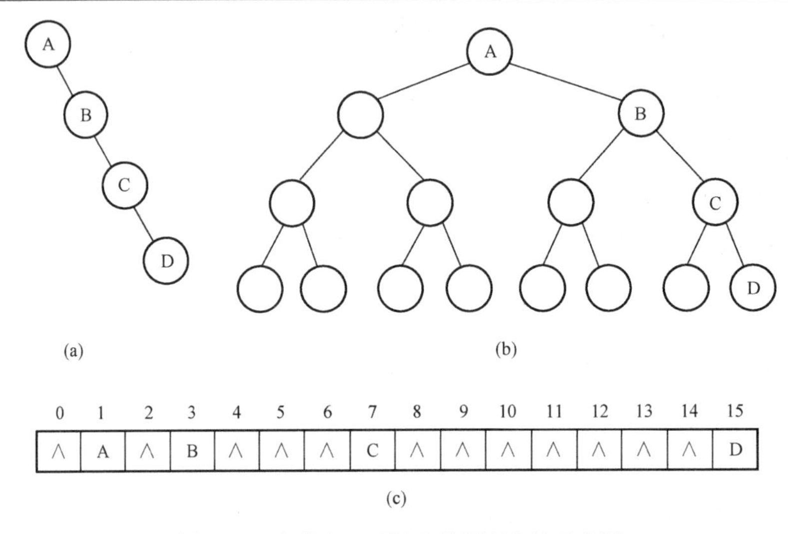

0	1	2	3	4	5	6	7	8	9	10	11	12	13	14	15
∧	A	∧	B	∧	∧	∧	C	∧	∧	∧	∧	∧	∧	∧	D

(c)

图 15-7 右单支二叉树及其顺序存储示意图

（a）一颗右单支二叉树；（b）改造后的右单支树对应的完全二叉树；（c）单支树改造后完全二叉树的顺序存储状态

二叉树的顺序存储结构可描述为

```
#define MAXSIZE 100          /* 二叉树的最大结点数 */
struct  seqtree
{
   Elemtype  data[MAXSIZE];
   int  num;                 /* 结点个数 */
};
```

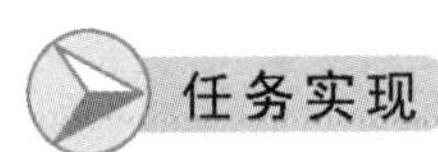

1. 分析

结点类型假定为字符型：`typedef  char  Elemtype;`

定义一个指向存储顺序存储结构二叉树的变量 *t*，输入二叉树结点元素的值及该结点在相同高度的完全二叉树中的序号。建立好二叉树后，将 *t* 返回。

2. 流程图

其流程图如图 15-8 所示。

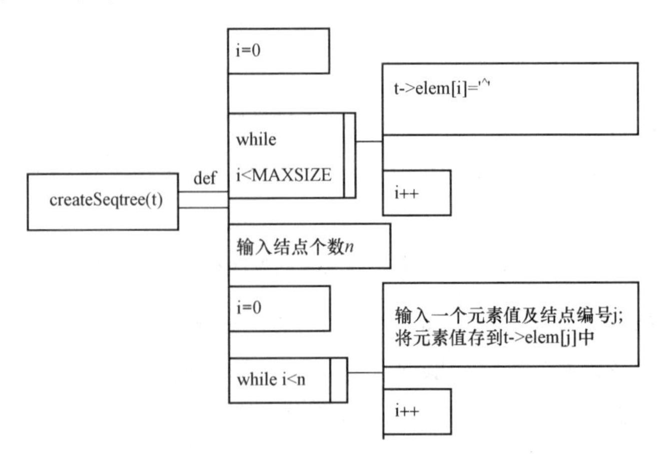

图 15-8 创建顺序存储二叉树的流程图

3. 源程序

```
#include "stdio.h"
#include "stdlib.h"
#define MAXSIZE 16           /* 二叉树的最大结点数 */
typedef char Elemtype;
struct  seqtree
{
  Elemtype  elem[MAXSIZE];
  int  num;                  /* 结点个数 */
};
void createSeqtree(struct  seqtree *t)
{
  int i,n,j ;
  char c;
  for( i=0;i<MAXSIZE;i++ )
     t->elem[i]='^';
  printf("请输入二叉树的结点数n:");
  scanf("%d",&n);
  getchar();
  printf("\n 请输入二叉树的结点序号和结点值(结点序号,结点值):\n");
  for( i=0;i<n;i++ )
     {  scanf( "%d,%c",&j,&c);
        getchar();
        t->elem[j]=c;
     }
}
void outputSeqtree(struct  seqtree *t)
{
  int i;
  printf("该二叉树采用顺序存储后信息如下:\n");
  for( i=0;i<MAXSIZE;i++ )
  printf("%4d",i);
  printf("\n" );
  for( i=0;i<MAXSIZE;i++ )
  printf("%4c",t->elem[i]);
  printf("\n" );
 }
void main()
{
  struct  seqtree *t;
  t=(struct  seqtree*)malloc(sizeof(struct  seqtree));
  if(t!=NULL)
  {
    createSeqtree(t);
    outputSeqtree(t);
    free(t);
  }
}
```

4. 运行结果

如图 15.6 所示的二叉树输入结点信息，程序运行结果如图 15-9 所示。

```
请输入二叉树结点数n: 7
请输入二叉树的结点序号和结点值<结点序号,结点值>:
1,A
2,B
3,C
6,D
7,E
12,F
13,G
该二叉树采用顺序存储后信息如下:
  0  1  2  3  4  5  6  7  8  9  10  11  12  13  14  15
  ^  A  B  C  ^  ^  D  E  ^  ^  ^   ^   F   G   ^   ^
Press any key to continue
```

图 15-9　应用任务 15.1 的运行结果

任务拓展

修改任务 15.1 的程序，在建立的二叉树中，屏幕输出叶结点的值。

应 用 任 务 15.2

输入一棵二叉树每个结点信息（结点序号和结点值），采用链式存储结构存储该二叉树。

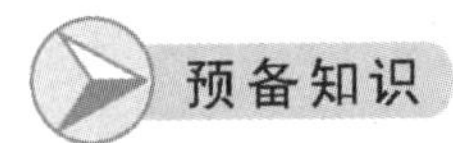

预备知识

二叉树的链式存储

二叉树的链式存储结构是指用链表来表示一棵二叉树，即用链表来指示元素的逻辑关系。链表中每个结点由三个域组成，除了数据域外，还有两个指针域，分别用来给出该结点左孩子和右孩子所在的链结点的存储地址。结点的存储结构为

lchild	data	rchild

其中，data 域存放某结点的数据信息，lchild 与 rchild 分别存放指向左孩子和右孩子的指针，当左孩子或右孩子不存在时，相应指针域值为空（用符号∧或 NULL 表示）。

图 15-10 给出了图 15-6 所示的一棵二叉树的二叉链表表示。

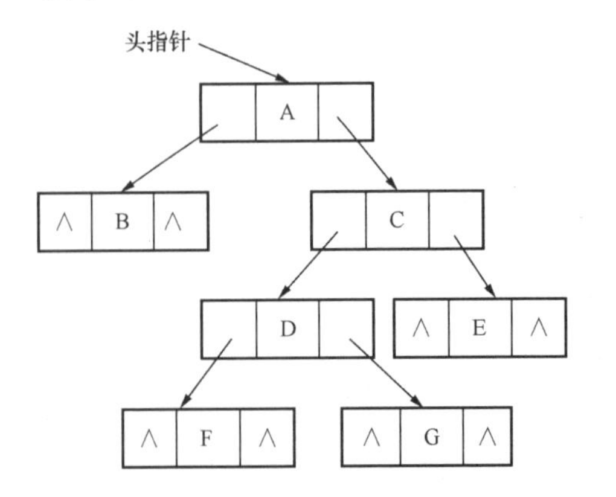

图 15-10　图 15-6 所示二叉树的二叉链表表示示意图

二叉链表结点定义如下：

```
struct tree_node
{
   Elemtype  data;
   struct tree_node *lch,*rch;
};
```

任务实现

1. 分析

结点类型假定为字符型：typedef char Elemtype;

输入二叉树结点元素的值及该结点在相同高度的完全二叉树中的序号。设置一个临时指针数组 temp 为树中每个结点申请内存空间，并将该内存地址按结点的序号存入临时数组相应的单元中。然后根据结点父子序号关系，查找到该结点的父结点，将该结点与父结点链接起来。建立好二叉树链表后，将二叉树链表根结点的地址返回。

2. 流程图

建立二叉树链表的流程图如图 15-11 所示。

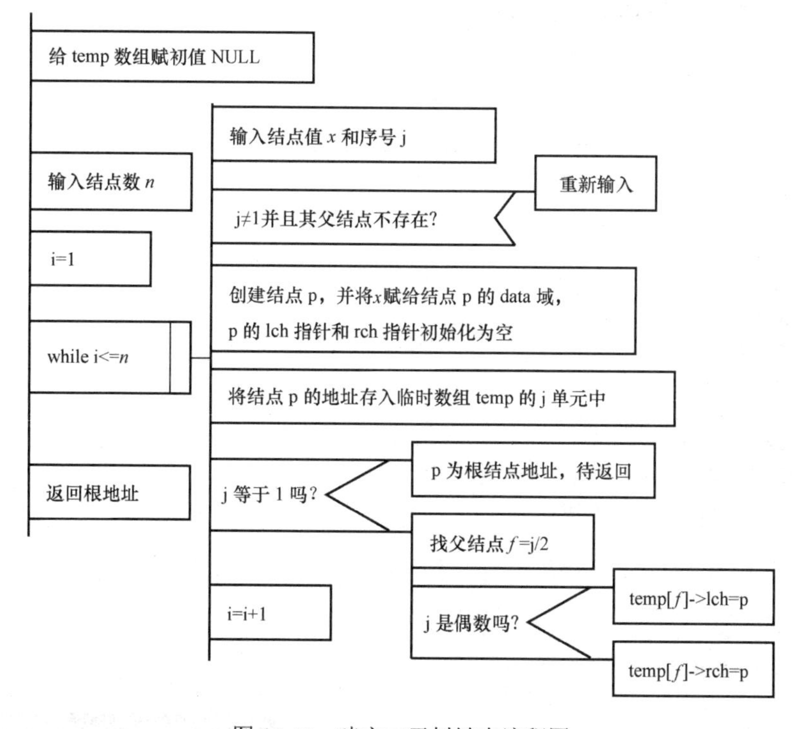

图 15-11　建立二叉树链表流程图

3. 源程序

```
#include "stdio.h"
#include "stdlib.h"
#define MAXSIZE 20                          /* 二叉树的最大结点数 */
typedef char Elemtype;
struct tree_node
{
```

```
    Elemtype  data;
    struct tree_node *lch,*rch;
};
struct tree_node *create_tree()
{
    struct tree_node *t=NULL,*p,*temp[MAXSIZE];
    int i,j,n,f;
    char x;
    for(i=1;i<MAXSIZE;i++)
        temp[i]=NULL;
    printf("输入结点数:");
    scanf("%d",&n);
    for(i=1;i<=n;i++)
    {
        printf("输入结点序号和结点值(xx,xx):");
        scanf("%d,%c",&j,&x);
        if(j!=1&&temp[j/2]==NULL)          //错误输入处理
        {
            printf("结点号输入错误,请重新输入\n");
            i--;
            continue;
        }
        p=(struct tree_node *)malloc(sizeof(struct tree_node));
        p->data=x;
        p->lch=NULL;
        p->rch=NULL;
        temp[j]=p;
        if(j==1)
            t=p;
        else
        {
            f=j/2;
            if(j%2==0)
                temp[f]->lch=p;
            else
                temp[f]->rch=p;
        }
    }
    return(t);
}
void main()
{
    struct tree_node  *t;
    t=create_tree();
    printf("\n 该二叉树链式存储结构建立完成!\n");
}
```

4. 运行结果

运行结果如图 15-12 所示。

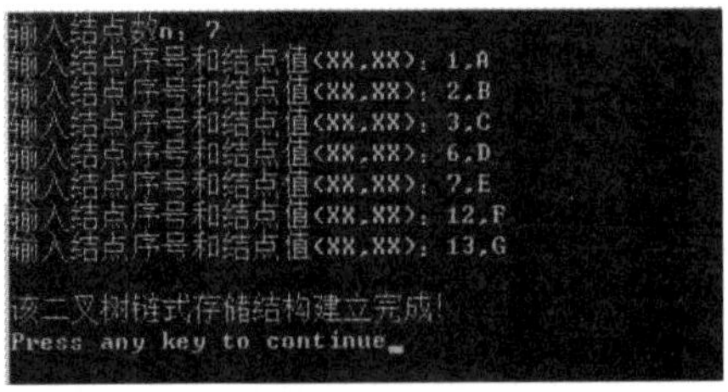

```
输入结点数n: 7
输入结点序号和结点值(XX,XX): 1,A
输入结点序号和结点值(XX,XX): 2,B
输入结点序号和结点值(XX,XX): 3,C
输入结点序号和结点值(XX,XX): 6,D
输入结点序号和结点值(XX,XX): 7,E
输入结点序号和结点值(XX,XX): 12,F
输入结点序号和结点值(XX,XX): 13,G

该二叉树链式存储结构建立完成!
Press any key to continue
```

图 15-12 应用任务 15.2 的运行结果

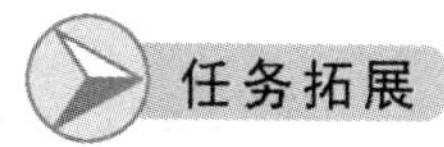

任务拓展

修改任务 15.1 的程序，将顺序存储的二叉树转换为链式存储结构。

应用任务 15.3

对于任务 15.2 中链式存储的二叉树，编写递归程序，输出二叉树前根遍历的结点值。

预备知识

二叉树的遍历

遍历是按照某种次序访问二叉树的所有结点，并且每个结点只访问一次，得到一个有序序列。常用的方法有前根遍历、中根遍历、后根遍历和按层遍历四种。

对于前根遍历、中根遍历和后根遍历，有一个共同的特点：遍历先左后右，即先遍历左子树，再遍历右子树，另外在同一种遍历中，子树的遍历与根树遍历的方法一致。按层遍历只是自上向下、自左向右逐个访问每个结点，与完全二叉树结点的编号次序相同。

由于前根遍历、中根遍历和后根遍历子树遍历方式与根树遍历方式相同，所以很容易用递归算法实现。

任务实现

1. 前根遍历分析

前根遍历的次序是先访问根结点，再分别访问左子树和右子树。例如，图 15-6 中二叉树的前根遍历次序为 A、B、C、D、F、G、E。

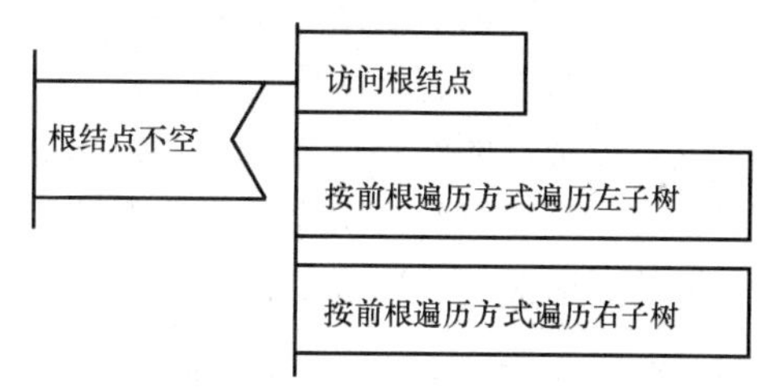

图 15-13 前根遍历递归算法流程图

2. 流程图

其流程图如图 15-13 所示。

3. 源程序

```
void pre_order(struct tree_node *p)
{
   if(p!=NULL)
   {
      printf("%c ",p->data);
      pre_order(p->lch);
      pre_order(p->rch);
   }
}
void main()
{
   struct tree_node  *t;
   t=create_tree();              /* 参看应用任务 15.2 中 create_tree()函数 */
   printf("\n 该二叉树信息前根序遍历的结果如下:\n");
   pre_order(t);
   printf("\n");
```

}

4. 运行结果

运行结果如图 15-14 所示。

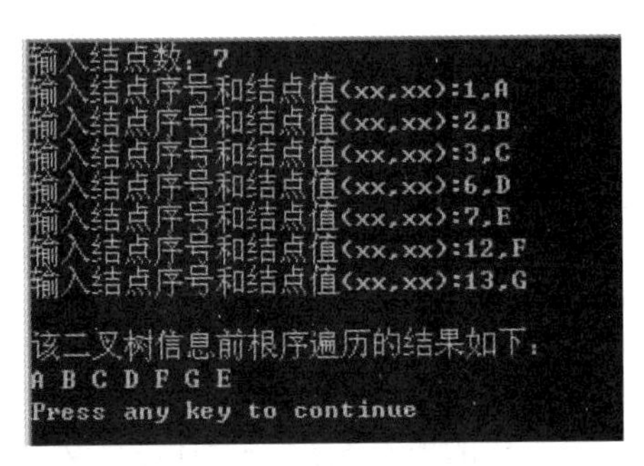

图 15-14 应用任务 15.3 的运行结果

任务拓展

修改应用任务 15.3 的程序，分别输出二叉树中根遍历和后根遍历的结点值。

实现提示：

（1）中根遍历的次序是先访问左子树，再访问根结点，最后访问右子树。例如，图 15-6 中二叉树的中根遍历次序为 B、A、F、D、G、C、E。如果将二叉树结点垂直投影到一根直线上，投影点的顺序也就是中根遍历结点的次序。

（2）后根遍历的次序是先分布访问左子树和右子树，再访问根结点。例如，图 15-6 中二叉树的后根遍历次序为 B、F、G、D、E、C、A。

应 用 任 务 15.4

对于应用任务 15.2 中链式存储的二叉树，编写程序（非递归方式），输出二叉树层次遍历的结点值。

预备知识

二叉树层次遍历

二叉树层次遍历是指从二叉树的第一层（根结点）开始，从上至下逐层遍历，在同一层中，则按从左到右的顺序对结点逐个访问。对于图 15-6 所示的二叉树，按层次遍历所得到的结果序列为 A B C D E F G。

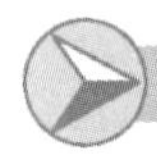

任务实现

1. 分析

由层次遍历的定义可以推知，在进行层次遍历时，对一层结点访问完后，再按照它们的访问次序对各个结点的左孩子和右孩子顺序访问，这样逐层进行，先遇到的结点先访问，这与队列的操作原则相吻合。因此，在进行层次遍历时，可设置一个队列结构，遍历从二叉树的根结点开始，首先将根结点指针入队列，然后从对头取出一个元素，每取一个元素，执行下面两个操作：

（1）访问该元素所指结点。

（2）若该元素所指结点的左、右孩子结点非空，则将该元素所指结点的左孩子指针和右孩子指针顺序入队。

此过程不断进行，当队列为空时，二叉树的层次遍历结束。该算法用非递归方法实现。

遍历过程中用到的队列采用顺序存储结构。

```
typedef  struct  tree_node  * E_type;        /* 队列元素类型 */
struct sequeue
{
   int front,rear;
   E_type  data[MAXSIZE];
};
```

2. 层次遍历流程图

其流程图如图 15-15 所示。

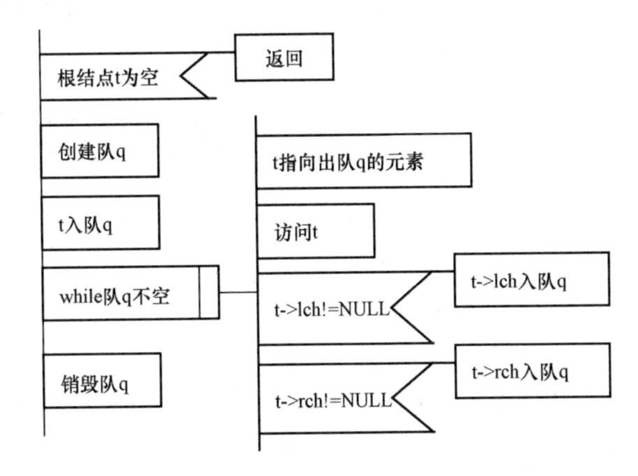

图 15-15　层次遍历非递归程序流程图

3. 源程序

```
#include "stdio.h"
#include "stdlib.h"
#define MAXSIZE 20                               /* 二叉树的最大结点数 */
typedef char Elemtype;
struct tree_node
{
   Elemtype  data;
   struct tree_node *lch,*rch;
};
typedef  struct  tree_node  * E_type;    /* 队列元素类型 */
struct sequeue
{
  int front,rear;
  E_type  data[MAXSIZE];
};
```

```
struct  sequeue  *init_sequeue()                          /*栈初始化*/
{
   struct  sequeue  *q;
   q=(struct sequeue *)malloc(sizeof(struct  sequeue));
   if(q!=NULL)
   {
      q->front=0;
      q->rear=0;
   }
   return q;
}
int  full_sequeue(struct sequeue *q)                     /*判断栈是否满*/
{
   if(q->rear==MAXSIZE)
      return 1;
   else
      return 0;
}
int in_sequeue( struct sequeue *q ,E_type  x)           /*入栈*/
{
   if (full_sequeue(q))
      return 0;                                          /*入队未完成 */
   else
   {
      q->data[q->rear]=x;
      q->rear=q->rear+1 ;
      return 1;    /*入队完成*/
   }
}
int  empty_sequeue(struct sequeue *q)                    /*判断栈是否空*/
{
   if(q->front==q->rear)
      return 1;
   else
      return 0;
}
int   out_sequeue( struct sequeue *q ,E_type  *x)       /*出栈*/
{
   if (empty_sequeue(q))
      return 0;                                          /*出队未完成 */
   else
   {
      *x= q->data[q->front];
      q->front=q->front+1 ;
      return 1;                                          /*出队完成*/
   }
}
void  destroy_sequeue( struct sequeue *q )              /*毁栈*/
{
   free(q);
}
```

```
void level_order(struct tree_node *t)                  /*层次遍历*/
{
  struct sequeue *q;
  if(t==NULL)return;
  q=init_sequeue();
  in_sequeue(q,t);
  printf("层次遍历结果为:");
  while(! empty_sequeue(q))
  {
    out_sequeue(q,&t);
    printf("%c ",t->data);
    if(t->lch!=NULL)
      in_sequeue(q,t->lch);
    if(t->rch!=NULL)
      in_sequeue(q,t->rch);
  }
  destroy_sequeue(q);
  printf("\n");
}
struct tree_node *create_tree()                        /*创建树*/
{
  /* 同任务 15.2 中的 struct tree_node *create_tree()*/
}
void main()
{
struct tree_node  *t;
t=create_tree();
printf("\n 该二叉树信息层次遍历的结果如下:\n");
level_order(t);
getchar();
}
```

4. 运行结果

运行结果如图 15-16 所示。

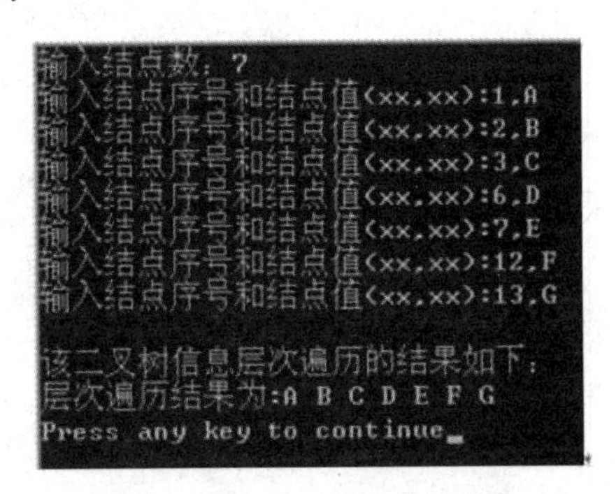

图 15-16 应用任务 15.4 的运行结果

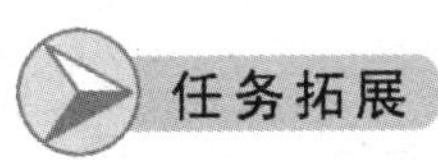

对于应用任务 15.2 中链式存储的二叉树，编写程序（递归方式），输出二叉树层次遍历

的结点值。

应 用 任 务 15.5

输入若干个正整数（以0输入结束），通过建立二叉排序树，实现所输入的数据由小到大排列。

预备知识

二叉排序树的定义

设一棵二叉树中，每个结点都有一个权值。对于任一结点满足：

（1）若左子树不空，则左子树上各结点值均小于该结点的值；

（2）若右子树不空，则右子树上各结点的值均大于或等于该结点的值；

则该二叉树称为二叉排序树。

二叉排序树可用于数据的排序。

图15-17二叉树中结点的父子关系见表15-1。读者可以自行比较父子结点权值的大小关系。

表 15-1　　　图 15-17 二叉树中结点之间的父子关系

结点	左子树的结点	右子树的结点
1	空	空
3	1	4、5
4	空	空
5	4	空
8（根结点）	1、3、5、4	8、9
8	空	空
9	8	空

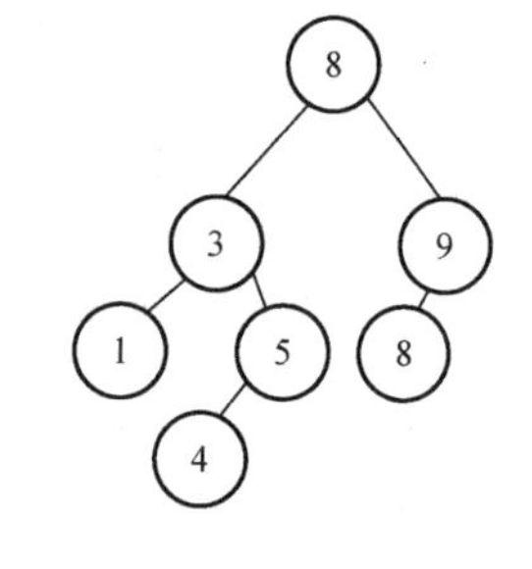

图15-17　一棵二叉排序树

任务实现

1．分析

建立二叉排序树，可以采用反复在二叉排序树中插入新的结点。插入的原则是如果待插入结点的值小于根结点的值，则插入到左子树中，否则插入到右子树中。

二叉树采用二叉链表表示，其结点类型定义如下：

```
struct tree_node
{
  int  data;
  struct tree_node *lch,*rch;
};
```

2．流程图

建立二叉排序树的流程图如图15-18所示。

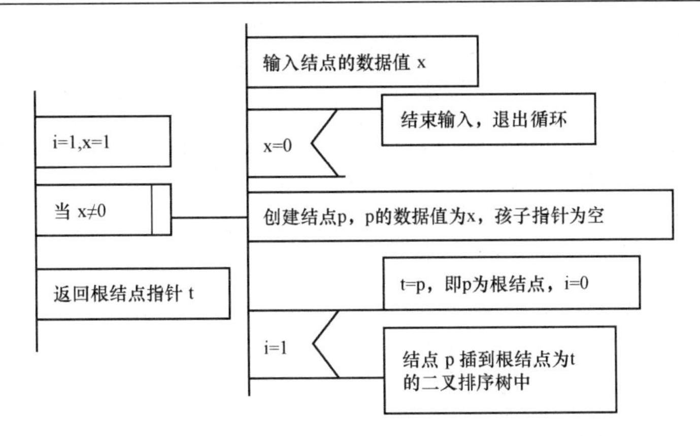

图 15-18 建立二叉排序树流程图

在二叉排序树中插入结点的递归算法流程图如图 15-19 所示。

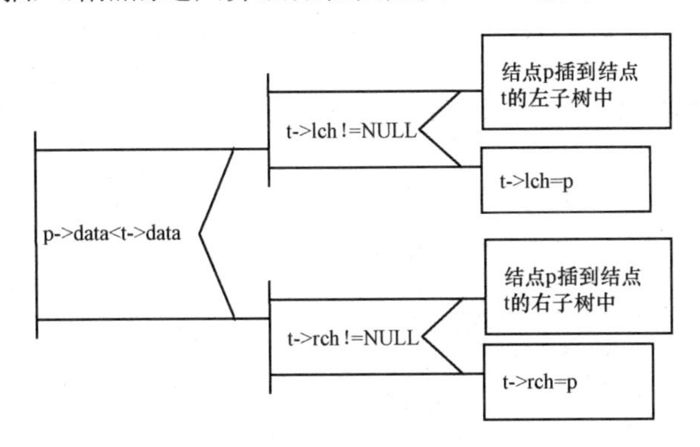

图 15-19 二叉排序树插入结点递归算法流程图

3. 源程序

```
#include "stdio.h"
#include "stdlib.h"
#define MAXSIZE 20                                    /* 二叉树的最大结点数 */
typedef int Elemtype;
struct tree_node
{
   Elemtype  data;
   struct tree_node *lch,*rch;
};
void insert_node (struct tree_node *t,struct tree_node *p);
/*    建立二叉排序树                                   */
struct tree_node *create_sort_tree()
{
   struct tree_node *t=NULL,*p;
   int i=1,x=1;
   printf("\n 请输入用于创建二叉排序树各结点的值,直到 0 结束!!\n");
   while(x!=0)
    {
```

```
        scanf("%d",&x);
        if(x==0)
           break;
        p=(struct tree_node *)malloc(sizeof(struct tree_node));
        p->data=x;
        p->lch=NULL;
        p->rch=NULL;
        if(i==1)
        {t=p,i=0;}
        else
          insert_node(t,p);
      }
    return t;
}
/* 二叉排序树中插入结点(递归算法)  */
void insert_node(struct tree_node *t,struct tree_node *p)
{   if(p->data<t->data)
        if(t->lch!=NULL)
           insert_node(t->lch,p);
        else
           t->lch=p;
    else
        if(t->rch!=NULL)
           insert_node(t->rch,p);
        else
           t->rch=p;
}
void in_order(struct tree_node *p)       /*中根序遍历一棵二叉树*/
{
   if(p!=NULL)
   {
      in_order(p->lch);
      printf("%d   ",p->data);
      in_order(p->rch);
   }
}
void main()
{
    struct tree_node  *t;
    t=create_sort_tree();
    printf("\n 该二叉树信息中序遍历的结果如下:\n");
    in_order(t);
    printf("\n");
    getchar();
}
```

4. 运行结果

运行结果如图 15-20 所示。

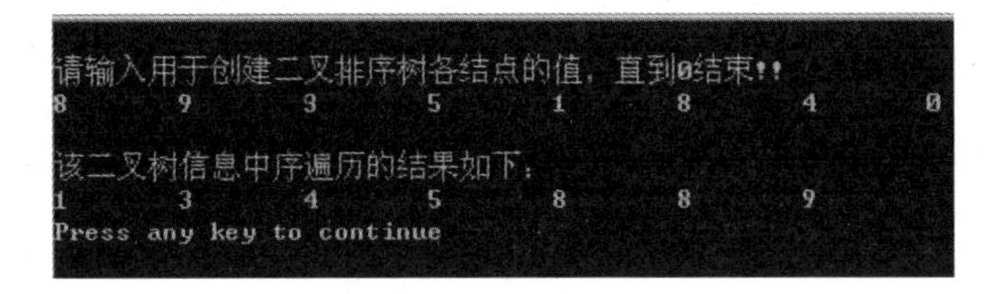

图 15-20 应用任务 15.5 的运行结果

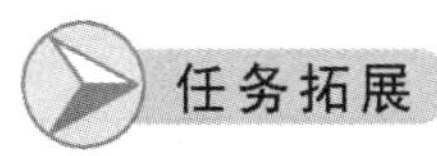

在应用任务 15.5 建立的二叉排序树中，输入一个正整数，查找它是否存在。

实现提示：二叉树查找，从根结点开始，如果所查找元素比根结点值小，则在左子树查找，如果比根结点值大，则在右子树查找，如果与根结点相等，则查找成功，返回。如此重复，直到子树为空，则查找失败，返回。

应 用 任 务 15.6

输入若干个正整数（以 0 输入结束），建立一个堆，并按层次遍历输出该堆。

1. 堆的定义

设一棵完全二叉树中，每个结点都有一个权值，若对于每个结点，其权值不大于（或不小于）它每个孩子结点的权值，则该完全二叉树称为堆。本节中所说的堆是指上小、下大的堆。

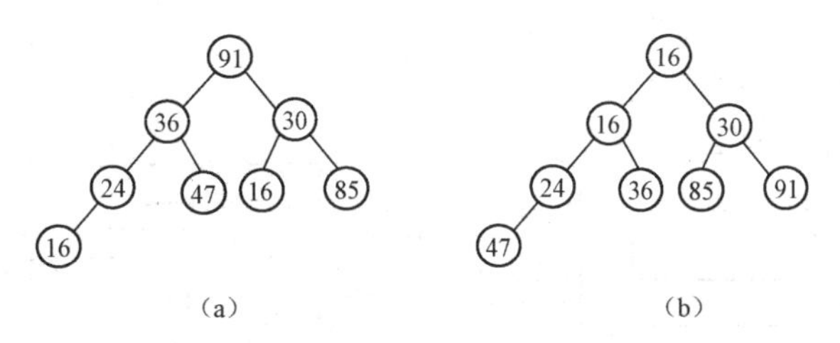

图 15-21 堆示例图

比较图 15-21 中（a）、（b）两棵完全二叉树，图（a）是一棵普通的完全二叉树，图（b）则是堆，每个结点权值均不大于其孩子的值。结点权值之间关系见表 15-2。

2. 堆的性质

堆的根结点权值最小。

证明：假设堆的根结点 t 权值不是最小，则存在一个权值最小的结点 p，且 p 不是根结点。由于 p 不是根结点，则 p 存在父结点 q。根据堆的定义，$Xq \leqslant Xp$，而由于 Xp 最小，则有 $Xq \geqslant Xp$。由此可得 $Xp=Xq$。即结点 q 也是权值最小的结点。

设存在这样一个结点序列：p，q，q_1，q_2，…，q_k，t，序列中 q_1 是 q 父结点，q_{i+1} 是 q_i 的父结点，t 是 q_k 的父结点，则有 $Xp=Xq=Xq_1=\cdots=Xq_k=X_t$。而由于根结点 t 的权值不是最小，

则有 $X_l>X_p$，于是相互矛盾。因此根结点权值不是最小的假设不成立，即堆根结点的权值最小。

表 15-2　　图 15-21（b）二叉树中结点之间的父子关系

父结点	左孩子	右孩子
16（根结点）	16	30
16	24	36
30	85	91
24	47	空
36	空	空
85	空	空
91	空	空
47	空	空

任务实现

1．分析

先建立一棵普通的完全二叉树，然后自下而上建堆。具体地说，是从最底层最右边的一个分支结点开始逐个检查，如果发现分支结点（父结点）的值大于其孩子的值，则将孩子结点中最小值与分支结点的值交换。一直检查到根结点为止。

交换时请注意，如果交换后导致下一层孩子的值大于再下一层孩子的值时，需要继续交换，一直到父结点的值不大于孩子结点的值时才停止交换。

2．算法流程图

其算法流程图如图 15-22 所示。

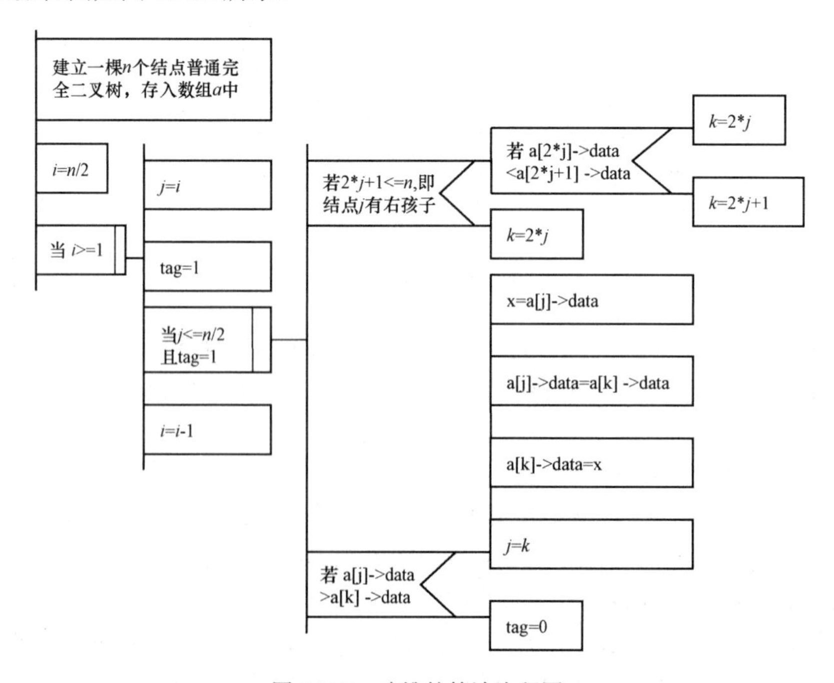

图 15-22　建堆的算法流程图

3. 源程序

```
#include "stdio.h"
#include "stdlib.h"
#define  MAXSIZE 100
struct heap_node
{
  int data;
};
struct heap_node *a[MAXSIZE];
void create_heap()                /*创建上小下大的堆*/
{
  int i,j,k,n,tag,x=1;
  struct heap_node *p;
  printf("\n先创建一棵准备建堆的满二叉树信息!!!\n");
printf("按层次从上到下从左到右依次输入建堆前的满二叉树的结点值,直到0结束!!");
  printf("\n请输入各结点的值:");
  i=1;
  while(x!=0)
  {
      scanf("%d",&x);
      p=(struct heap_node *)malloc(sizeof(struct heap_node));
      p->data=x;
      a[i++]=p;
  }
  n=i-2;
  printf("\n建堆前满二叉树信息层次遍历的结果如下:\n");
  for(i=1;i<=n;i++)
      printf("%d\t",a[i]->data);
  printf("\n");
  for(i=n/2;i>=1;i--)
  {
       j=i;
       tag=1;
       while(j<=n/2 && tag==1)
       {
          if(2*j+1<=n)/*判断j有无右孩子结点*/
            if(a[2*j]->data<a[2*j+1]->data)
               k=2*j;
            else
               k=2*j+1;
          else
              k=2*j;
          if(a[j]->data>a[k]->data)
          { /* 结点j和结点k交换权值*/
              x=a[j]->data;
              a[j]->data=a[k]->data;
              a[k]->data=x;
              j=k;
          }
          else
              tag=0;

       }
   }
   printf("\n建堆后满二叉树信息层次遍历的结果如下:\n");
```

```
    for(i=1;i<=n;i++)
        printf("%d\t",a[i]->data);
    printf("\n");
}
void main()
{
    void create_heap();
    create_heap();
    getchar();
}
```

4. 运行结果

运行结果如图 15-23 所示。

```
先创建一颗准备建堆的满二叉树信息!!!
按层次从上到下从左到右依次输入建堆前的满二叉树的结点值，直到0结束!!
请输入各结点的值：91 47 85 24 36 16 30 16 0

建堆前满二叉树信息层次遍历的结果如下：
91      47      85      24      36      16      30      16


建堆后满二叉树信息层次遍历的结果如下：
16      16      30      24      36      85      91      47
Press any key to continue
```

图 15-23 应用任务 15.6 的运行结果

建堆过程示例如图 15-24 所示。

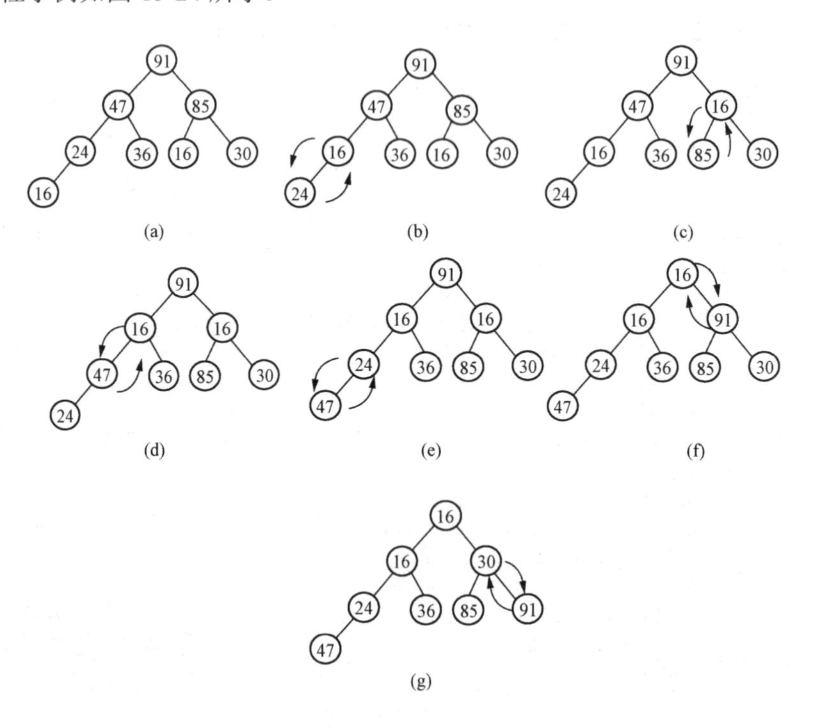

图 15-24 建堆过程示例

（a）8 个结点的初始状态；（b）从第 4 个结点开始筛选；（c）对第 3 个结点开始筛选；
（d）对第 2 个结点开始筛选；（e）继续交换；（f）对第 1 个结点开始筛选；（g）继续交换，堆建成

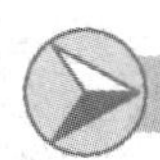

任务拓展

在任务 15.6 所建立的堆中，先输出根结点的值，然后将堆的最后一个叶结点的值赋给根结点，删除该叶结点，再将变换后的树结构调整成堆。如此循环，实现堆中的数据由小到大排列。

实 训

【实训目的】

（1）掌握树和二叉树的基本概念。

（2）掌握二叉树的链式存储。

（3）掌握二叉排序树的建立方法。

（4）掌握堆的建立和堆排序的方法。

【实训要求】

（1）根据题目要求绘制程序流程图。

（2）编写源程序。

（3）上机调试程序。

（4）撰写实验报告。

【实训内容】

（1）（A 类）输入一个二叉树的结点信息，建立二叉树的链式存储，然后输出所有叶结点的结点值及叶结点的个数。

（2）（B 类）从数据文件中读入学生的学号、姓名、课程号、课程名、成绩：

1）利用二叉排序树按课程号和成绩对学生成绩记录进行排序，按课程号由小到大排列，相同课程，按成绩由高到低排列。

2）利用堆排序，按学号由小到大对学生成绩记录进行排序。

第16章　图　及　应　用

【知识点】

（1）图的定义。

（2）有向图和无向图。

（3）图的顺序存储和链式存储。

（4）图的遍历。

（5）最小生成树。

（6）最短路径。

（7）拓扑排序。

【能力点】

（1）调试程序的能力。

（2）分析问题并进行设计的能力。

（3）根据分析和设计进行流程图编制、程序编写的能力。

（4）应用网状结构（图）解决实际问题的能力。

应用任务 16.1

编写程序，输入一个无向图的顶点信息和边的信息（设有 n 个顶点和 m 条边，n 和 m 由键盘输入)，用邻接矩阵方式（一个一维数组存储顶点信息，一个二维数组存储边信息）存储该无向图，并在屏幕上输出图的信息。

预备知识

1. 图的定义

图（Graph）是由集合 V 和 E 组成，其形式化定义为

$G=(V, E)$

其中，V 是结点（也称为顶点）的非空有穷集合，E 是边的有穷集合。对于 n 个结点组成的图，$V=\{v_1, v_2, \cdots, v_n\}$，$E=\{(v_i, v_j) | v_i, v_j \in V\}$。

图 16-1 给出了一个图的示例，在该图中：

集合 $V=\{v_1, v_2, v_3, v_4, v_5, v_6\}$；

集合 $E=\{(v_1, v_2), (v_1, v_4), (v_2, v_3), (v_3, v_4), (v_3, v_5), (v_2, v_5)\}$。

从集合 E 可以看出，图的任意一个结点有 0 个或多个前驱结点，有 0 个或多个后继结点，形成一个网状结构。

从图16-1可以看出，若（v_1，v_2）是图中的一条边，则（v_2，v_1）也必定是该图的边。

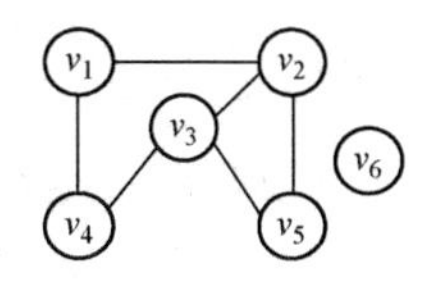

图16-1 图的示例

在图16-1中，如果一条边的两个顶点的次序是无关紧要的，则这条边称为无向边。比如交通道路图中的公路就是无向边。由无向边组成的图称为无向图。图16-1就是一个无向图。

2. 图的邻接矩阵存储

图是一种结构复杂的数据结构。从图的定义可知，一个图的信息包括顶点信息和顶点之间关系（边）的信息两部分。因此，无论采用什么方法建立的存储结构，都要完整、准确地反映这两方面的信息。常用的图的存储结构有邻接矩阵和邻接链表两种存储方法。下面先介绍图的邻接矩阵表示法。

图的邻接矩阵表示法（adjacency matrix）是用一个一维数组存储图中顶点的信息，用一个矩阵表示图中各顶点之间的邻接关系。

假设图 G=（V，E）有 n 个确定的顶点，即 $V=\{v_1, v_2, \ldots, v_n\}$，则表示 G 中各顶点相邻关系为一个 $n\times n$ 的矩阵，矩阵的元素为

$$A[i][j]=\begin{cases}1 & \text{若}(v_i,v_j)\text{是}E(G)\text{中的边}\\0 & \text{若}(v_i,v_j)\text{不是}E(G)\text{中的边}\end{cases}$$

例如，图16-1的邻接矩阵表示如图16-2所示。

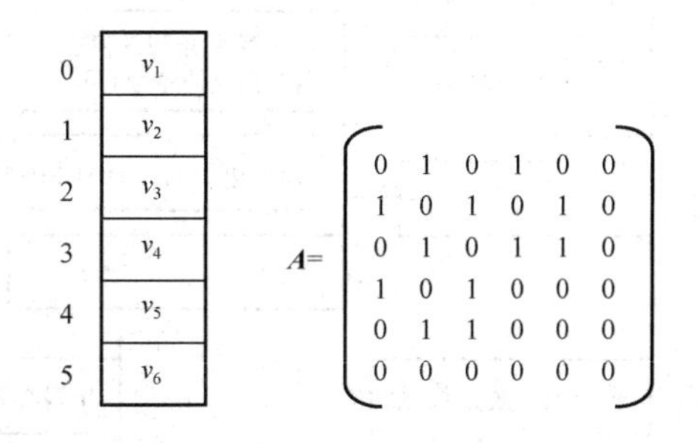

图16-2 图16-1的邻接矩阵表示

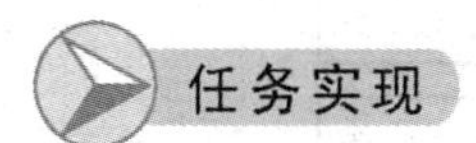

1. 分析

（1）在图的顺序存储结构中，需要用一个一维数组来存储顶点信息，用一个二维数组存储用于表示顶点间相邻关系的邻接矩阵，另外还需存储图的顶点数和边数，所以数据结构描述如下：

```
#define  MAX_VERTEX_NUM  20                  /*  最大顶点数设为20  */
typedef  char  VertexType[10];               /*  顶点类型设为字符串  */
typedef  int   EdgeType;                     /*  边的类型设为整型  */
typedef  struct
{
   VertexType  vexs[MAX_VERTEX_NUM];          /*  顶点表  */
   EdgeType    edges[MAX_VERTEX_NUM][MAX_VERTEX_NUM];
                                             /*  邻接矩阵,即边表  */
```

```
  int  n,m;                              /*  顶点数和边数  */
} Segraph;                               /*  Segragh 是以邻接矩阵存储的图类型  */
```

（2）在主函数 main 中定义图类型变量 g，用来存储图的邻接矩阵存储信息。

```
Segraph *g;
```

（3）编写函数 void createSegraph（Segraph *g）实现建立图的邻接矩阵功能：输入图的顶点信息和边的信息，存储到图的结构体中。顶点信息为顶点名称（用字符串表示），边的信息为顶点的有序对（用顶点存储在一维数组中的下标序号表示）。

（4）编写函数 void outputSegraph（Segraph *g）实现输出图的邻接矩阵功能。

2. 流程图

其流程图如图 16-3 所示。

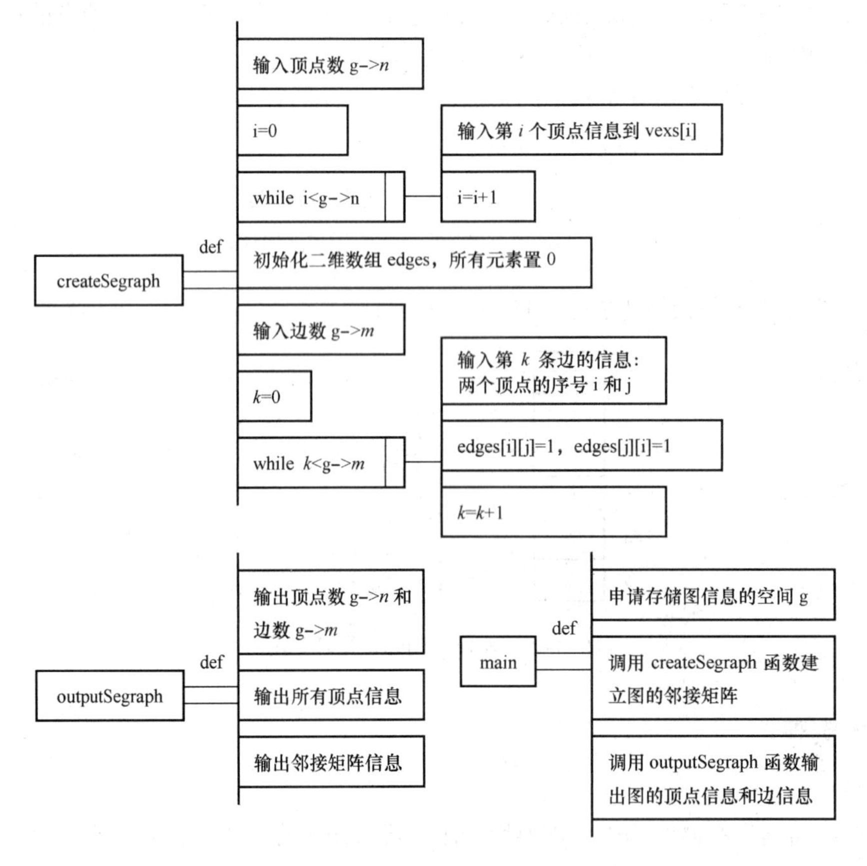

图 16-3 应用任务 16.1 的流程图

3. 源程序

```
#include "stdio.h"
#include "stdlib.h"
/*  Segraph 类型定义同前,省略  */
void createSegraph(Segraph *g)
{
   int i,j,k;
   printf("请输入顶点数(>0 且<=%d):",MAX_VERTEX_NUM);
```

```
do {
   scanf("%d",&(g->n));
   if(g->n<=0||g->n>MAX_VERTEX_NUM)
      printf("输入的顶点数有误,请重新输入。\n");
} while(g->n<=0||g->n>MAX_VERTEX_NUM);
printf("请输入顶点信息(输入格式为:顶点名称<CR>)。\n");
for(i=0;i<g->n;i++)
{
   printf("序号为%d 的顶点名称:",i);              /*  顶点序号从 0 开始  */
   scanf("%s",&(g->vexs[i]));
}
for(i=0;i<g->n;i++)
   for(j=0;j<g->n;j++)
      g->edges[i][j]=0;                          /*初始化邻接矩阵*/
/*  n 个顶点的无向图,其最大边数为 n(n-1)/2  */
printf("请输入边数(>=0 且<=%d):",(g->n)*(g->n-1)/2);
do {
   scanf("%d",&(g->m));
   if(g->m<0||g->m>(g->n)*(g->n-1)/2)
      printf("输入的边数有误,请重新输入。\n");
} while(g->m<0||g->m>(g->n)*(g->n-1)/2);
if(g->m!=0 )
   printf("请输入每条边对应的两个顶点的序号(输入格式为:i,j):\n");
k=0;
while(k<g->m)
{
    scanf("%d,%d",&i,&j);
    if(i<0||j<0||i>=g->n||j>=g->n||i==j)
       printf("输入的边所对应的两个顶点序号有误。请重新输入。\n");
    else if(g->edges[i][j]==1)
       printf("该条边已经存在,请重新输入。\n");
    else
    {
       g->edges[i][j]=1;
       g->edges[j][i]=1;
       k++;
    }
}
}
void outputSegraph(Segraph *g)
{
   int i,j;
   printf("该图共有%d 个顶点,%d 条边。\n",g->n,g->m );
   printf("顶点信息如下:\n");
   for(i=0;i<g->n;i++)
      printf("第%d 个顶点为:(%s)\n",i+1,g->vexs[i]);
   printf("边的邻接矩阵如下:\n");
   for(i=0;i<g->n;i++)
   {
      for(j=0;j<g->n;j++)
         printf("%3d",g->edges[i][j] );
```

```
      printf("\n" );
   }
}
void main()
{
   Segraph *g;
   g=(Segraph *)malloc(sizeof(Segraph));
   if(g!=NULL)
   {
      createSegraph(g);
      outputSegraph(g);
      free(g);
   }
}
```

4. 运行结果

输入图 16-1，程序运行结果如图 16-4 所示。

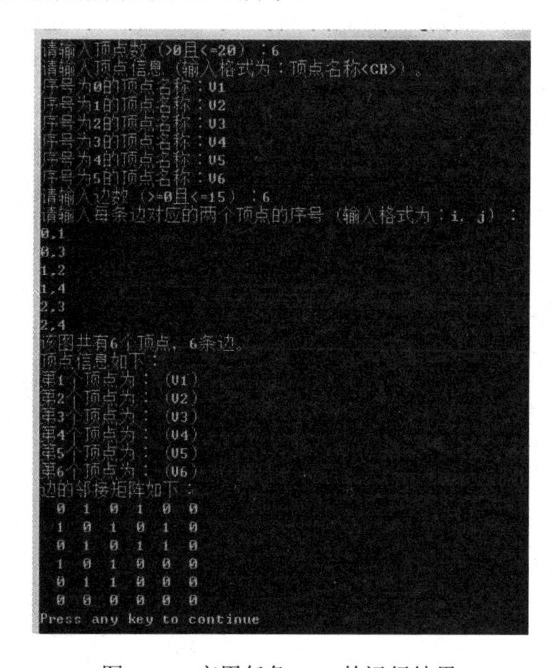

图 16-4　应用任务 16.1 的运行结果

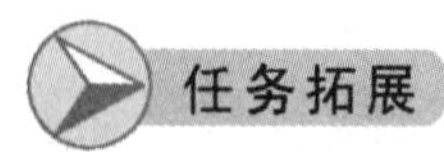

修改 createSegraph 函数，使得在输入边的信息时，输入的是顶点名称，而不是顶点序号。

应 用 任 务 16.2

编写程序，将应用任务 16.1 中建立的邻接矩阵压缩存储在一维数组内，并释放还原。

预备知识

1. 对称矩阵

对称矩阵是在一个 n 阶方阵中，有 $a_{ij}=a_{ji}$，其中 $0\leqslant i$，$j\leqslant n-1$，如图 16-5 所示是一个 5 阶对称矩阵。

无向图的边没有方向性，边的起点和终点是互逆的。因此无向图的邻接矩阵是对称矩阵。

2. 对称矩阵的压缩存储和释放

对称矩阵关于主对角线对称，因此只需存储上三角或下三角部分即可。比如，只存储下三角中的元素 a_{ij}，其特点是 $j\leqslant i$ 且 $0\leqslant i\leqslant n-1$，对于上三角中的元素 a_{ij}，它和对应的 a_{ji} 相等，因此当访问的元素在上三角时，直接去访问和它对应的下三角元素即可，这样，原来需要 $n*n$ 个存储单元，现在只需要 n（$n+1$）/2 个存储单元，节约了 n（$n-1$）/2 个存储单元。当 n 较大时，这是可观的一部分存储资源。我们把这种存储方式称为对称矩阵的压缩存储。图 16-6 就是图 16-5 中的 5 阶对称矩阵的压缩存储。

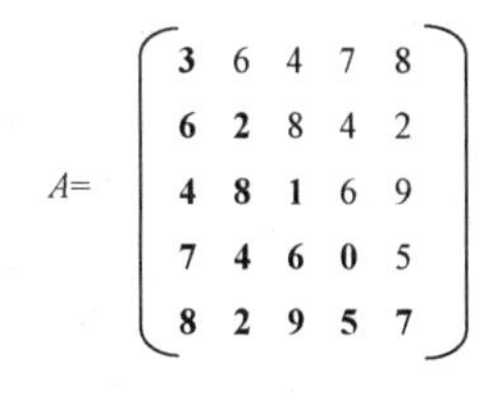

图 16-5 5 阶对称矩阵

3	6	2	4	8	1	7	4	6	0	8	2	9	5	7

图 16-6 图 16-5 中的 5 阶对称矩阵的压缩存储

下面以存储下三角为例，介绍对称矩阵的压缩存储方法。

如何只存储下三角部分呢？对下三角部分以行为主序顺序存储到一个向量中去，在下三角中共有 $n*$（$n+1$）/2 个元素，因此，不失一般性，设存储到向量 $B[n$（$n+1$）/2$]$中，存储顺序可用图 16-7 所示，这样，原矩阵下三角中的某一个元素 a_{ij} 具体对应一个 b_k，下面的问题是要找到 k 与 i、j 之间的关系。

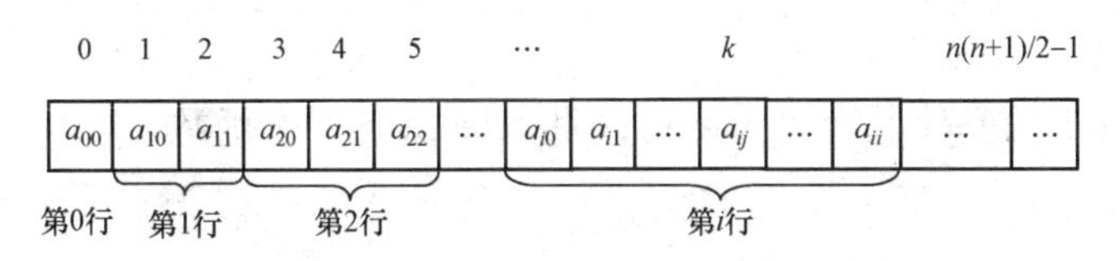

图 16-7 一般对称矩阵的压缩存储

对于下三角中的元素 a_{ij}，其特点是：$i\geqslant j$ 且 $0\leqslant i\leqslant n-1$，存储到 B 中后，根据存储原则，它前面有 i 行，共有 $1+2+\cdots+$（$i-1$）$+i=i*$（$i+1$）/2 个元素，而 a_{ij} 又是它所在行中的第（$j+1$）个，所以在上面的排列顺序中，a_{ij} 是第 $i*$（$i+1$）/2+（$j+1$）个元素，因此它在 B 中的下标 k 与 i、j 的关系为

$$k=i*(i+1)/2+j \quad [0\leqslant k\leqslant n*(n+1)/2-1]$$

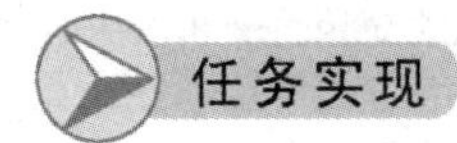

任务实现

1. 分析

（1）编写函数 void compress（Segraph *g，EdgeType c_edges[]），实现对称矩阵的压缩功能：将图类型 g 中的邻接矩阵 edges 压缩到一维数组 c_edges 中。

（2）编写函数 void release（EdgeType c_edges[]，int n，EdgeType r_edges[][MAX_VERTEX_

NUM])，实现释放功能：将压缩的一维数组 c_edges 释放到 *n* 阶方阵 r_edges 中。

（3）修改应用任务 16.1 中的 main 函数：首先定义一个一维数组 compress_edges 用于存放压缩后的数据，定义一个 MAX_VERTEX_NUM 阶方阵 release_edges 用于存放释放还原后的邻接矩阵，然后调用 compress 函数生成压缩的一维数组 compress_edges 并输出，调用 release 函数将压缩的一维数组 compress_edges 释放还原到 release_edges 中并输出。

2. 流程图

邻接矩阵压缩存储流程图如图 16-8 所示，释放流程图如图 16-9 所示。

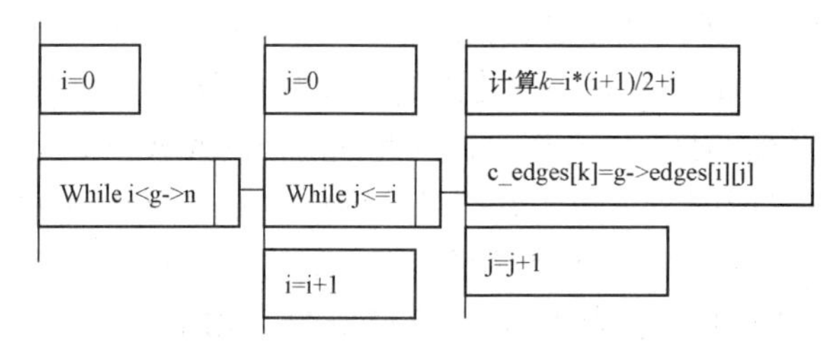

图 16-8 邻接矩阵压缩存储流程图

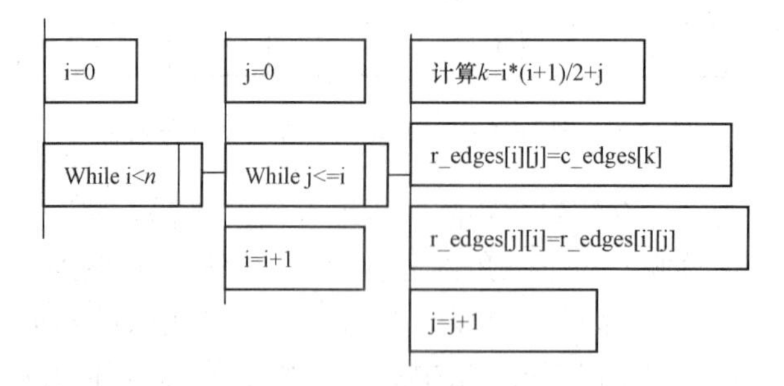

图 16-9 压缩一维数组释放流程图

3. 源程序

在应用任务 16.1 的基础上增加 compress 和 release 这两个函数，修改 main 函数。增加和变动部分的源程序如下：

```
void compress(Segraph *g,EdgeType c_edges[])
{  int i,j,k;
   for( i=0;i<g->n;i++)
      for(j=0;j<=i;j++)
      {
         k=i*(i+1)/2+j;
         c_edges[k]=g->edges[i][j];
      }
}
void release(EdgeType c_edges[],int n,EdgeType r_edges[][MAX_VERTEX_NUM])
{  int i,j,k;
   for( i=0;i<n;i++)
      for(j=0;j<=i;j++)
      {
         k=i*(i+1)/2+j;
         r_edges[i][j]=c_edges[k];
```

```
        r_edges[j][i]=r_edges[i][j];
      }
}
#define  MAX_NUM  MAX_VERTEX_NUM*(MAX_VERTEX_NUM+1)/2
      /*  无向图的邻接矩阵压缩后的一维数组最大长度  */
void main()                 //  加粗部分是在应用任务 16.1 的基础上增加的
{  Segraph *g;
   int i,j;
   EdgeType  compress_edges[MAX_NUM];
   EdgeType  release_edges[MAX_VERTEX_NUM][MAX_VERTEX_NUM];
   g=(Segraph *)malloc(sizeof(Segraph));
   if(g!=NULL)
   {
      createSegraph(g);
      outputSegraph(g);
      compress(g,compress_edges);
      printf("图的邻接矩阵压缩后的一维数组为:\n");
      for(i=0;i<g->n*(g->n+1)/2;i++)
        printf( "%3d",compress_edges[i] );
      printf( "\n" );
      release(compress_edges,g->n,release_edges);
      printf("压缩的一维数组进行释放还原后的邻接矩阵如下:\n");
      for(i=0;i<g->n;i++)
      {
        for(j=0;j<g->n;j++)
          printf( "%3d",release_edges[i][j] );
        printf( "\n" );
      }
      free(g);
   }
}
```

4. 运行结果

输入图 16-1，程序运行结果如图 16-10 所示。

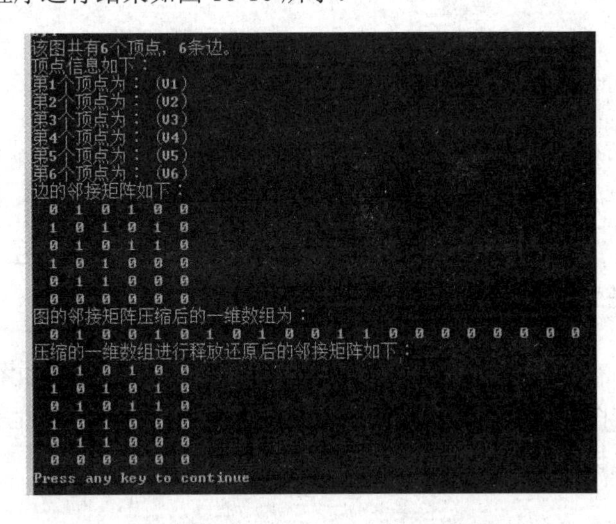

图 16-10 应用任务 16.2 的运行结果

任务拓展

编写程序将应用任务16.1中建立的邻接矩阵（稀疏矩阵），用三元组表压缩存储，并释放还原。

实现提示：在很多情况下，图的边较少，图邻接矩阵中的非零元素的个数远少于零元素的个数，我们把这类矩阵称为稀疏矩阵。如果按常规分配方法顺序分配在计算机内，那将是相当浪费内存的。为此提出另外一种存储方法，仅仅存放非零元素。但对于这类矩阵，通常零元素分布没有规律，为了能找到相应的元素，所以仅存储非零元素的值是不够的，还要记下它所在的行和列。于是采取如下方法：将非零元素所在的行、列以及其值构成一个三元组（i，j，v），然后再按某种规律存储这些三元组，这种方法可以节约存储空间。

下面讨论稀疏矩阵的压缩存储方法。将三元组以按行优先的顺序存储，同一行中列号从小到大的规律排列成一个线性表，称为三元组表，采用顺序存储方法存储该表。图16-11稀疏矩阵对应的三元组表如图16-12所示。

$$A=\begin{pmatrix} 15 & 0 & 0 & 22 & 0 & -15 \\ 0 & 11 & 3 & 0 & 0 & 0 \\ 0 & 0 & 0 & 6 & 0 & 0 \\ 0 & 0 & 0 & 0 & 0 & 0 \\ 91 & 0 & 0 & 0 & 0 & 0 \\ 0 & 0 & 0 & 0 & 0 & 0 \end{pmatrix}$$

图16-11　稀疏矩阵

	i	j	v
0	0	0	15
1	0	3	22
2	0	5	−15
3	1	1	11
4	1	2	3
5	2	3	6
6	4	0	91

图16-12　三元组表

显然，要唯一地表示一个稀疏矩阵，在存储三元组表的同时还需要存储该矩阵的行、列。为了运算方便，矩阵的非零元素的个数也同时存储。实现这种存储思想需要定义的数据类型如下：

```
#define  SMAX  1024            /*  一个足够大的数  */
typedef  struct
{  int i,j;                    /*  非零元素的行、列  */
   EdgeType  v;                /*  非零元素值  */
} Spnode;                      /*  三元组类型  */
typedef  struct
{   int m,n,t;                 /*  稀疏矩阵的行、列及非零元素的个数  */
    Spnode  data[SMAX];        /*  三元组表  */
} Spmatrix;                    /*  三元组表的存储类型  */
```

稀疏矩阵的压缩存储流程图如图16-13所示，三元组释放流程图如图16-14所示。

请读者根据流程图自己编写稀疏矩阵压缩与三元组释放还原的源程序，在应用任务16.1源程序的基础上，上机调试和运行。

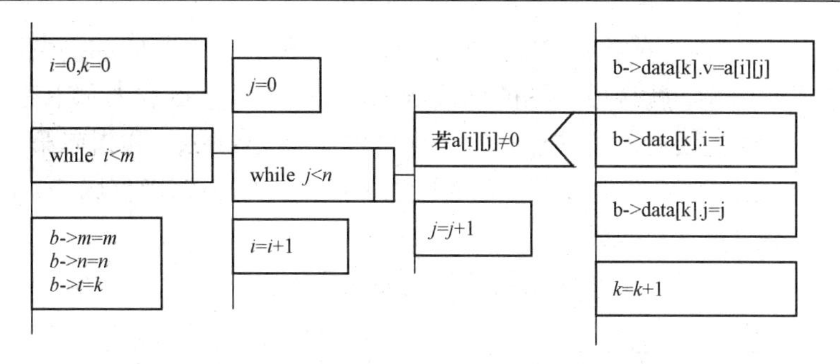

图 16-13　稀疏矩阵压缩存储流程图

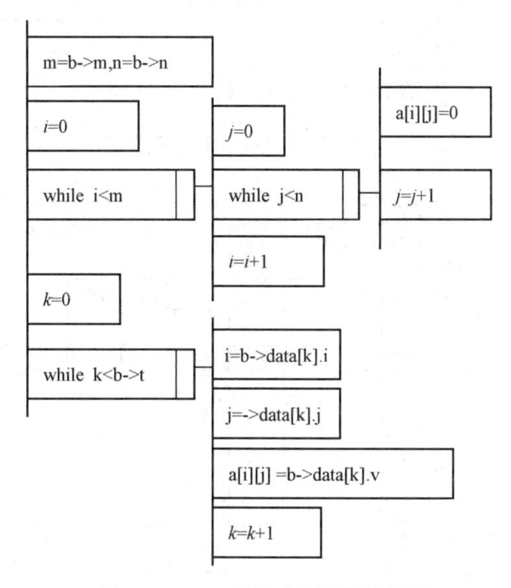

图 16-14　三元组表还原流程图

应 用 任 务 16.3

编写程序，输入一个有向图的顶点信息和边的信息（设有 n 个顶点和 m 条边，n 和 m 由键盘输入），用邻接链表方式存储该有向图，并在屏幕上输出图的邻接链表。

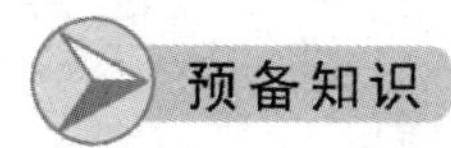

1. 有向图的概念

前面我们介绍了无向边和无向图的概念。而在有些图中，一条边的两个顶点是有次序之分的，例如公路运营图中汽车的车次。

如果一条边的两个顶点是有次序的，则称这条边为有向边。有向边表示为<v_i，v_j>，其中 v_i 是有向边的起点，v_j 是有向边的终点。

由有向边组成的图称为有向图。图 16-15 就是一个有向图。

图 16-15　有向图示例

2. 图的邻接链表存储

邻接链表（adjacency list）是图的一种顺序存储与链式存储相结合的存储方法，即用数组存储顶点信息，用链表存储边的信息。对于图 G 中的每个顶点 v_i，将

所有邻接于 v_i 的顶点 v_j 链成一个单链表，这个单链表就称为顶点 v_i 的邻接表，再将所有顶点的邻接表表头放到数组中，就构成了图的邻接链表。在图的邻接链表表示中有两种结点结构，如图 16-16 所示。一种是顶点表的结点结构，它由顶点域（vertex）和指向第一条邻接边的指针域（firstedge）构成，另一种是边表（即邻接表）结点，它由邻接点域（adjvex）和指向下一条邻接边的指针域（next）构成。

例如，图 16-17 给出了一个无向图的邻接链表表示。

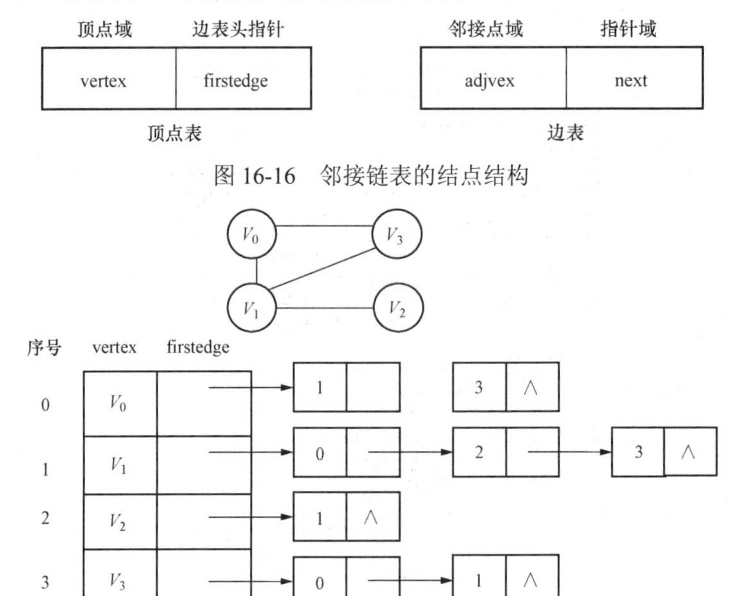

图 16-16　邻接链表的结点结构

图 16-17　图的邻接链表表示

3. 有向图的存储

与无向图一样，存储有向图也可以采用邻接矩阵或邻接链表这两种存储方法。

例如，图 16-15 的邻接矩阵表示和邻接链表表示如图 16-18 所示。

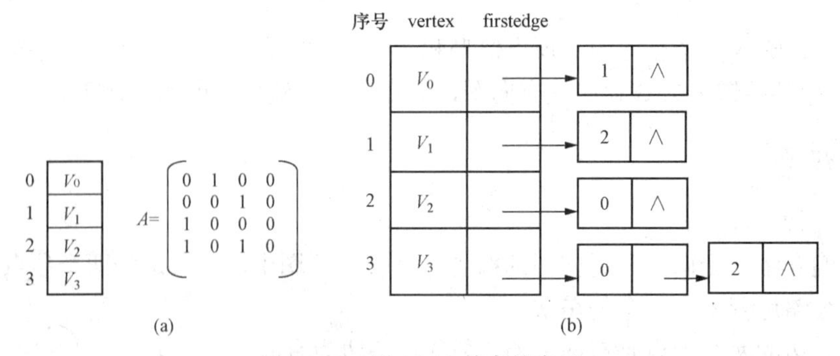

图 16-18　图 16-15 的存储表示

（a）图 16-15 的邻接矩阵表示；（b）图 16-15 的邻接链表表示

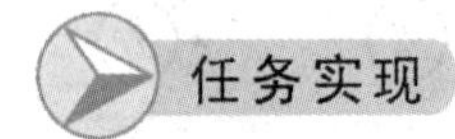

任务实现

1. 分析

（1）图的邻接链表数据结构描述如下：

```
#define  MAX_VERTEX_NUM  20                          /*  最大顶点数为20  */
typedef  char  VertexType[10];                       /*  顶点类型设为字符串  */
typedef  struct  node
{
   int  adjvex;                                      /*  邻接点域  */
   struct node  * next;                              /*  指向下一个邻接点的指针域  */
} EdgeNode;                                          /*  边表结点  */
typedef  struct
{
   VertexType  vertex;                               /*  顶点域  */
   EdgeNode  *firstedge;                             /*  边表头指针  */
} VertexNode;                                        /*  顶点表结点  */
typedef  struct
{
   VertexNode  adjlist[MAX_VERTEX_NUM];              /*  邻接表  */
   int  n,m;                                         /*  顶点数和边数  */
} Linkgraph;                                         /*  以邻接链表存储的图类型  */
```

（2）在主函数 main 中定义图类型变量 g，用来存储图的邻接链表存储信息。

```
Linkgraph *g;
```

（3）编写函数 void createLinkgraph（Segraph *g）实现建立图的邻接链表功能：输入图的顶点信息和边的信息，存储到图的结构体中。顶点信息为顶点名称（用字符串表示），边的信息为顶点的有序对（用顶点存储在一维数组中的下标序号表示）。

（4）编写函数 void outputLinkgraph（Segraph *g）实现输出图的邻接链表功能。

（5）编写函数 void freeEdgeNode（Linkgraph *g）实现释放邻接链表中结点空间功能。

2. 流程图

建立图的邻接链表函数 createLinkgraph 的流程图如图 16-19 所示。

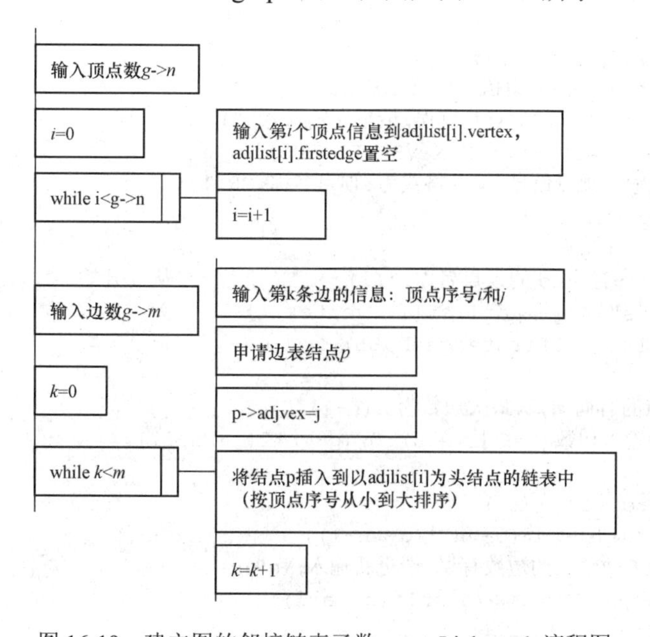

图 16-19 建立图的邻接链表函数 createLinkgraph 流程图

3. 源程序

```
#include "stdio.h"
#include "stdlib.h"
/*  Linkgraph类型定义同前,省略  */
EdgeNode *insert(EdgeNode *h,EdgeNode *p)
{
   EdgeNode *q,*t;
   t=h;
   q=t;
   while(t!=NULL&&t->adjvex<p->adjvex)
   {  q=t;
      t=t->next;
   }
   if(q==t)
   {
      p->next=h;
      h=p;
   }
   else
   {
      p->next=t;
      q->next=p;
   }
   return h;
}
void createLinkgraph(Linkgraph *g)
{
   int i,j,k,find;
   EdgeNode *p,*t;
   printf("请输入顶点数(>0 且<=%d):",MAX_VERTEX_NUM);
   do {
      scanf("%d",&(g->n));
      if(g->n<=0||g->n>MAX_VERTEX_NUM)
         printf("输入的顶点数有误,请重新输入。\n");
   } while(g->n<=0||g->n>MAX_VERTEX_NUM);
   printf("请输入顶点信息(输入格式为:顶点名称<CR>)。\n");
   for(i=0;i<g->n;i++)
   {
      printf("序号为%d的顶点名称:",i); /*  顶点序号从0开始  */
      scanf("%s",&(g->adjlist[i].vertex));
      g->adjlist[i].firstedge=NULL;
   }
   /*  n个顶点的有向图,其最大边数为n(n-1)*/
   printf("请输入边数(>=0 且<=%d):",(g->n)*(g->n-1));
   do {
      scanf("%d",&(g->m));
      if(g->m<0||g->m>(g->n)*(g->n-1))
         printf("输入的边数有误,请重新输入。\n");
   } while(g->m<0||g->m>(g->n)*(g->n-1));
   if(g->m!=0 )
```

```
    printf("请输入每条边对应的两个顶点的序号(输入格式为:i,j):\n");
  k=0;
  while(k<g->m)
  {
    printf("第%d条边:",k+1);
    scanf("%d,%d",&i,&j);
    if(i<0||j<0||i>=g->n||j>=g->n||i==j)
    {
      printf("输入的边所对应的两个顶点序号有误,请重新输入。\n");
      continue;
    }
    find=0;
    t=g->adjlist[i].firstedge;
    while(find==0&&t!=NULL)
      if(t->adjvex==j)
        find=1;
      else
        t=t->next;
    if(find==1)
    {
      printf("该条边已经存在。请重新输入。\n");
      continue;
    }
    p=(EdgeNode *)malloc(sizeof(EdgeNode));
    if(p==NULL)
    {
      printf("内存申请失败,程序返回。\n");
      return;
    }
    p->adjvex=j;
    /* 将结点p插入以adjlist[i]为头结点的链表中(按顶点序号从小到大排序)*/
    g->adjlist[i].firstedge = insert( g->adjlist[i].firstedge,p);
    k++;
  }
}
void outputLinkgraph(Linkgraph *g)
{
  int i;
  EdgeNode *t;
  printf("该图共有%d个顶点,%d条边。\n",g->n,g->m );
  printf("邻接链表如下(序号,顶点名称):\n");
  for(i=0;i<g->n;i++)
  {
    printf("(%d,%s)",i,g->adjlist[i].vertex);
    t=g->adjlist[i].firstedge;
    while(t!=NULL)
    {
      printf( "--->(%d,%s)",t->adjvex,g->adjlist[t->adjvex].vertex );
      t=t->next;
    }
    printf( "\n" );
```

```
    }
}
void freeEdgeNode(Linkgraph *g)
{
    int i;
    EdgeNode *t,*p;
    for(i=0;i<g->n;i++)
    {
        t=g->adjlist[i].firstedge;
        while(t!=NULL)
        {
            p=t;
            t=t->next;
            free(p);
        }
    }
}
void main()
{
    Linkgraph *g;
    g=(Linkgraph*)malloc(sizeof(Linkgraph));
    if(g!=NULL)
    {
        createLinkgraph(g);
        outputLinkgraph(g);
        freeEdgeNode(g);
        free(g);
    }
}
```

4. 运行结果

输入图 16-15，程序运行结果如图 16-20 所示。

图 16-20 应用任务 16.3 的运行结果

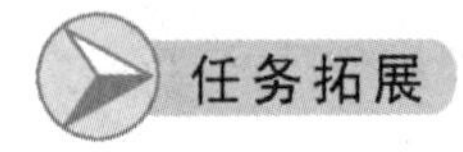

任务拓展

（1）编写程序，将应用任务 16.1 中建立的邻接矩阵转换为邻接链表存储。

（2）修改应用任务 16.3，建立该有向图的逆邻接链表。

实现提示：

（1）顶点的度。顶点的度是指连接某顶点 v_i 的边数，通常记为 TD（v_i）。对于有向图，顶点的度有入度和出度之分。顶点 v_i 的出度是从顶点 v_i 出发的边数，记为 OD（v_i），顶点 v_i 的入度是到达顶点 v_i 的边数，记为 ID（v_i）。显然，TD（v_i）=ID（v_i）+OD（v_i）。如图 16-15 中，ID（v_0）=1，OD（v_0）=2，TD（v_0）=3。其他顶点的度数请读者填入表 16-1。

表 16-1　　图 16-15 各顶点的度数

顶点	ID	OD	TD
v_0	1	2	3
v_1			
v_2			
v_3			

（2）逆邻接链表。在无向图的邻接链表中，顶点 v_i 的度恰为第 i 个链表中的结点数；而在有向图中，第 i 个链表中的结点个数只是顶点 v_i 的出度。为求入度，必须遍历整个邻接链表。在所有链表中其邻接点域的值为 i 的结点的个数是顶点 v_i 的入度。有时，为了便于确定顶点的入度或以顶点 v_i 为终点的边，可以建立一个有向图的逆邻接表，即对每个顶点 v_i 建立一个链接以 v_i 为终点的边的链表。例如图 16-21 为一个有向图的正邻接链表和逆邻接链表。对于无向图而言，正邻接链表与逆邻接链表相同。

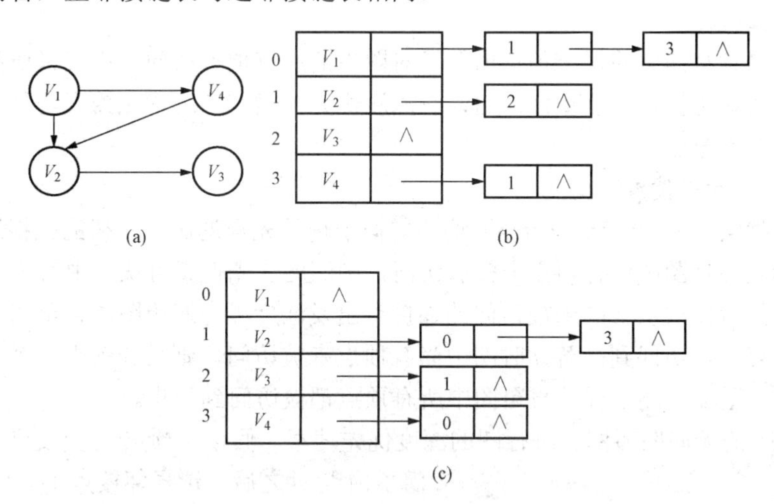

图 16-21　正邻接链表与逆邻接链表示例

（a）有向图 G；（b）图 G 的正邻接链表；（c）图 G 的逆邻接链表

应 用 任 务 16.4

对于应用任务 16.3 中建立的有向图邻接链表，编写程序输出图深度遍历的结点信息（结点名称）。

1. 连通图

（1）路径。在图G中，对于 V 中两点 v_i、v_j，如果有边（v_i，v_{i1}）、（v_{i1}，v_{i2}）、（v_{i2}，v_{i3}）、…、（v_{im}，v_j）$\in E$，则把 $v_i \to v_{i1} \to v_{i2} \to v_{i3} \to \cdots \to v_{im} \to v_j$ 这组顶点序列称为顶点 v_i 到顶点 v_j 的路径。如果顶点 v_i 与顶点 v_j 是同一顶点，则把该路径称为回路。

（2）无向连通图。在无向图中，如果从一个顶点 v_i 到另一个顶点 v_j（$i \neq j$）有路径，则称顶点 v_i 和 v_j 是连通的。如果图中任意两顶点都是连通的，则称该图是无向连通图。

（3）有向连通图。在有向图中，如果从一个顶点 v_i 到另一个顶点 v_j（$i \neq j$）和从顶点 v_j 到顶点 v_i 都有路径，则称顶点 v_i 和 v_j 是连通的。如果图中任意两顶点都是连通的，则称该有向图是强连通图，如图16-22所示。

如果有向图中，任意两点 v_i、v_j 之间至少存在一条路径，则称该有向图是单向连通图，如图16-23所示。如果有向图的有向边换成无向边后的无向图是连通的，则该有向图是弱连通图，如图16-24所示。

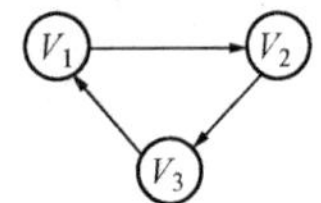

图16-22　强连通图示例

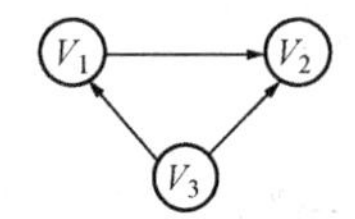

图16-23　单向连通图示例

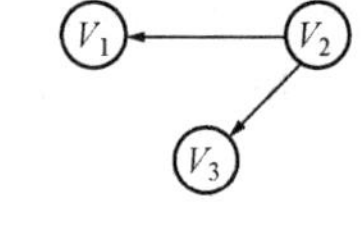

图16-24　弱连通图示例

2. 图遍历的概念

图的遍历是指从图中的任一顶点出发，对图中的所有顶点访问一次且只访问一次。图的遍历操作和树的遍历操作功能相似，通常有深度优先搜索和广度优先搜索两种方式。下面先介绍深度优先搜索方法。

3. 图的深度优先搜索

深度优先搜索（depth_first search）遍历类似于树的先根遍历，是树的先根遍历的推广。

假设初始状态是图中所有顶点未曾被访问，则深度优先搜索可从图中某个顶点 v 出发，访问此顶点，然后依次从 v 的未被访问的邻接点出发深度优先遍历图，直至图中所有和 v 有路径相通的顶点都被访问到；若此时图中尚有顶点未被访问，则另选图中一个未曾被访问的顶点作起始点，重复上述过程，直至图中所有顶点都被访问到为止。

以图16-25的无向图为例，进行图的深度优先搜索。假设从顶点 v_1 出发进行搜索，在访问了顶点 v_1 之后，选择邻接点 v_2。因为 v_2 未曾访问，则从 v_2 出发进行搜索。依次类推，接着从 v_4、v_8、v_5 出发进行搜索。在访问了 v_5 之后，由于 v_5 的邻接点都已被访问，则搜索回到 v_8。由于同样的理由，搜索继续回到 v_4、v_2 直至 v_1，此时由于 v_1 的另一个邻接点未被访问，则搜索又从 v_1 到 v_3，再继续进行下去，由此得到的顶点访问序列为

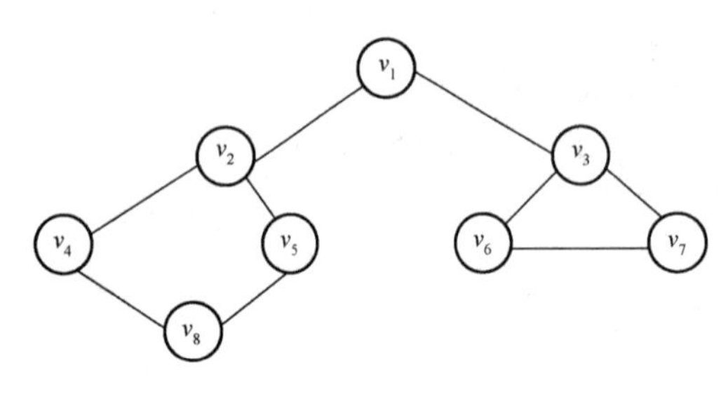

图16-25　一个无向图G

$$v_1 \to v_2 \to v_4 \to v_8 \to v_5 \to v_3 \to v_6 \to v_7$$

与树的先根遍历一样，图的遍历既可以用递归方法，也可以用非递归方法。递归方法程

序比较简洁，这里用递归算法来实现。

任务实现

1. 分析

（1）编写函数 void dfs（Linkgraph *g, int i, int visited[] ）实现图的深度优先遍历功能。

深度优先遍历时，从第一个未被访问的顶点 v 开始，依次搜索与 v 相邻的第一个顶点 v_1，再搜索与 v_1 相邻的第一个顶点 v_2，依次类推。一旦发现与某一个顶点相邻的所有顶点都已访问过，则回溯到前一个顶点，直到所有顶点都被访问。

在遍历过程中为了便于区分顶点是否已被访问，需设一个访问标志数组 visited，其初值为 0，一旦某个顶点被访问，则其相应的数组元素置为 1。

（2）修改应用任务 16.3 中的 main 函数：调用 dfs 函数，并输出遍历结果。

2. 流程图

图的深度优先遍历函数 dfs 的流程图如图 16-26 所示。

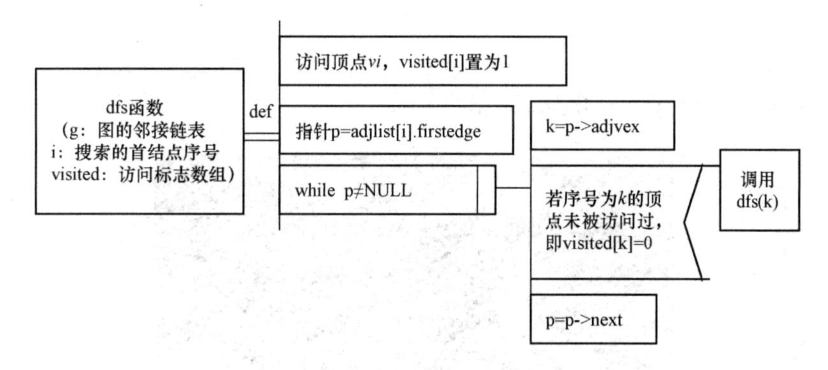

图 16-26 图的深度优先搜索函数的流程图

3. 源程序

在应用任务 16.3 的基础上增加 dfs 函数，修改 main 函数。增加和变动部分的源程序如下：

```
void  dfs(Linkgraph *g,int i,int visited[] )
{
   int k;
   EdgeNode *p;
   printf("visit vertex:%s\n",g->adjlist[i].vertex);    /*  访问顶点 Vi  */
   visited[i]=1;                              /*  标记 Vi 已访问  */
   p=g->adjlist[i].firstedge;                 /*  取 Vi 边表的头指针  */
   while(p)                                   /*  依次搜索 Vi 的邻接点 Vk,k=p->adjvex  */
   {
      k=p->adjvex;
      if(!visited[k])                         /*  若 Vk 尚未访问,则以 Vk 为出发点向纵深搜索  */
         dfs(g,k,visited);
      p=p->next;                              /*  找 Vi 的下一个邻接点  */
   }
}
void main()                                   //  加粗部分是在应用任务 16.3 的基础上增加的
{
```

```
    Linkgraph *g;
    int visited[MAX_VERTEX_NUM];
    int i;
    g=(Linkgraph*)malloc(sizeof(Linkgraph));
    if(g!=NULL)
    {
       createLinkgraph(g);
       outputLinkgraph(g);
       printf("图的深度遍历结果如下:\n");
       for(i=0;i<MAX_VERTEX_NUM;i++)
          visited[i]=0;
       for(i=0;i<g->n;i++)
          if(!visited[i])
             dfs(g,i,visited);
       freeEdgeNode(g);
       free(g);
    }
}
```

4. 运行结果

输入图 16-15，程序运行结果如图 16-27 所示。

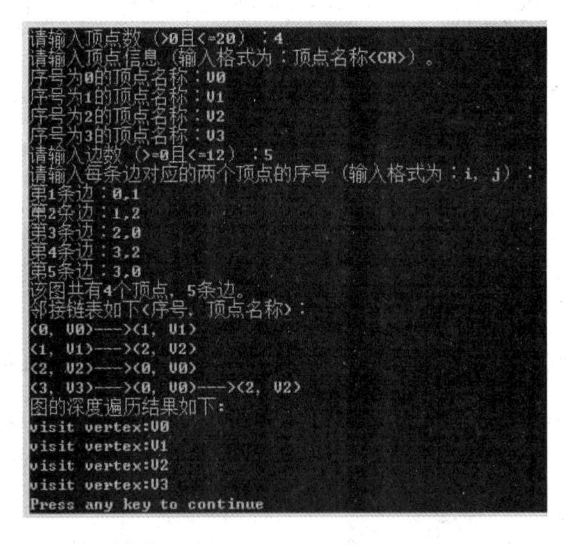

图 16-27 应用任务 16.4 的运行结果

任务拓展

对于应用任务 16.3 中建立的有向图邻接链表，编写程序输出图广度遍历的结点信息（结点名称）。

实现提示：

广度优先搜索（breadth_first search）遍历类似于树的按层次遍历的过程。

假设从图中某顶点 *v* 出发，在访问了 *v* 之后依次访问 *v* 的各个未曾访问过的邻接点，然后分别从这些邻接点出发依次访问它们的邻接点，并使“先被访问的顶点的邻接点”先于“后被访问的顶点的邻接点”被访问，直至图中所有已被访问的顶点的邻接点都被访问到。若此时图中尚有顶点未被访问，则另选图中一个未曾被访问的顶点做起始点，重复上述过程，直至图中所有顶点都被访问到为止。换句话说，图的广度优先搜索遍历过程中以 v 为起始点，由近至远，依次访问和 v 有路径相通且路径长度为 1、2、…的顶点。

例如，对图 16-25 所示的无向图进行广度优先搜索遍历，首先访问 v_1 和 v_1 的邻接点 v_2 和 v_3，然后依次访问 v_2 的邻接点 v_4 和 v_5 及 v_3 的邻接点 v_6 和 v_7，最后访问 v_4 的邻接点 v_8。由于这些顶点的邻接点均已被访问，并且图中所有顶点都被访问，由此完成了图的遍历。得到的顶点访问序列为

$$v_1 \to v_2 \to v_3 \to v_4 \to v_5 \to v_6 \to v_7 \to v_8$$

在进行图的广度优先搜索时，从首结点 v 开始依次搜索与 v 相邻的所有结点 v_1、v_2、…，搜索完后再搜索与 v_1 相邻的所有结点，依次类推。一旦发现有结点已访问过，则跳过该结点，直到所有结点都被访问。

和深度优先搜索类似，在遍历的过程中也需要一个访问标志数组 visited，并且为了顺次访问路径长度为 2、3、…的顶点，需设一个队列以存储已被访问的路径长度为 1、2、…的顶点。

连通图的广度优先搜索函数的流程图如图 16-28 所示。

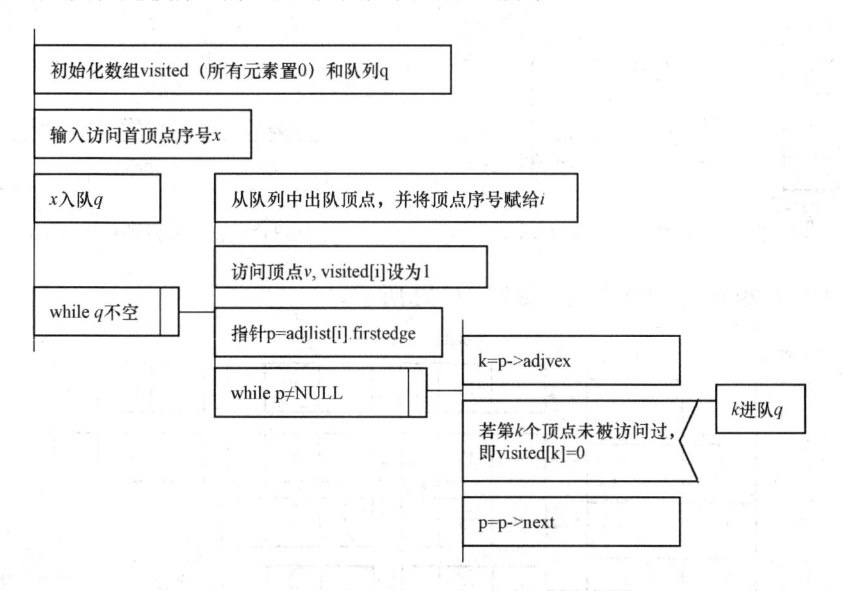

图 16-28　图的广度优先搜索函数的流程图

请读者根据上面的流程图自己编写图的广度优先搜索函数，结合第 13 章介绍的队列知识，在应用任务 16.3 源程序的基础上上机调试和运行。如果要遍历的图不是连通图，则广度优先搜索算法是否要修改？

应 用 任 务 16.5

编写程序，输入一个无向带权图的结点信息和边的信息（含边的权值），建立邻接链表。利用克鲁斯卡尔算法生成最小生成树。

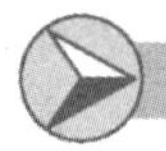

预备知识

1. 无向带权图及其存储

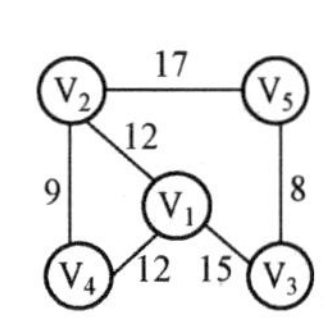

图 16-29 无向带权图的示例

在实际工程应用中，有时图的边被分配一个权重，比如在交通道路图中的两个城市间的距离，在电路图中两个结点之间的电阻等。我们把这种图称为带权图。带权图也分为有向带权图和无向带权图。图 16-29 为无向带权图示例。

无向带权图的存储结构有邻接矩阵和邻接链表两种存储方法。

无向带权图的邻接矩阵定义为

$$A[\mathrm{i}][\mathrm{j}]=\begin{cases} w_{ij} & \text{若}(v_i, v_j)\text{是}E(G)\text{中的边} \\ 0\text{或}\infty & \text{若}(v_i, v_j)\text{不是}E(G)\text{中的边} \end{cases}$$

其中，w_{ij} 表示边（v_i，v_j）上的权值，∞表示一个计算机允许的、大于所有边上权值的数。

例如，图 16-29 的邻接矩阵表示如图 16-30 所示。

用邻接链表方式存储无向带权图时，边表需增设一个域存储边上信息（如权值域 weight），无向带权图的边表结构如图 16-31 所示。

0	V_1
1	V_2
2	V_3
3	V_4
4	V_5

$$A=\begin{pmatrix} 0 & 12 & 15 & 12 & \infty \\ 12 & 0 & \infty & 9 & 17 \\ 15 & \infty & 0 & \infty & 8 \\ 12 & 9 & \infty & 0 & \infty \\ \infty & 17 & 8 & \infty & 0 \end{pmatrix}$$

图 16-30 图 16-29 的邻接矩阵表示

邻接点域	边上权值域	指针域
adjvex	weight	next

图 16-31 无向带权图的边表结点结构

例如，图 16-29 的邻接链表表示如图 16-32 所示。

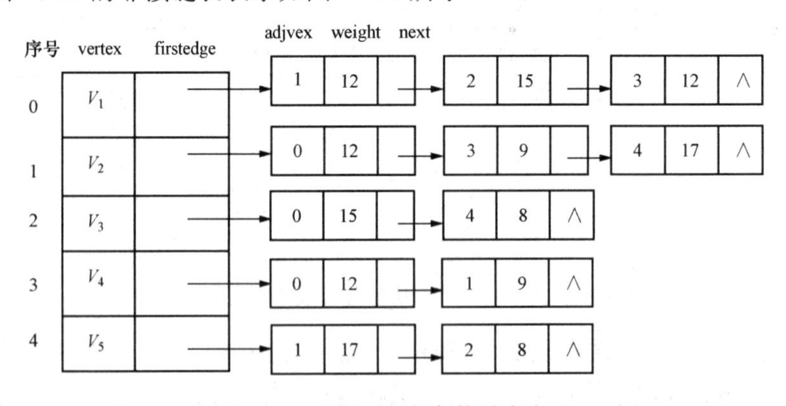

图 16-32 图 16-29 的邻接链表表示

2. 子图、生成子图、生成树

对于图 G=（V，E），G'=（V'，E'），若存在 V'是 V 的子集，E'是 E 的子集，则称图 G'是 G 的一个子图。图 16-33～图 16-35 都是图 16-29 的子图。

对于图 G=（V，E），G'=（V'，E'），若存在 V'与 V 相同，E'是 E 的子集，则称图 G'是 G 的一个生成子图。图 16-34、图 16-35 则是图 16-29 的生成子图。

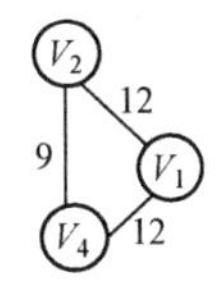

图 16-33　子图示例

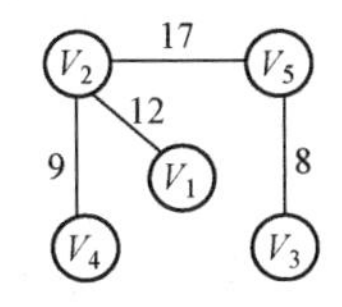

图 16-34　生成子图示例

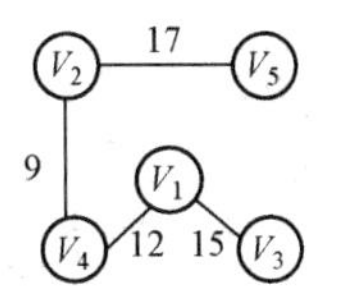

图 16-35　生成树示例

若生成子图是一棵树，则称为生成树。图 16-35 是图 16-29 的生成树。

由于树是一个连通图，而且是没有回路的。所以一个图有生成树，必须是连通图。对连通图的不同遍历，就可能得到不同的生成树，所以无向连通图的生成树不是唯一的。图 16-36（a）、（b）、（c）也均为图 16-29 中无向连通图的生成树。

生成树生成算法基本思路是去除图中回路中多余的边，直到没有回路为止。对于有 n 个顶点的图来说，生成树的边数 $m=n-1$。

3．最小生成树

如果无向连通图是一个带权图，那么，它的所有生成树中必有一棵边的权值总和为最小的生成树，我们称这棵生成树为最小生成树，简称为最小生成树。图 16-36（b）、（c）为图 16-29 中无向连通带权图的最小生成树。由此可见，最小生成树也不是唯一的。

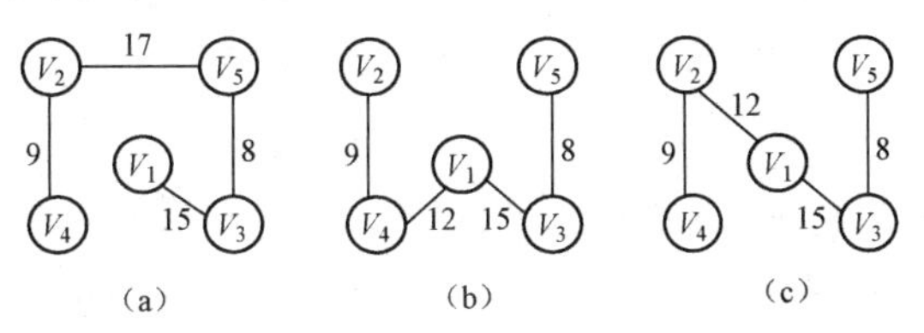

图 16-36　图 16-29 的生成树

4．构造最小生成树的 Kruskal 算法

克鲁斯卡尔（Kruskal）算法是一种按照带权图中边的权值递增的顺序构造最小生成树的方法。其基本思想是：

（1）将带权图的所有边移走。

（2）从移走的边中选一个权值最小的边，如果不构成回路则放回原处，否则舍去。

（3）重复（2），直到移回 $n-1$ 条边（设顶点数为 n）。

判断待移回的边是否与已移回的边构成回路，则要判断待移回的边的两个顶点是否已连通（即是否处于同一个连通子图中），若已连通，再移回这条边，必然构成回路。

具体方法：设无向带权连通图为 $G=(V, E)$，令 G 的最小生成树为 T，其初态为 $T=(V, \{\})$，即开始时，最小生成树 T 由图 G 中的 n 个顶点构成，顶点之间没有一条边，这样 T 中各顶点各自构成一个连通子图。然后，按照边的权值由小到大的顺序，考察 G 的边集 E 中的各条边。若被考察的边的两个顶点属于 T 的两个不同的连通子图，则将此边作为最小生成树的边加入到 T 中，同时把两个连通子图连接为一个连通子图；若被考察边的两个顶点属于同一个连通子图，则舍去此边，以免造成回路，如此下去，当 T 中的边数为 $n-1$ 时，T 便为 G 的一棵最小生成树。

设一数组 S，记录每个顶点对应的连通子图序号，当两个连通子图合并时，把被并入的连通子图中所有顶点的连通子图序号替换成并入的连通子图序号。

任务实现

1. 分析

(1)定义无向带权图的邻接链表数据结构。参照应用任务 16.3，需要在边表结点 EdgeNode 定义中增加一个存放边上权值的数据域 weight，修改如下：

```
typedef  struct  node
{
   int  adjvex;                          /*  邻接点域  */
   int  weight;                          /*  边上权值域  */
   struct node  * next;                  /*  指向下一个邻接点的指针域  */
} EdgeNode;                              /*  边表结点  */
```

（2）用来存放最小生成树的数据结构描述如下：

```
#define  MAX_EDGE_NUM  20                /*  最小生成树的最大边数为 20  */
typedef  struct
{
   int i;                                /*  顶点 vi 的序号  */
   int j;                                /*  顶点 vi 的序号  */
   int weight;                           /*  边上权值  */
} EdgeType;
```

(3)编写函数 void createLinkGraph（Linkgraph *g）实现建立无向带权图的邻接链表功能：对应用任务 16.3 中的 createLinkGraph 函数进行修改。因为无向图的边没有方向性，所以输入一条边时，需要在邻接链表中增加两个结点。

（4）编写函数 void　minTree（Linkgraph *g）实现用 Kruskal 方法构造最小生成树功能：设置一个一维整型数组 *s*，其中 *s*[*i*]为顶点 *i* 连通分量号；设置一个类型为 EdgeType 的一维数组 e_list，用来存放从图 *g* 中取出的所有边；设置一个类型为 EdgeType 的一维数组 *t*，用来存放最小生成树的各边。对 e_list 数组中的边按照权值由小到大的顺序，依次从 e_list 中取权值最小且不构成回路的边加入数组 *t* 中构造最小生成树。

在 minTree 函数中分别调用以下函数：

函数 int　fetch（Linkgraph *g，EdgeType e_list[]）完成从图 *g* 中取出所有边并存放到数组 e_list 中，函数返回取到的边的数目。

函数 void　sort（EdgeType　e_list[]，int n）完成将 e_list 中的 *n* 条边按权值由小到大排列。

函数 void　replace（int s[]，int n，int i，int j）完成将数组 *s* 的 *n* 条边中所有与 *s*[*j*]相同的元素全部替换成 *s*[*i*]，即顶点 *j* 所在的连通分量并入顶点 *i* 所在的连通分量。

函数 void　print（Linkgraph *g，EdgeType t[]，int m）完成将存放在 *t* 数组中的最小生成树的 *m* 条边输出。

2. 流程图

用 Kruskal 算法构造最小生成树函数 min_tree 的流程图如图 16-37 所示。

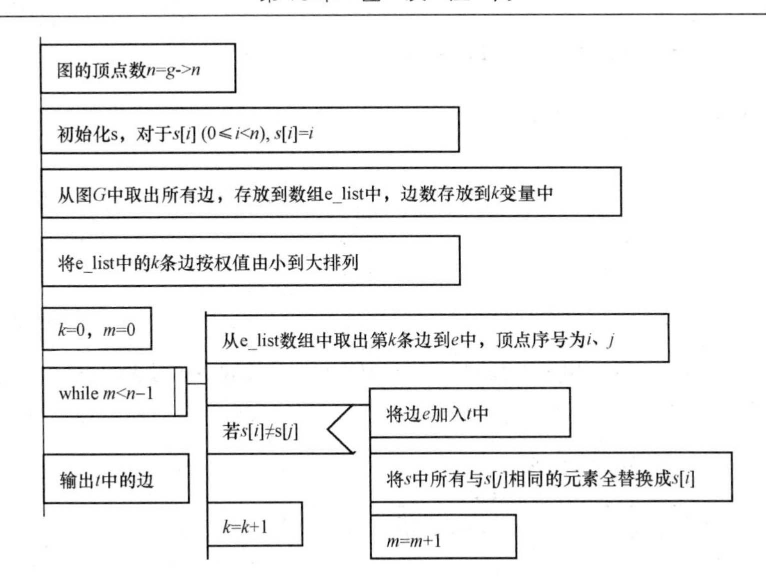

图 16-37 用 Kruskal 算法构造最小生成树的流程图

3. 源程序

```
#include  "stdio.h"
#include  "stdlib.h"
//定义无向带权图的邻接链表
#define  MAX_VERTEX_NUM  20                    /*  最大顶点数为 20  */
typedef  char  VertexType[10];                 /*  顶点类型设为字符串  */
typedef  struct  node
{
   int  adjvex;                                /*  邻接点域  */
   int  weight;                                /*  边上权值域  */
   struct node  * next;                        /*  指向下一个邻接点的指针域  */
} EdgeNode;                                    /*  边表结点  */
typedef  struct
{
   VertexType  vertex;                         /*  顶点域  */
   EdgeNode  *firstedge;                       /*  边表头指针  */
} VertexNode;                                  /*  顶点表结点  */
typedef  struct
{
   VertexNode  adjlist[MAX_VERTEX_NUM];        /*  邻接表  */
   int n,m;                                    /*  顶点数和边数  */
} Linkgraph;                                   /*  以邻接链表存储的图类型  */
//定义数据结构用来存放最小生成树的各条边
#define  MAX_EDGE_NUM  20                      /*  最小生成树的最大边数为 20  */
typedef  struct
{
   int i;                                      /*顶点 vi 的序号*/
   int j;                                      /*顶点 vi 的序号*/
   int weight;
} EdgeType;
// fetch 函数功能:从图 G 中取出所有边存放到数组 e_list 中,函数返回:边的数目
```

```
int  fetch(Linkgraph *g,EdgeType e_list[])
{
   int i,k,n;
   EdgeNode *p;
   n=g->n;
   k=0;
   for(i=0;i<n;i++)
   {
      p=g->adjlist[i].firstedge;
      while(p!=NULL)
      {  /*因为是无向边,相同顶点的两条边只取终点序号比起点序号大的边*/
         if( p->adjvex>i)
         {
            e_list[k].i=i;
            e_list[k].j=p->adjvex;
            e_list[k].weight=p->weight;
            k++;
         }
         p=p->next;
      }
   }
   return k;
}
// sort 函数功能:将 e_list 中的 n 条边按权值由小到大排列
void  sort(EdgeType  e_list[],int n)
{
   EdgeType e;
   int i,j,min,k;
   for(i=0;i<n-1;i++)
   {
      min=e_list[i].weight;
      k=i;
      for(j=i+1;j<n;j++)
         if(min>e_list[j].weight)
         {
            min=e_list[j].weight;
            k=j;
         }
      if(k!=i)
      {
         e=e_list[i];
         e_list[i]=e_list[k];
         e_list[k]=e;
      }
   }
}
```

/* replace 函数功能:将数组 s 的 n 条边中所有与 s[j]相同的元素全部替换成 s[i],即顶点 j 所在的连通分量并入顶点 i 所在的连通分量 */

```
void  replace(int s[],int n,int i,int j)
{
   int k,t;
```

```
      t=s[j];
      for(k=0;k<n;k++)
         if(s[k]==t)
            s[k]=s[i];
   }
   // print 函数功能:将存放在 t 数组中的最小生成树的 m 条边输出
   void  print(Linkgraph *g,EdgeType t[],int m)
   {
      int  k;
      printf("最小生成树的边为:\n");
      for(k=0;k<m;k++)
         printf("(%s,%s,%d)\n",g->adjlist[t[k].i].vertex,g->adjlist[t[k].j].
vertex,t[k].weight );
   }
   // minTree 函数功能:用 Kruskal 方法构造有 n 个顶点无向连通图的最小生成树
   void  minTree(Linkgraph *g)
   {
      int s[MAX_VERTEX_NUM];
      EdgeType  e_list[MAX_EDGE_NUM];
      EdgeType  t[MAX_VERTEX_NUM];
      EdgeType  e;
      int  i,j,k,m,n;
      n=g->n;
      for(i=0;i<n;i++)
         s[i]=i;
      k=fetch(g,e_list);
      sort(e_list,k);
      m=0;
      k=0;
      while(m<n-1)
      {
         e=e_list[k];
         i=e.i;
         j=e.j;
         if(s[i]!=s[j])
         {
            t[m]=e;
            replace(s,n,i,j);
            m++;
         }
         k++;
      }
      print(g,t,m);
   }
   // createLinkgraph 函数功能:建立无向带权图 G 的邻接链表存储
   void createLinkgraph(Linkgraph *g)
   {
      int i,j,w,k,find;
      EdgeNode *p,*q,*t;
      printf("请输入顶点数(>0 且<=%d):",MAX_VERTEX_NUM);
      do {
```

```
    scanf("%d",&(g->n));
    if(g->n<=0||g->n>MAX_VERTEX_NUM)
        printf("输入的顶点数有误,请重新输入。\n");
} while(g->n<=0||g->n>MAX_VERTEX_NUM);
printf("请输入顶点信息(输入格式为:顶点名称<CR>)。\n");
for(i=0;i<g->n;i++)
{
    printf("序号为%d 的顶点名称:",i); /*  顶点序号从 0 开始  */
    scanf("%s",&(g->adjlist[i].vertex));
    g->adjlist[i].firstedge=NULL;
}
/*  n 个顶点的无向带权图,其最大边数为 n(n-1)/2  */
printf("请输入边数(>=0 且<=%d):",(g->n)*(g->n-1)/2);
do {
    scanf("%d",&(g->m));
    if(g->m<0||g->m>(g->n)*(g->n-1)/2)
        printf("输入的边数有误,请重新输入。\n");
} while(g->m<0||g->m>(g->n)*(g->n-1)/2);
if(g->m!=0 )
    printf("请输入边对应的两个顶点的序号和边上的权值(输入格式为:i,j,w):\n");
k=0;
while(k<g->m)
{
    printf("第%d 条边:",k+1);
    scanf("%d,%d,%d",&i,&j,&w);
    if(i<0||j<0||i>=g->n||j>=g->n||i==j)
    {
        printf("输入的边所对应的两个顶点序号有误，请重新输入。\n");
        continue;
    }
    find=0;
    t=g->adjlist[i].firstedge;
    while(find==0&&t!=NULL)
        if(t->adjvex==j)
            find=1;
        else
            t=t->next;
    if(find==1)
    {
        printf("该条边已经存在，请重新输入。\n");
        continue;
    }
    p=(EdgeNode *)malloc(sizeof(EdgeNode));
    if(p==NULL)
    {
        printf("内存申请失败,程序返回。\n");
        return;
    }
    p->adjvex=j;
    p->weight=w;
    /* 将结点 p 插入以 adjlist[i]为头结点的链表中(按顶点序号从小到大排序)*/
```

```
    g->adjlist[i].firstedge = insert( g->adjlist[i].firstedge,p);
    q=(EdgeNode *)malloc(sizeof(EdgeNode));
    if(q==NULL)
    {
      printf("内存申请失败,程序返回。\n");
      return;
    }
    q->adjvex=i;
    q->weight=w;
    /* 将结点 q 插入以 adjlist[j]为头结点的链表中(按顶点序号从小到大排序)*/
    g->adjlist[j].firstedge = insert( g->adjlist[j].firstedge,q);
    k++;
  }
}
void main()
{
   Linkgraph *g;
   g=(Linkgraph*)malloc(sizeof(Linkgraph));
   if(g!=NULL)
   {
     createLinkgraph(g);
     minTree(g);
     freeEdgeNode(g);
     free(g);
   }
}
```

说明：insert 函数和 freeEdgeNode 函数与应用任务 16.3 中完全相同，此处省略。

4. 运行结果

输入图 16-29，程序运行结果如图 16-38 所示。

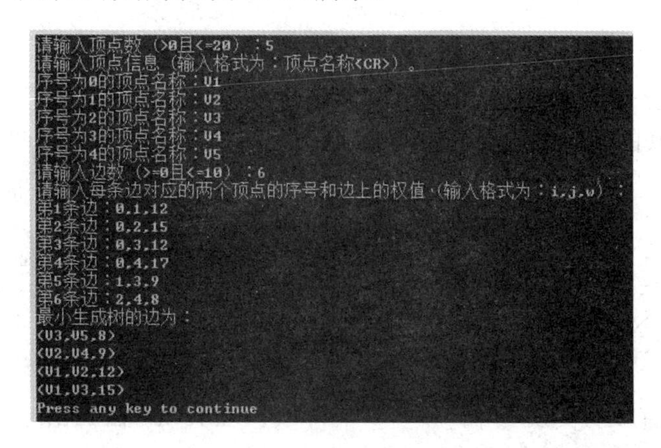

图 16-38　应用任务 16.5 的运行结果

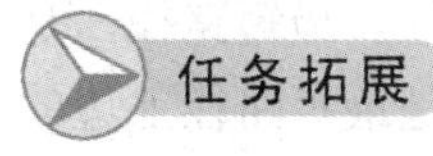

对应用任务 16.5，利用普里姆（Prim）算法构造最小生成树。

实现提示：

普里姆算法基本思想：假设 $G=（V，E）$ 为一无向带权图，其中 V 为带权图中所有顶点的集合，E 为带权图中所有带权边的集合。设置两个新的集合 U 和 T，其中集合 U 用于存放 G 的最小生成树中的顶点，集合 T 存放 G 的最小生成树中的边。令集合 U 的初值为 $U=\{u_1\}$（假设构造最小生成树时，从顶点 u_1 出发），集合 T 的初值为 $T=\{\}$。Prim 算法的思想是，从所有 $u\in U$，$v\in V-U$ 的边中选取具有最小权值的边（u，v），将顶点 v 加入集合 U 中，将边（u，v）加入集合 T 中，如此不断重复，直到 $U=V$ 时最小生成树构造完毕，这时集合 T 中包含了最小生成树的所有边。

Prim 算法可用下述过程描述，其中用 w_{uv} 表示顶点 u 与顶点 v 边上的权值。

（1）`U={u1},T={};`

（2）`while(U≠V)`

```
    (u,v)=min{wuv;u∈U,v∈V-U }
     T=T+{(u,v)}
     U=U+{v}
```

（3）结束。

请有兴趣的读者参阅相关资料，在应用任务 16.5 的基础上画出普里姆算法流程图，写出源程序，并上机调试运行。

应 用 任 务 16.6

编写程序，输入一个有向带权图的结点信息和边的信息（含边的权值），建立邻接矩阵。利用 Dijkstra 算法求单个指定顶点到其他各个顶点的最短路径和最短距离（指定顶点由键盘输入）。

1. 有向带权图的存储

有向带权图的存储结构有邻接矩阵和邻接链表两种存储方法。

例如，图 16-39 的邻接矩阵表示如图 16-40 所示，邻接链表表示如图 16-41 所示。

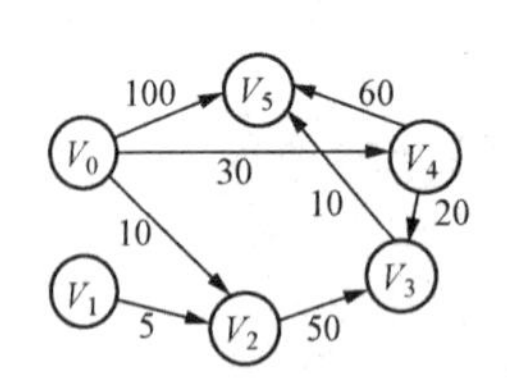

图 16-39　有向带权图的示例

0	V_0	0	∞	10	∞	30	100
1	V_1	∞	0	5	∞	∞	∞
2	V_2	∞	∞	0	50	∞	∞
3	V_3	∞	∞	∞	0	∞	10
4	V_4	∞	∞	∞	20	0	60
5	V_5	∞	∞	∞	∞	∞	0

图 16-40　图 16-39 的邻接矩阵表示

2. 最短路径和最短距离的概念

在带权图中，常常需要求一个顶点到另一个顶点的最短距离和最短路径。最短路径，是指在两点之间的所有路径中，边的权值之和最小的那一条路径。最短距离是最短路径上边的权值之和。

例如，交通网络中常常提出的如下问题就是带权图中求最短路径的问题。

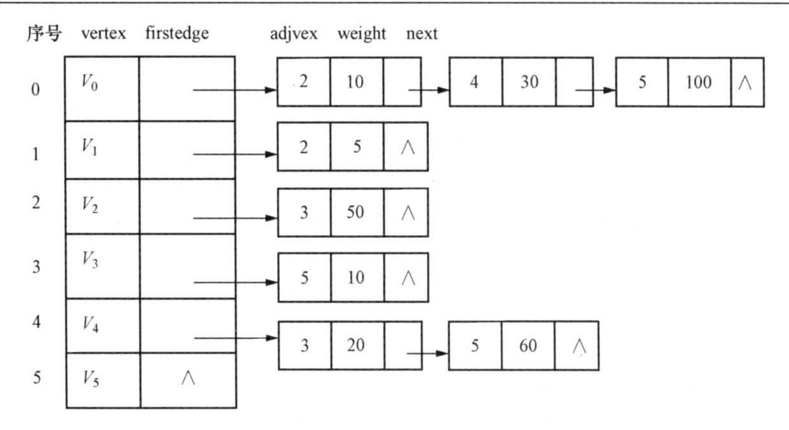

图 16-41 图 16-39 的邻接链表表示

（1）两地之间是否有路相通？

（2）在有多条通路的情况下，哪一条最短？

其中：交通网络可以用带权图表示，图中顶点表示城镇，边表示两个城镇之间的道路，边上的权值可表示两城镇间的距离、交通费用或途中所需的时间等。

3. 迪杰斯特拉（Dijkstra）算法求单源结点到图中其他所有结点的最短路径

迪杰斯特拉（Dijkstra）提出了一个按路径长度递增的次序产生最短路径的算法。该算法的基本思想：设置两个顶点的集合 S 和 $T=V-S$，集合 S 中存放已找到最短路径的顶点，集合 T 存放当前还未找到最短路径的顶点。初始状态时，集合 S 中只包含源点 v_i，然后不断从集合 T 中选取到顶点 v_i 路径长度最短的顶点 u 加入到集合 S 中，集合 S 每加入一个新的顶点 u，都要修改顶点 v_i 到集合 T 中剩余顶点的最短路径长度值，集合 T 中各顶点新的最短路径长度值为原来的最短路径长度值与顶点 u 的最短路径长度值加上 u 到该顶点的路径长度值中的较小值。此过程不断重复，直到集合 T 的顶点全部加入到 S 中为止。

1. 分析

（1）定义存储有向带权图的邻接矩阵数据结构 Segragh。与应用任务 16.1 完全相同。

在带权图的邻接矩阵表示中，如果（v_i，v_j）不是图的边，则邻接矩阵对应位置上的值表示为∞（一个计算机允许的、大于所有边上权值的数），所以定义如下的符号常量 MAXNUM：

```
#define  MAXNUM  32767   /* 代表邻接矩阵中的∞ */
```

（2）编写函数 void createSegraph（Segraph *g）实现建立有向带权图的邻接矩阵功能：对应用任务 16.1 中的 createSegraph 函数稍做修改即可。由于是有向图，所以图的最大边数为 $n(n-1)$，其中 n 为顶点数。由于是带权图，所以图的邻接矩阵的值为边上的权重。

（3）编写函数 void outputSegraph（Segraph *g）实现输出有向带权图功能：输出邻接矩阵的值时对应用任务 16.1 中的 outputSegraph 函数稍做修改即可。如果邻接矩阵元素的值为 MAXNUM，则输出∞，否则直接输出。

（4）编写函数 void minDistance（int w[][MAX_VERTEX_NUM]，int minDist[]，int path[]，int i，int n）实现用 Dijkstra 算法求序号为 i 的顶点到其他所有顶点的最短距离和最短路径功能。

用 Dijkstra 算法描述如下：

1）V表示所有顶点的集合，设置两个顶点的集合S和$T=V-S$，集合S中存放已找到最短路径的顶点，集合T存放当前还未找到最短路径的顶点。初始状态时，集合S中只包含源点v_i。

2）查找min（minDist[j]，$j \in T$），设minDist[k]最小，将k加入S中。修改对于T中的任一点v_j，minDist[j]=min（minDist[k]+w[k][j]，minDist[j]）且path[j]=k。

3）重复第2）步，直到T为空。

在算法设计时，用一个tag数组来记录某个顶点是否已计算过最短距离，如果tag[k]=0，则$v_k \in T$，否则$v_k \in S$。初始值除tag[i]=1以外，所有值均为0。

（5）编写函数void getMinDist（Segraph *g）实现求指定结点到其他所有结点的最短路径功能：

1）定义一个数组minDist，它的每个数组元素minDist[i]表示当前所找到的从始点v_i到每个终点v_j的最短路径的长度。其初始值设置：若从v_i到v_j有边，则minDist[j]为边的权值；否则置minDist[i]为∞。

2）定义一个数组path，其元素path[k]（$0 \leqslant k \leqslant n-1$）用以记录$v_i$到$v_k$最短路径中$v_k$的直接前驱结点序号，如果$v_i$到$v_k$存在边，则path[$k$]初值为$i$。其初始值全部设置为–1。

3）输入指定顶点的序号i，置path[i]=i，调用minDistance函数，求出序号为i的顶点到其他所有顶点的最短距离和最短路径，并输出。

2. 流程图

用Dijkstra算法求序号为i的顶点到其他所有顶点的最短距离和最短路径函数minDistance的流程图如图16-42所示。

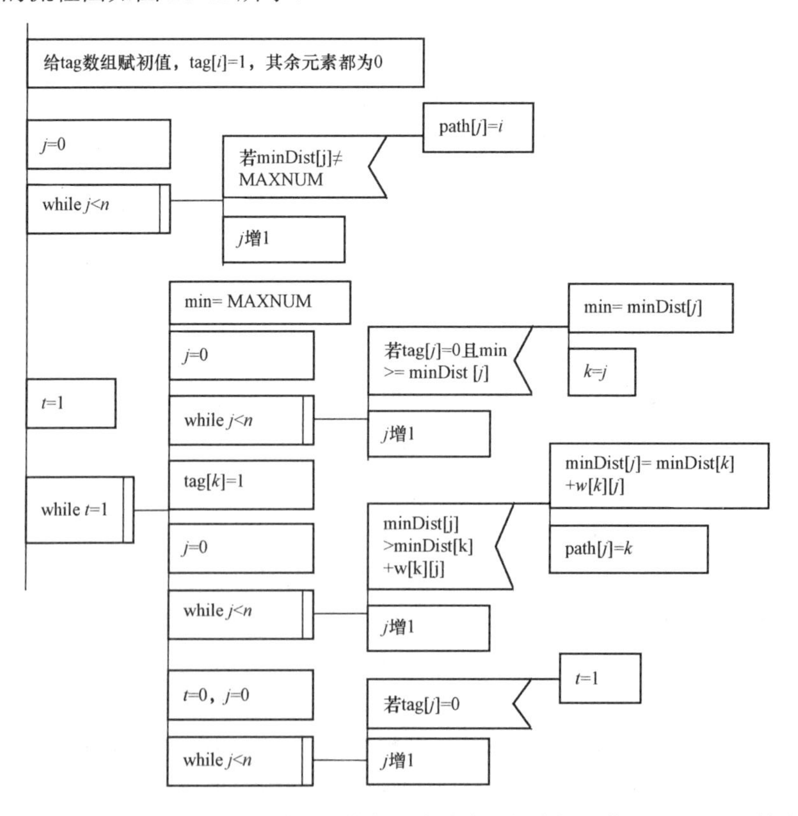

图16-42 用Dijkstra算法求指定结点到其他所有结点最短路径函数minDistance的流程图

3. 源程序

```
#include "stdio.h"
#include "stdlib.h"
#define  MAX_VERTEX_NUM  20              /*  最大顶点数设为 20  */
typedef  char  VertexType[10];           /*  顶点类型设为字符串  */
typedef  int   EdgeType;                 /*  边的类型设为整型  */
typedef  struct
{
  VertexType  vexs[MAX_VERTEX_NUM];      /*  顶点表  */
  EdgeType   edges[MAX_VERTEX_NUM][MAX_VERTEX_NUM];
                                         /*  邻接矩阵,即边表  */
  int  n,m;                              /*  顶点数和边数  */
} Segraph;                               /*  Segragh 是以邻接矩阵存储的图类型  */
#define  MAXNUM  32767                   /* 代表邻接矩阵中的∞ */
/* createSegraph 函数功能:建立有向带权图的邻接矩阵,加粗部分是与应用任务 16.1 不同的地
方 */
void createSegraph(Segraph *g)
{
  int i,j,w,k;
  printf("请输入顶点数(>0 且<=%d):",MAX_VERTEX_NUM);
  do {
    scanf("%d",&(g->n));
    if(g->n<=0||g->n>MAX_VERTEX_NUM)
      printf("输入的顶点数有误,请重新输入。\n");
  } while(g->n<=0||g->n>MAX_VERTEX_NUM);
  printf("请输入顶点信息(输入格式为:顶点名称<CR>)。\n");
  for(i=0;i<g->n;i++)
  {
    printf("序号为%d 的顶点名称:",i);          /*  顶点序号从 0 开始  */
    scanf("%s",&(g->vexs[i]));
  }
  for(i=0;i<g->n;i++)                        /*  初始化邻接矩阵  */
    for(j=0;j<g->n;j++)
      if (i!=j)
        g->edges[i][j]=MAXNUM;
      else
        g->edges[i][j]=0;
  /*  n 个顶点的有向图,其最大边数为 n(n-1)*/
  printf("请输入边数(>=0 且<=%d):",(g->n)*(g->n-1));
  do {
    scanf("%d",&(g->m));
    if(g->m<0||g->m>(g->n)*(g->n-1))
      printf("输入的边数有误,请重新输入。\n");
  } while(g->m<0||g->m>(g->n)*(g->n-1));
  if(g->m!=0 )
    printf("请输入边对应的两个顶点的序号和边上的权值(输入格式为:i,j,w):\n");
  k=0;
  while(k<g->m)
  {
     scanf("%d,%d,%d",&i,&j,&w);
     if(i<0||j<0||i>=g->n||j>=g->n||i==j)
       printf("输入的边所对应的两个顶点序号有误,请重新输入。\n");
     else if(g->edges[i][j]!=MAXNUM)
       printf("该条边已经存在,请重新输入。\n");
     else
```

```
        {
           g->edges[i][j]=w;
           k++;
        }
    }
}
// outputSegraph 函数功能:输出有向带权图,加粗部分是与应用任务 16.1 不同的地方
void outputSegraph(Segraph *g)
{
   int i,j;
   printf("该图共有%d 个顶点,%d 条边。\n",g->n,g->m );
   printf("顶点信息如下:\n");
   for(i=0;i<g->n;i++)
      printf("第%d 个顶点为:(%s)\n",i+1,g->vexs[i]);
   printf("边的邻接矩阵如下:\n");
   for(i=0;i<g->n;i++)
   {
      for(j=0;j<g->n;j++)
         if(g->edges[i][j]==MAXNUM)
            printf( "%5s","∞" );
         else
            printf( "%5d",g->edges[i][j] );
      printf( "\n" );
   }
}
// minDistance 函数功能:求序号为 i 的顶点到其他所有顶点的最短距离和最短路径
void minDistance(int w[][MAX_VERTEX_NUM],int minDist[],int path[],int i,int n)
{
   int j,k,t;
   int min;
   int tag[MAX_VERTEX_NUM];
   for(j=0;j<n;j++ )
      tag[j] = 0;
   tag[i]=1;
   for(j=0;j<n;j++)
      if(minDist[j] != MAXNUM )
         path[j] = i;
   t=1;
   while(t==1)
   {
      min=MAXNUM;
      for(j=0;j<n;j++)
         if(tag[j]==0&&min>=minDist[j])
         {
            min=minDist[j];
            k=j;
         }
      tag[k]=1;
      for(j=0;j<n;j++)
         if(minDist[j]> minDist[k]+w[k][j])
         {
            minDist[j]= minDist[k]+w[k][j];
            path[j]=k;
         }
      t=0;
      for(j=0;j<n;j++)
```

```
        if(tag[j]==0)
           t=1;
    }
}
// getMinDist 函数功能:求最短距离和最短路径,并输出
void getMinDist(Segraph *g)
{
   int path[MAX_VERTEX_NUM],min_dist[MAX_VERTEX_NUM];
   int i,j,k,n;
   n=g->n;
   for(i=0;i<n;i++)
      path[i]=-1;
   do {
      printf("输入顶点序号(>=0 且<%d):\n",n);
      scanf("%d",&i);
      if(i<0||i>=n)
         printf("输入的顶点序号有误,请重新输入。\n");
   } while(i<0||i>=n);
   path[i]=i;
   for(k=0;k<n;k++)
      min_dist[k]=g->edges[i][k];
   minDistance(g->edges,min_dist,path,i,n);
   for(j=0;j<n;j++)
   {
      if(min_dist[j]==MAXNUM)
         printf("%s 到%s 没有路径\n",g->vexs[i],g->vexs[j]);
      else if(j!=i)
      {
         printf("%s 到%s 的最短距离为:%d\n",g->vexs[i],g->vexs[j],min_dist[j]);
         printf(" 最短路径:");
         k=j;
         while(k!=i)
         {
            printf("%s",g->vexs[k]);
            printf("<-");
            k=path[k];
         }
         printf("%s\n",g->vexs[i]);
      }
   }
}
void main()                //  加粗部分是在应用任务 16.1 的基础上增加的
{
   Segraph *g;
   g=(Segraph *)malloc(sizeof(Segraph));
   if(g!=NULL)
   {
      createSegraph(g);
      outputSegraph(g);
      getMinDist(g);
      free(g);
   }
}
```

4. 运行结果

若实行 Dijkstra 算法，则从 v_0 到其余各顶点的最短路径，以及运算过程中 minDist 值的

变化状况，见表16-2。

表16-2　　从 v_0 到各终点的minDist值和最短路径的求解过程

终点	序号				
	1	2	3	4	5
V_1	∞	∞	∞	∞	∞ 无
V_2	10 （v_0，v_2）				
V_3	∞	60 （v_0，v_2，v_3）	50 （v_0，v_4，v_3）		
V_4	30 （v_0，v_4）	30 （v_0，v_4）			
V_5	100 （v_0，v_5）	100 （v_0，v_5）	90 （v_0，v_4，v_5）	60 （v_0，v_4，v_3，v_5）	
path	V_2	V_4	V_3	V_5	
S	{v_0，v_2}	{v_0，v_2，v_4}	{v_0，v_2，v_3，v_4}	{v_0，v_2，v_3，v_4，v_5}	

输入图16-39，程序运行结果如图16-43所示。

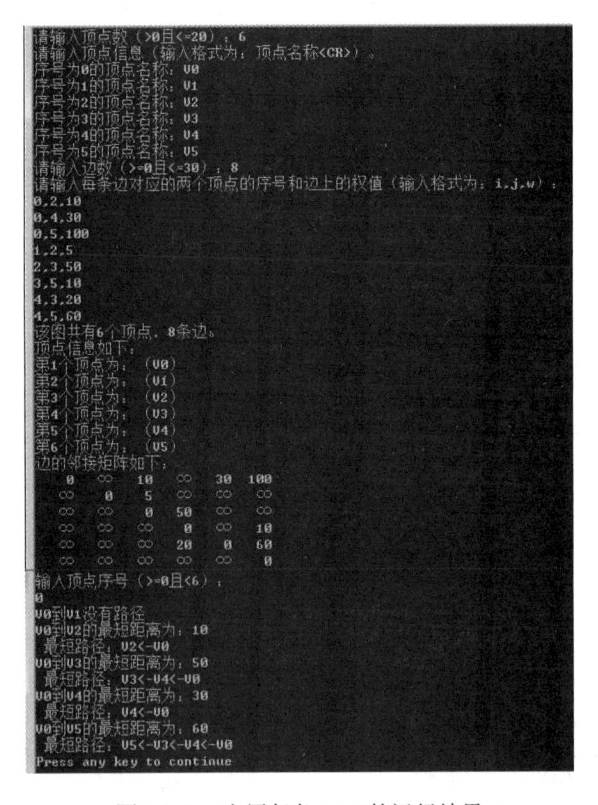

图16-43　应用任务16.6的运行结果

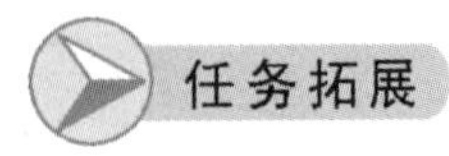

编写程序，利用弗洛伊德（Floyd）算法求图中任意两个顶点之间的最短路径和最短距离。

实现提示：

弗洛伊德算法仍从图的带权邻接矩阵 ***w*** 出发，建立 MinD 方阵（MinD 的初值为 ***w***），其基本思想：

从 v_0 开始，依次经过 v_1、v_2、…、v_{n-1}，方阵 MinD 按如下规则调整，依次得到 $\text{MinD}^{(0)}$、$\text{MinD}^{(1)}$、⋯、$\text{MinD}^{(n-1)}$。

$$\text{MinD}^{(k)}[i][j]=\min(\text{MinD}^{(k-1)}[i][j],\text{MinD}^{(k-1)}[i][k]+\text{MinD}^{(k-1)}[k][j]),0\leqslant k\leqslant n-1$$

令 $\text{MinD}^{(-1)}=\boldsymbol{w}$。

从上述计算公式可见，$\text{MinD}^{(1)}[i][j]$是从 v_i 到 v_j 的中间顶点的序号不大于 1 的最短路径的长度；$\text{MinD}^{(k)}[i][j]$是从 v_i 到 v_j 的中间顶点的个数不大于 k 的最短路径的长度；$\text{MinD}^{(n-1)}[i][j]$就是从 v_i 到 v_j 的最短路径的长度。另外，用方阵 path[i][j]记录 v_i 到 v_j 最短路径中 v_j 的直接前驱顶点的序号。

请有兴趣的读者参阅相关资料，在应用任务 16.6 的基础上画出弗洛伊德算法流程图，写出源程序，并上机调试运行。

应用任务 16.7

对于应用任务 16.3 中建立的有向图邻接链表，编写程序，利用拓扑排序算法检查该有向图是否存在回路。

1. AOV 网

在现代化管理中，人们常用有向图来描述和分析一项工程的计划和实施过程，一个工程常被分为多个小的子工程，这些子工程称为活动（activity）。在有向图中，若以顶点表示活动，有向边表示活动之间的先后关系，这样的有向图称为顶点表示活动的网，简称 AOV 网（activity on vertex network）。在 AOV 网中，若从顶点 i 到顶点 j 之间存在一条有向路径，称顶点 i 是顶点 j 的前驱，或者称顶点 j 是顶点 i 的后继。若 $\langle i, j\rangle$ 是图中的有向边，则称顶点 i 是顶点 j 的直接前驱，顶点 j 是顶点 i 的直接后驱。

AOV 网中的有向边表示了活动之间存在的制约关系。最典型的例子是课程与课程之间的优先关系。例如，计算机专业的学生必须完成一系列规定的基础课和专业课才能毕业。学生按照怎样的顺序来学习这些课程呢？这个问题可以被看成是一个大的工程，其活动就是学习每一门课程。在教学计划的课程编排时，就需要考虑课程先后制约关系，即在时间上先修课必须先排，后续课程必须后排。在工程活动或工序的安排上，也同样存在前后活动和前后工序的编排。

2. 拓扑排序

为了保证 AOV 网所代表的工程得以顺利完成，必须保证 AOV 网中不出现回路；否则，意味着某项活动应以自身作为能否开展的先决条件，这是荒谬的。测试 AOV 网是否具有回路（即是否是一个有向无环图）的方法，就是在 AOV 网中构造一个线性序列，该线性序列具有以下性质：

（1）在 AOV 网中，若顶点 i 优先于顶点 j，则在线性序列中顶点 i 仍然优先于顶点 j。

（2）对于网中原来没有优先关系的顶点与顶点，在线性序列中也建立一个先后关系，或者顶点 i 优先于顶点 j，或者顶点 j 优先于 i。

满足这样性质的线性序列称为拓扑有序序列。构造拓扑序列的过程称为拓扑排序。

拓扑排序的方法和步骤如下：

（1）从有向图中选择一个没有前驱的结点，并且输出它。

（2）从图中删除该结点，并删除从该结点出发的全部有向边。

重复上述步骤，直到图中不再存在没有前驱的结点为止。

显然，拓扑排序的结果有两种：AOV 网中全部顶点都输出，这说明 AOV 网中不存在回路；AOV 网中顶点未全部输出，剩余的顶点均不存在没有前驱的顶点，这说明 AOV 网中存在回路。

例如，构造图 16-44 的拓扑排序序列。根据拓扑排序算法，图中没有引入边（即入度为 0）的结点有 $v0$ 和 $v1$，若选 $v0$，则删除 $v0$ 及由它引出的边，得到图 16-45，此时入度为 0 的结点有 $v1$ 和 $v4$，若选 $v1$，则删除 $v0$ 及由它引出的边。依次类推，直到图中只有一个结点或图中虽有多个结点但没有入度为 0 的结点。图 16-44 所示的有向图的一种拓扑排序序列为

$$v_0 \rightarrow v_1 \rightarrow v_2 \rightarrow v_4 \rightarrow v_3 \rightarrow v_5$$

根据拓扑排序规则，拓扑排序的结果是不唯一的，下面还可列出另一种该图的拓扑排序序列：

$$v_0 \rightarrow v_4 \rightarrow v_1 \rightarrow v_2 \rightarrow v_3 \rightarrow v_5$$

显然，对于任何一项工程中各个活动的安排，必须按拓扑有序序列中的顺序进行才是可行的。

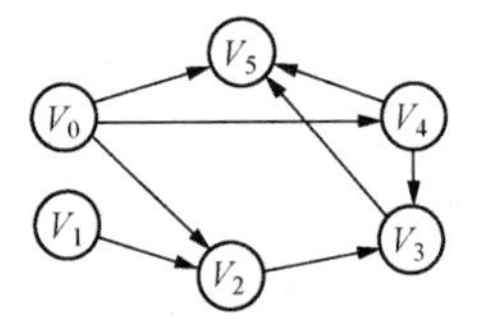

图 16-44 AOV 网示例

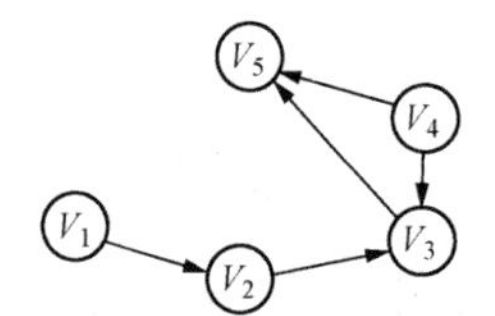

图 16-45 删除 V_0 及其引出边后的 AOV 网

任务实现

1. 分析

（1）编写函数 void getTopSequence（Linkgraph *g）实现构造拓扑排序序列并输出功能：在应用任务 16.3 中，有向图用邻接链表存储。求拓扑排序时，为了实现的方便，需要先转换成邻接矩阵存储到二维数组 a 中。定义一个一维数组 vex 用来存放拓扑排序顶点序列，其初值为−1。定义一个一维数组 vexno 用来存放各顶点序号。调用 topoSort 函数求出拓扑排序序列。如果拓扑成功，则输出顶点序列，否则输出“该图有回路”的信息。

（2）编写函数 int topoSort（int a[][MAX_VERTEX_NUM]，int vex[]，int vexno[]，int n）实现拓扑排序功能：在邻接矩阵 a 中找没有前驱的顶点。当找到一个顶点无前驱时，保存该结点到 vex 数组中，并在图中删除该结点（即在邻接矩阵中删除该结点对应的行和列）后，调整顶点序号，再递归调用拓扑排序程序。

（3）修改应用任务 16.3 中的 main 函数：调用 getTopoSequence 函数，实现拓扑排序。

2. 流程图

拓扑排序算法的流程图如图 16-46 所示。

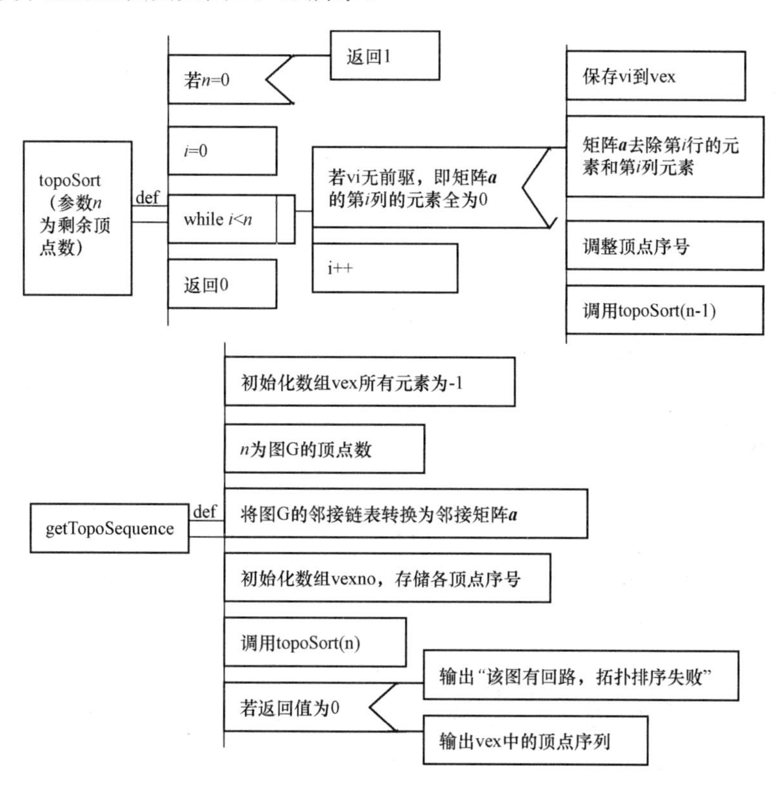

图 16-46　拓扑排序算法的流程图

3. 源程序

在应用任务 16.3 的基础上增加 topoSort、getTopoSequence 函数，修改 main 函数。增加和变动部分的源程序如下：

```
// topoSort 函数功能:拓扑排序,拓扑排序成功返回 1,否则返回 0
int  topoSort(int a[][MAX_VERTEX_NUM],int vex[],int vexno[],int n)
{
   int i,j,k,tag;
   if(n==0)return 1;
   for(i=0;i<n;i++)
   {
      tag=1;
      for(j=0;j<n;j++)
         if (a[j][i]!=0)
            tag=0;
      if(tag==1)
      {
         j=0;
         while(vex[j]!=-1)j++;
         vex[j]=vexno[i];
```

```
        for(j=i;j<n-1;j++)
            for(k=0;k<n;k++)
                a[j][k]=a[j+1][k];
        for(j=i;j<n-1;j++)
            for(k=0;k<n;k++)
                a[k][j]=a[k][j+1];
        for(j=i;j<n-1;j++)
            vexno[j]=vexno[j+1];
        return topoSort(a,vex,vexno,n-1);
    }
  }
  return 0;
}
// getTopoSequence 函数功能:构造拓扑排序序列,并输出
void  getTopoSequence(Linkgraph *g)
{
  int vex[MAX_VERTEX_NUM];
  int a[MAX_VERTEX_NUM][MAX_VERTEX_NUM];
  int vexno[MAX_VERTEX_NUM];
  int i,j,n,k;
  EdgeNode *p;
  for(i=0;i< MAX_VERTEX_NUM;i++)
    vex[i]=-1;
  n=g->n;
  for (i=0;i<n;i++)
    for (j=0;j<n;j++)
      a[i][j]=0;
  for(i=0;i<n;i++)
  {
    p=g->adjlist[i].firstedge;
    while (p!=NULL)
    {
      j=p->adjvex;
      a[i][j]=1;
      p=p->next;
    }
  }
  for(i=0;i<n;i++)
    vexno[i]=i;
  k=topoSort(a,vex,vexno,n);
  if(k==0)
    printf("该图有回路,拓扑排序失败\n");
  else
  {
    printf("拓扑排序序列:");
    for (i=0;i<n-1;i++)
      printf("  %s->",g->adjlist[vex[i]].vertex);
    printf("  %s\n",g->adjlist[vex[n-1]].vertex);
  }
}
void main()              //  加粗部分是在应用任务 16.3 基础上增加的
```

```
{
    Linkgraph *g;
    g=(Linkgraph*)malloc(sizeof(Linkgraph));
    if(g!=NULL)
    {
        createLinkgraph(g);
        outputLinkgraph(g);
        getTopoSequence(g);
        freeEdgeNode(g);
        free(g);
    }
}
```

4. 运行结果

输入图 16-44，程序运行结果如图 16-47 所示。

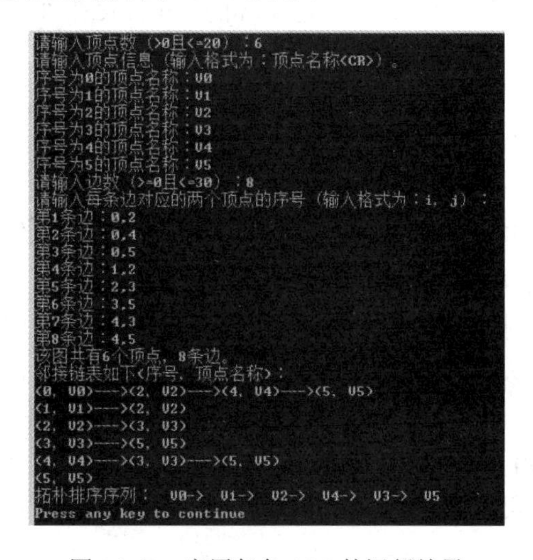

图 16-47 应用任务 16.7 的运行结果

任务拓展

编写程序，输入一个有向带权图的结点信息和边的信息（含边的权值），建立邻接链表，求关键路径及最短时间。

实现提示：

1. AOE 网

若在带权有向图中，以顶点表示事件，以有向边表示活动，边上的权值表示活动的开销（如该活动持续时间），则将这样的有向带权图称为边表示活动的网，简称 AOE 网（activity on edge network）。AOE 网中没有入边的顶点称为开始顶点（源点），没有出边的顶点称为完成顶点（汇点）。

图 16-48 就是一个 AOE 网，其中有 9 个事件 V_1、V_2、…、V_9，11 项活动 a_1、a_2、…、a_{11}。每个事件表示在它之前的活动已经完成，在它之后的活动可以开始。如 V_1 表示整个工程开始，V_9 表示整个工程结束。V_5 表示活动 a_4 和 a_5 已经完成，活动 a_7 和 a_8 可以开始。与每个活动相联系的权表示完成该活动所需的时间。如活动 a_1 要 6 天时间可以完成。

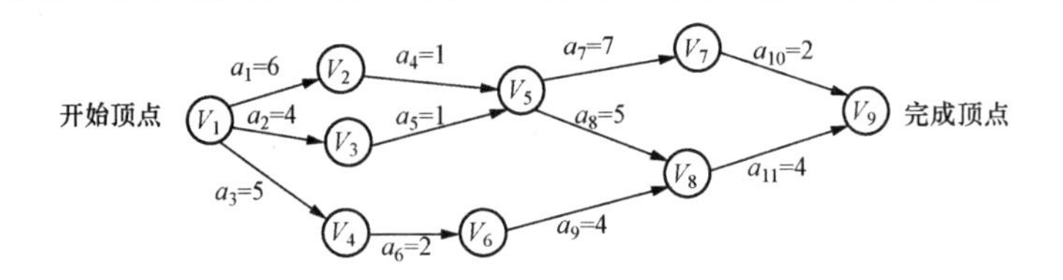

图 16-48 AOE 网示例

AOE 网具有如下性质：

（1）只有在某顶点所代表的事件发生后，从该顶点出发的各有向边所代表的活动才能开始。

（2）只有在进入某一顶点的各有向边所代表的活动都已经结束，该顶点所代表的事件才能发生。

（3）表示实际工程计划的 AOE 网应该是无环的，并且存在唯一的入度为 0 的开始顶点和唯一的出度为 0 的完成顶点。

2. 关键路径

关键路径通常（但并非总是）是决定项目工期的进度活动序列，是项目中从源点到汇点的路径长度最长的路径，一个项目可以有多个、并行的关键路径。

每一项活动 a_i 有一个开始的最早时间 e（i），有一个活动开始的最晚时间 l（i）。如果 e（i）=l（i），则将活动 a_i 称为关键活动。

由事件 V_j 的最早发生时间和最晚发生时间的定义，可以采取如下步骤求得关键活动：

（1）从开始顶点 V_1 出发，令 Ve（1）=0，按拓扑有序序列求其余各顶点的可能最早发生时间：

$$Ve(k)=\max\{Ve(j)+\text{dut}(<j, k>)\}\ (2\leqslant k\leqslant n, j\in T)$$

其中，dut（<j，k>）表示边<j，k>上的权值，T 是以顶点 V_k 为尾的所有有向边的头顶点的集合。

如果得到的拓扑有序序列中顶点的个数小于网中顶点个数 n，则说明网中有环，不能求出关键路径，算法结束。

（2）从完成顶点 V_n 出发，令 vl(n)=ve(n)，按逆拓扑有序求其余各顶点允许的最晚发生时间：

$$\text{vl}(j)=\min\{\text{vl}(k)-\text{dut}(<j, k>)\}\ (1\leqslant j\leqslant n-1, k\in S)$$

其中，S 是以顶点 V_j 为头的所有有向边的尾顶点集合。

（3）求每一项活动 a_i（$1\leqslant i\leqslant m$）的最早开始时间 $e(i)$=ve(j)，最晚开始时间 l(i)=vl(k)−dut（<j，k>）。若某条有向边满足 e(i)=l(i)，则它就是关键活动。

求出 AOE 网中所有关键活动后，只要删去 AOE 网中所有的非关键活动，即可得到 AOE 网的关键路径。这时从开始顶点到达完成顶点的所有路径都是关键路径。一个 AOE 网的关键路径可以不止一条，如图 16-48 的 AOE 网中有两条关键路径：（V_1，V_2，V_5，V_7，V_9）和（V_1，V_2，V_5，V_8，V_9），它们的路径长度都是 16，如图 16-49 所示。

请有兴趣的读者参阅相关资料，画出关键路径算法的流程图，写出源程序，并上机调试运行。

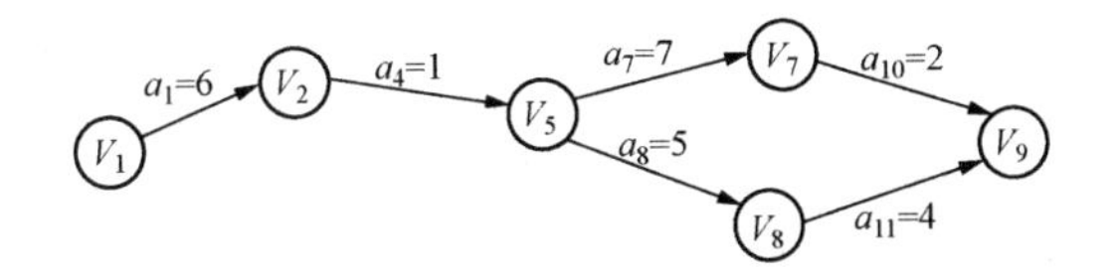

图 16-49　图 16-48 所示 AOE 网的关键路径

实　　训

【实训目的】

（1）掌握图的邻接矩阵存储结构和邻接链表存储结构。

（2）掌握图遍历的方法。

（3）掌握求最短路径和最短距离的方法。

（4）具备分析问题并进行设计的能力。

（5）具备根据设计进行流程图编制、程序编写的能力。

（6）初步具备应用网状结构（图）解决实际问题的能力。

【实训要求】

（1）根据题目要求绘制程序流程图。

（2）编写源程序。

（3）上机调试程序。

（4）撰写实验报告。

【实训内容】

（1）（A 类）在 *n* 个城市之间铺设光缆，主要目标是要使这 *n* 个城市的任意两个之间都可以通信，但铺设光缆的费用很高，且各个城市之间铺设光缆的费用不同；另一个目标是要使铺设光缆的总费用最低；运用所学知识设计城市之间光缆铺设线路满足以上两个目标。（城市个数 *n* 以及各个城市之间铺设光缆的费用由磁盘文件读入。）

（2）（B 类）一名报纸投递员负责 *n* 个居民社区的报纸投递任务。运用所学知识为该投递员设计一个路线，每天从取报点出发，走遍所有社区，所走的路程最短。（居民社区个数 *n* 以及居民社区之间的路程距离由磁盘文件读入，并假定取报点设在第一个居民社区中。）

第17章 总结与提高

第3篇数据结构提高篇分2章，围绕13个应用任务介绍了非线性数据结构中的树和图。通过对树、图知识的讲解和应用任务的实现，使读者初步具备了分析复杂问题并进行设计的能力、应用树状结构、网状结构（图）解决实际问题的能力。

主要知识点

1. 树
（1）树、森林的定义。
（2）二叉树的定义。
（3）二叉树的顺序存储和链式存储。
（4）二叉树的遍历。
（5）二叉排序树。
（6）堆。
2. 图
（1）图、无向图、有向图、带权图、连通图等概念。
（2）图的顺序存储结构——邻接矩阵存储法。
（3）对称矩阵及稀疏矩阵的压缩存储。
（4）图的链接存储结构——邻接链表存储法。
（5）图的遍历——图的深度优先搜索方法和广度优先搜索方法。
（6）最小生成树。
（7）最短路径和最短距离。
（8）AOV网、AOE网。
（9）拓扑排序和关键路径。
说明：知识点的详细内容可以参阅《程序设计基础教程（C语言与数据结构）学习辅导与习题精选》中的第9章和第10章。

综合实训

1. 多区域停车场管理系统
（1）任务内容。建立一个多区域的停车场系统，输入一个待停放或待出口车辆的信息，检查停车场内的情况，对车辆执行进停车场、出停车场等操作，并能实时显示停车场内的状态信息。

（2）系统功能。停车场管理信息系统的主要功能是对车辆的停放、进口、出口的处理，即

1）输入一个等待停放车辆的信息。

2）检查停车场是否有空位置。

3）如果停车场有空位置，待停放车子进入停车场，并修改停车场的信息；否则不可进入停车场。

4）根据数据结构特性，输出出停车场车辆的信息。

5）计算停车费用，并修改停车场的信息。

（3）实现提示。根据停车场的实际划分情况，将停车区域分层归类得出树形结构图。停车场区位划分如图 17-1 所示。然后根据完全二叉树结点的编号顺序对其进行编号，以便建立二叉树数据结构。

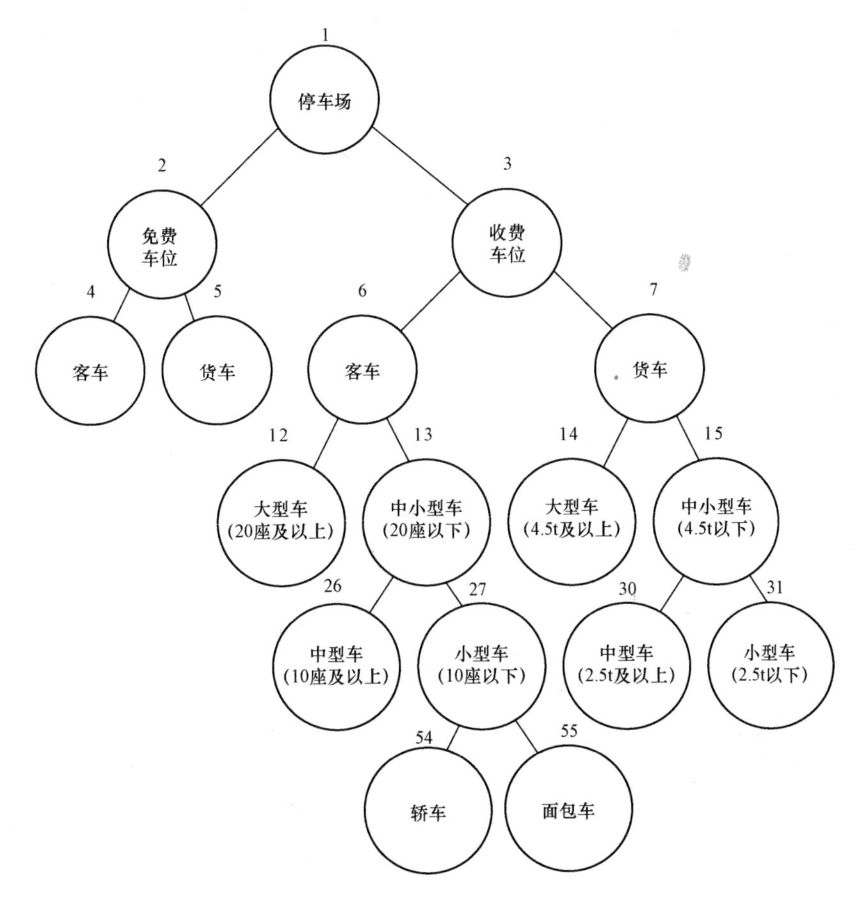

图 17-1　停车场区位划分

2. 公交线路查询系统

（1）任务内容。设计一个公交线路管理系统，为乘客提供各种信息查询服务。

（2）系统功能。系统中处理的道路信息和公交线路信息保存在文件 busline.txt 中，系统执行时所处理的数据要对此文件分别进行读/写操作。整个系统由前台服务和后台管理两个子

系统组成。

后台管理具体功能包括：

1）公交站点的增加：能根据需要增加公交站点。

2）道路信息的增加：能根据需要增加道路信息。

3）公交线路的增加：能根据需要增加新的公交线路信息。

4）公交线路的删除：能根据需要删除已有的公交线路信息。

前台服务具体功能包括：

1）公交线路信息查询：输入线路号，输出该线路所有站点。

2）乘车线路方案查询：输入起点站和终点站，输出两站点之间所有乘车方案。

3）乘车线路最优查询：输入起点站和终点站，输出两站点之间乘车时间（或距离）最短的乘车方案。

（3）实现提示。可以采用无向带权图的邻接链表表示法来存储公交线路管理系统中的公交站点和道路信息。公交站点就是图的顶点，两站之间的边表示两个站点之间的道路信息（距离等）。

在进行公交线路信息查询时，要根据线路号输出该线路上的所有站点，所以在每个站点里需要记录以该站点为起点站或终点站的所有公交线路号。

参 考 文 献

[1] 李志球．实用C语言程序设计教程［M］．北京：电子工业出版社，1999.

[2] 王立柱．C/C++与数据结构［M］．北京：清华大学出版社，2002.

[3] 张高煜．C语言程序设计实训［M］．北京：中国水利水电出版社，2002.

[4] 谭浩强．C程序设计．2版［M］．北京：清华大学出版社，2000.

[5] 谭浩强．C程序设计试题汇编［M］．北京：清华大学出版社，2000.

[6] 严蔚敏，吴伟民．数据结构（C语言版）［M］．北京：清华大学出版社，2001.

[7] 严蔚敏，吴伟民．数据结构题集［M］．北京：清华大学出版社，1998.

[8] 顾元刚．数据结构简明教程［M］．南京：东南大学出版社等，2003.

[9] 杨秀金．数据结构［M］．西安：西安电子科技大学出版社，2000.